台灣醬油誌

風土與時間的美味指南

- 釀造文化
- 傳統工法
- 職人精神
- 原料剖析
- 達人品鑑
- 料理應用

常常生活文創

序

喚回信心！從在地飲食文化的疏理開始

——常常生活文創 編輯部

從巷口麵攤的滷肉飯，高級餐館的東坡肉，到家庭日常的清蒸魚，醬油無遠弗屆地存在於我們的日常飲食。的確，在亞洲的飲食文化中，醬油佔有十分重要的地位，尤其是台灣，這裡不但有幾乎是全世界唯一的黑豆蔭油，也釀出了超越日本技術能夠做到的高品質豆麥醬油，我們的醬油，在國際上受到注目與推崇的程度，可能遠比我們想像的還要優異許多。

如此看來，説到醬油，我們理當自豪，然而，層出不窮的食安問題，卻磨滅了我們應有的自信，曾幾何時，我們陷入「不知該如何吃」的恐慌中，面對貨架上琳琅滿目的食品，到底還有多少資訊是可信的？那些看不懂的原料成分標示究竟是什麼？還是乾脆消極地告訴自己眼不見為淨呢？

在編纂這本書之前，我們已經知道一些辛勤樸實的職人，正在島嶼上的某個角落裡，秉持著誠信與良心，認真釀造醬油。我們相信一定還有更多值得發掘的在地好醬油，所以開始擬訂計畫，走遍全台，逐一尋訪。為了更深入了解醬油的知識，我們也請教了許多專家達人。不得不説，這真是一項大工程，歷經了將近一年的工作，我們終於疏理出豐碩的成果，整理了一百一十款醬油原料與添加物列表，並舉辦名人品油會來選拔醬油，希望能透過這本書，將社會大眾對在地飲食的信心喚回，並傳遞更完整醬油的知識，以提升我們辨別產品優劣的能力。

這趟追尋好醬油的旅程，不會因為這本書的完成就結束，未來我們會持續關注這個議題，期望台灣深厚優良的醬油文化得以傳承，讓我們食在美味，食在安心。

〈壹〉

鮮味的秘密

一定要知道的三十個醬油知識

醬油在台灣飲食文化中佔有重要的一席之地，是我們日常生活中不可或缺的調味聖品。醬油，簡單兩個字，背後的知識博大精深、包羅萬象。為了讓讀者朋友們能輕鬆了解關於醬油的一切，我們整理出三十個從原料到釀造、從食安到風味的問題，並邀請四位學界與業界長年研究醬油的專業人士來為我們解答。

採訪撰稿／林芳琦、曹仲堯

名人顧問團（依姓名筆劃排列）

財團法人梧桐環境整合基金會執行長
朱慧芳

穀盛股份有限公司總經理
許嘉生

高雄餐旅大學廚藝學院院長兼教授
楊昭景

屏東科技大學食品科學系教授
謝寶全

Q1 醬油到底是用什麼原料做成的呢？

A 屏科大謝寶全教授説，醬油最基本的原料是大豆、水、鹽和麴菌。台灣醬油分兩大系統，一是豆麥醬油，另一是黑豆醬油。豆麥醬油以黃豆和小麥為原料，主要源自日本釀造技術。黑豆醬油以黑豆為原料，昔日台灣黑豆產量大，所以常用黑豆釀造，老一輩稱之為「蔭油」。黑豆蔭油幾乎只有台灣生產，儘管釀造古法源自中國閩南、廣東等地，但近年來，中國才開始有少數廠商生產黑豆醬油。

採用黑豆釀造的「蔭油」，是典型道地的台灣味。（攝影／林育恩 攝於永興醬油）

Q2 豆麥與黑豆這兩種原料有哪些差異？

A 謝寶全指出，以豆麥醬油而言，黃豆提供蛋白質讓酵素滲透，達到發酵目的；小麥則提供麴菌生長所需的碳水化合物，麴菌生長環境好，便可提升發酵速度。此外，小麥亦具有呈色、提升香氣與甜味的功能。至於黑豆醬油，黑豆蛋白質含量比黃豆高，且含有異黃酮、花青素、維生素E等營養成分，尤其是花青素，能讓黑豆醬油在不依靠小麥或焦糖色素的幫助下呈現自然醬色，十分適合釀造醬油。

Q3 有些醬油原料標示將「黃豆」寫成「脱脂黃豆」或「高蛋白黃豆片」，這是為什麼呢？

A 「脱脂黃豆」或「高蛋白黃豆片」就是榨過油的黃豆渣，黃豆壓榨後，留下的幾乎全是蛋白質，僅剩少數油脂殘留，因此稱為「高蛋白」。豆麥醬油是讓麴菌去代謝蛋白質達到發酵目的，油脂的重要性並不絕對，而且黃豆壓榨後細胞膜會被破壞，使酵素更容易滲透，可縮短釀造時間。謝寶全認為，只要廠商能嚴格品管，確保黃豆來源、品質及製程安全，使用脫脂黃豆釀造是沒問題的，不過還是更推薦採用完整黃豆釀造的醬油，畢竟這樣最自然。

一瓶採用「高蛋白黃豆片」釀造的醬油。（攝影／吳家瑋）

Q4 麴菌又是什麼？

A 穀盛股份有限公司許嘉生總經理表示，「麴菌」是從日文漢字「麹菌」直譯過來的，中文正式名稱應為「米麴菌」，英文學名是「*Aspergillus oryzae*」。簡言之，就是一種黴菌，以生物分類而言，屬於真菌界中的麴菌屬。麴菌的培養與製作，通常是使用穀類和豆類磨成的粉（諸如米糠、麥麩）或採用蒸熟的米混入菌種，透過微生物分解發酵熟成，成品是顆粒或粉末狀。麴菌在亞洲飲食文化中極為重要，醋、酒、醬油、味噌等等都必須仰賴麴菌，日本尤其重視麴菌，甚至將其認定為「國菌」。

Q5 為什麼做醬油一定要用鹽？

A 許嘉生指出，醬油釀造用鹽是為了防腐。發酵過程很微妙，熟成和腐敗間的分界十分脆弱，只有鹽能捍衛這道防線。一般釀造醬油，鹽的比例應介於百分之十六到二十。若鹽用量低於百分之十六，則無法有效抑制雜菌滋生，就很容易腐敗，高於百分之二十，則會抑制酵母菌和乳酸菌熟成，不利於發酵。

謝寶全補充，台灣最常見的醬油釀造用鹽是海鹽，許多來自澳洲或巴西進口，亦有少數採用岩鹽釀造的醬油，例如玫瑰鹽醬油，但成本很高，售價不低。

種麴約 2~3 天，麴菌絲漸漸佈滿於大豆表面。（攝影／林育恩 攝於民生食品工廠）

油釀造的製程中，鹽的作用在於防腐。（攝影／林育恩 攝於永興醬油）

Q6 黑豆醬油為什麼會被稱之「蔭油」呢？

A 「蔭」這個字的本意是樹下的陰影，陰影產生源自於日光曝曬。高雄餐旅大學楊昭景教授說，黑豆醬油之所以被稱為「蔭油」，與其釀造方式有很大的關係。傳統黑豆醬油釀造工法，必須將豆麴拌鹽下缸，封缸日曝至少一百二十天以上，待豆麴自然發酵熟成後，才能開缸取汁，壓榨、過濾，再調製成醬油，因此才有「蔭油」的說法。

Q7 醬油釀造使用的原料，是本地自產比較好？還是國外進口比較好？

A 儘管當代飲食趨勢不斷鼓勵選用在地食材，但台灣自產的醬油釀造原料實在太少，尤其是小麥，台灣自產量僅佔進口量的萬分之三，完全無法供應醬油釀造所需。至於黑豆，昔日台灣產量大，但如今基於種種複雜問題與農業政策使然，榮景已不復當年，加上進口黑豆數量與品質皆不俗，因此使用進口黑豆也已是業界常態。許多廠商關懷在地，會採用台灣小農契作黑豆，這是顧問團專家們都樂見的，許嘉生說，無論進口或自產，只要原料本身品質優良，符合安全標準，就沒有孰優孰劣的問題。

Q8 豆麥醬油是如何釀造而成的呢？

A 關於這個問題，我們直接以流程圖來為大家解答。

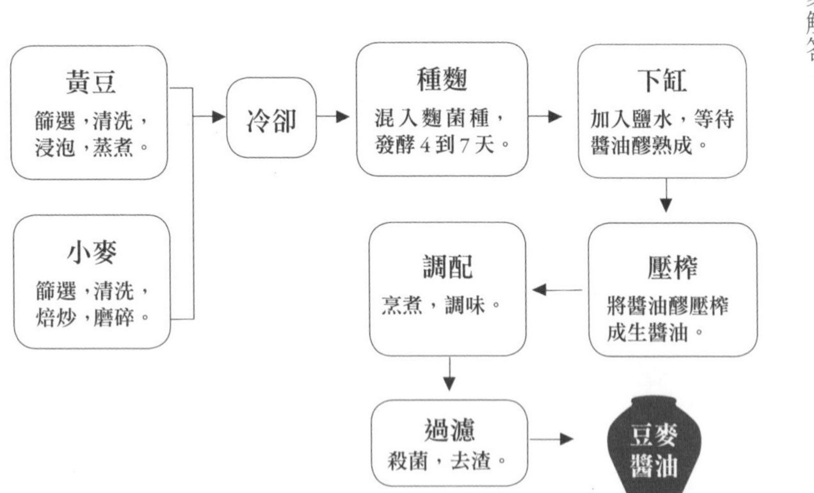

此流程為基本程序，實際釀造過程，各廠商均有自家講究及特色，諸如麴菌品種不同、需不需要避免雜菌、以滴釀取代壓榨、烹煮時間的差異、調配添加物的配方與用量，甚至是壓榨到過濾之間順序的調動等。因此，也產生了各種不同風味的醬油產品。

依循古法釀造蔭油，採用陶缸製醬。（攝影／林育恩 攝於成功醬園）

Q9 黑豆醬油是如何釀造而成的呢？

A 同樣的，我們以流程圖來為大家解答。

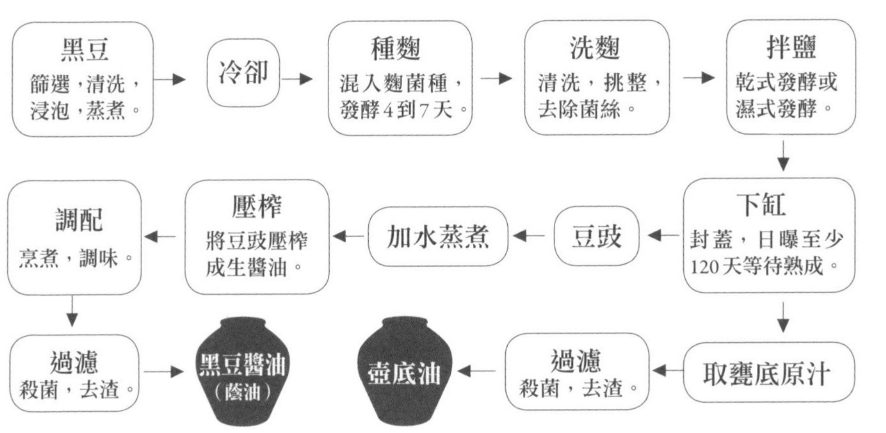

同樣的，此圖為基本程序，黑豆蔭油釀造工法變化更多元，以拌鹽入缸來講，下缸時，就可分乾式或濕式兩種不同的發酵方式。

Q10 什麼是乾式發酵？

A 乾式發酵是正宗傳統古法，顧名思義就是一滴水也不加，豆麴拌鹽下缸後，直接用粗鹽在表面鹽封，這種方式的熟成期很長，且因缺乏水分而壓榨不出太多原汁，因此每只甕缸能產出的醬油量較少，多半都是只取甕底原汁來製成頂級壺底油。儘管乾式釀造成本高，但風味十分優異，因此目前在台灣仍有不少遵循古法的釀造廠採用這種方式。

Q11 什麼是濕式發酵？

A 濕式釀造是將鹽水注入來浸泡缸中豆麴，通常鹽水會倒入大約六到九分滿，倒入後不需攪拌。和乾式釀造一樣，最上層也要用粗鹽來鹽封，不過亦有例外，少數醬油廠會全以鹽水浸泡，不採鹽封，以減輕鹹度。總之，鹽水用量多寡及濃度均無一定標準，屬各家偏好的秘方。

一般認為，濕式釀造是受到日式豆麥醬油釀造技術的啟發而衍生出來的方式，大部分的流程仍依循古法，僅用鹽來取代鹽，以增加醬油產量，可說是乾式釀造的改良方式。

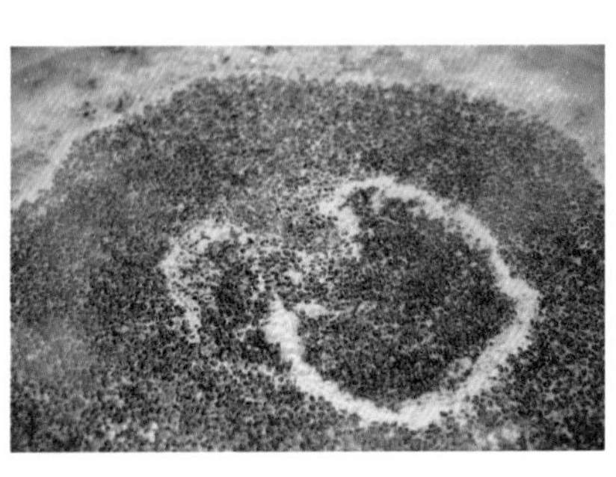

濕式發酵是以鹽水注入豆麴釀造。（攝影／林育恩 攝於新芳園醬油）

Q12 有些廠商會強調他們採用「二次釀造」工法，這又是怎麼回事呢？

A 楊昭景說，豆麥醬油釀造，下缸時必須注入鹽水，所謂「二次釀造」，就是採用已耗時至少四個月釀成的生醬油取代鹽水，由此可知，二次釀造需要一般醬油兩倍的原料與時間，製成的醬油在風味上會顯得更濃醇。同樣的，以濕式釀造製成的黑豆醬油，也可採用生醬油取代鹽水的方式來進行二次釀造。

Q13 除了豆麥與黑豆之外，還有其他的原料可做成醬油嗎？

A 最近坊間有推出以其他豆類或穀類釀造的醬油，如白鳳豆、薏仁等，亦有廠商研發出「五穀醬油」，以大麥、高粱、燕麥等原料釀造，然而，無論是以哪些穀類釀造，一定少不了豆類，謝寶全指出，生產醬油的第一步就是製麴，而且必須要使用豆類來製麴，麴菌可分解豆類中的蛋白質，產生胺基酸，這也是決定醬油品質最主要的關鍵。

Q14 傳統釀造大多使用陶甕，現代化科技生產有些是用玻璃纖維桶，不同的釀造容器，是否會造成醬油品質或風味的差異呢？

A 這個問題見仁見智，在台灣醬油歷史中，出現過以下五種釀造容器。

陶甕：最常見的釀造容器，一般容量約一百噸，早期釀造廠多採用南投埔里所產陶甕，現在則以苗栗所產的甕缸較多。

木桶：許嘉生說，木桶釀造是日本醬油普遍採用的方式。台灣承襲日本技術，所以也用過木桶，但因氣候環境、木材屬性不同等種種因素，台灣的木桶製醬效果並不理想，如今此法已不復見。

水泥製地窖：謝寶全表示，日式濃口醬油常見以地窖當作釀造廠，台灣一些傳統豆麥醬油釀造也採用這種方式。地窖往往有三公尺深，釀造過程中常需要打入空氣，攪拌醬油也很辛苦費力。

塑膠桶：陶甕單價高，而且很重，搬運清洗均不易，因此有醬油廠用塑膠桶取代陶甕，然而，由於塑化劑疑慮，因此採用塑膠桶的廠商並不多。

玻璃纖維桶：玻璃纖維桶沒有塑化劑釋出的問題，也沒有陶甕容易受外力撞擊而破裂的困擾，且不須開缸便可觀察釀造情況，因此近來受到許多大廠喜愛。

台灣有不少傳統豆麥醬油採用地窖發酵。（攝影／林育恩 攝於新高醬油廠）

Q15 在食安議題下一直被提及的「化學醬油」，到底是怎麼回事？

A 事實上，化學醬油曾經是一種造福社會大眾的新技術，在日治時代由日本引進台灣。許嘉生指出，傳統釀造發酵期程至少要四個月，但化學醬油可縮短到一週之內，降低許多成本，也降低了售價，在物資匱乏的年代裡，化學醬油的普及，對民生問題是有幫助的。而化學醬油也不是隨便就可以調配出來的，必須使用豆麥原料才能製成。

Q16 既然如此，那麼化學醬油為何被形容得罪不可赦呢？

A 化學醬油並非以天然發酵方式製作，而是以具有腐蝕性的鹽酸加入榨過油的黃豆渣並加熱，來達到快速發酵的目的。黃豆渣主要成分是蛋白質，當酸遇到蛋白質，就會分解出胺基酸，無論是鹽酸速成，還是自然發酵得到結果都是胺基酸。然而，使用速成激烈的方式，會產生天然純釀造所沒有的風險，楊昭景表示，強酸水解的過程中，會釋出有害人體的物質，比方說3-單氯丙二醇，儘管各國研究結論不一，但還是有不少證據指出其有致癌風險。

Q17 什麼是3-單氯丙二醇？為什麼化學醬油會有？純釀醬油就一定沒有嗎？

A 化學醬油是以鹽酸加熱分解黃豆渣，雖然豆渣經過脫脂，但仍有微量油脂殘留，當油脂遇到鹽酸，就會分解出3-單氯丙二醇這種化合物。世界各國均立下明確法規管制其含量。簡言之，3-單氯丙二醇是一種可能致癌的物質，應盡量避免攝取。至於傳統釀造醬油，是透過麴菌酵素分解豆類蛋白質，並以酵母菌和乳酸菌這些微生物來進行發酵，所以不會產生3-單氯丙二醇。

Q18 所以，化學醬油一定就是不安全的嗎？

A 顧問團專家們一致強烈建議，化學醬油能不吃就不吃，以避免一切可能對身體健康所造成的危害，更何況化學醬油的風味也遠不及純釀醬油。不過也不必對化學醬油太過恐慌，許嘉生認為更該擔心的應該是「黑心醬油」，化學醬油並不完全等於黑心醬油。總之，請不要購買品牌陌生、來歷不明、價格太低且標示不清的醬油。

Q19 除了化學醬油之外，還有一種說法叫做「速釀醬油」，這又是什麼呢？

A 有些專業人士認為速釀醬油就是化學醬油，這說法並沒有錯，不過一般提到速釀醬油，大多是指「以純釀醬油和化學醬油混合製成」，是一種折衷做法，既可加快釀造速度，又能讓醬油保留些許大豆香氣和風味，但速釀醬油主要的氣味仍是刺鼻的，從嗅覺上就能簡單判斷。在商店選購醬油，我們無法開瓶來聞，但也很容易從成分標示判斷，如果看到豆類原料後標註「酸水解植物蛋白」等類似字樣，那便是化學醬油或速釀醬油，建議不要購買。

Q20 醬油包裝標示上的添加物，為什麼都這麼艱澀難懂？

A 由於食安問題頻傳，衛福部在二〇一四年修訂「食品安全衛生管理法施行細則」，要求廠商將原料與添加物所有成分詳列，特別是添加物，必須依法令規定的正式名稱標示。原意是希望監督廠商，杜絕不法添加。但添加物正式名稱艱澀難懂，許多民眾看了反而更憂心，深怕吃下的全是化學合成的假食物。其實不用太過恐慌，關於醬油中常見的添加物，以下有一些解答。

Q21 什麼是「5'-次黃嘌呤核苷磷酸二鈉」和「5'-鳥嘌呤核苷磷酸二鈉」？

A 許嘉生說，次黃嘌呤核苷磷酸是一種天然物質，存在於細胞的基因體中，是從海帶萃取出來，亦可透過微生物發酵工業化生產取得。將這種物質與鈉（也就是鹽）化合後，便可製成5'-次黃嘌呤核苷磷酸二鈉。同樣，鳥嘌呤核苷磷酸也是天然物質，從香菇萃取出來，與鈉化合之後便可製成5'-鳥嘌呤核苷磷酸二鈉。這兩款添加物本身沒什麼味道，但可提升鮮味，增進食慾。

Q22 什麼是「琥珀酸二鈉」？

A 琥珀酸二鈉和上一題講到的兩種添加物，最後三個字都是「酸二鈉」。我們可以把它們當成是同一個家族的，本質上都是存在於細胞基因體中的天然物質，之前那兩款分別是從海帶和香菇萃取而來，而琥珀酸二鈉則是從干貝萃取，性質與功能也都很近似。

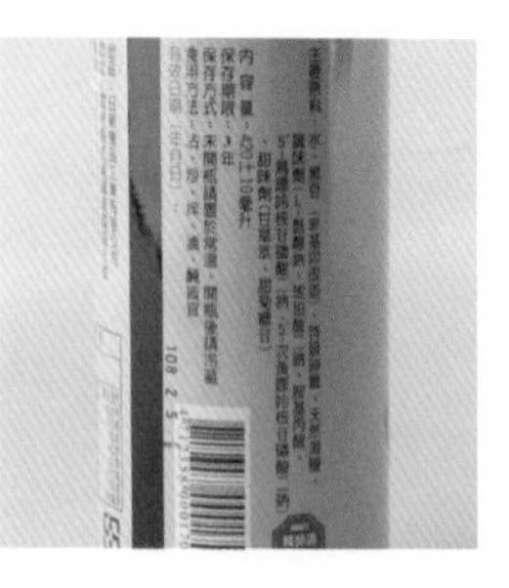

依照衛福部規定，醬油添加物必須以法令規定的正式名稱標示，因此出現許多艱澀的專有名詞。（攝影／吳家瑋）

Q23 什麼是「DL-胺基丙酸」和「L-麩酸鈉」？

A 許嘉生再提到，這兩種添加物都是自然界產生的胺基酸，胺基酸就是鮮味的基質，所以它們都算是相對安全的添加物。不過，這兩種胺基酸的水合性很強，很容易和人體內的水分結合，影響新陳代謝，令我們感到口渴，而且，對人體來說，它們屬於非必需胺基酸，適量攝取並無大礙，但過量的話，便會對肝和腎造成負擔。這兩種添加物有個我們很熟悉的俗稱，就是「味精」。

Q24 關於甜味劑，甘草、甘草片、甘草萃、甘草酸鈉，各自有何不同？

A 通常標示甘草或甘草片的，就是在中藥舖可以買到的甘草。甘草萃則是從甘草根部萃取出來的物質，也稱為甘草素或甘草甜，除了增加甜味之外，也有降低鹹味的功效。至於甘草酸鈉，顧問團專家們一致提醒我們得小心點了，這是一種含鈉的人造甜味劑，少量攝取雖不致對人體產生危害，但若能避免攝取，則盡量避免。

Q25 什麼是「對羥苯甲酸丁酯」？

A 對羥苯甲酸丁酯是一種防腐劑，顧問團專家們一致建議，如果我們在一瓶醬油的標示上看到這種化合物的話，那還是不要買最好，雖然它也是一種天然界的物質，比方說藍莓裡就含有微量，但它比較常見的用途，是在洗髮精、潤膚乳液、刮鬍膏、外用藥品、牙膏與化妝品裡扮演殺菌的角色。

Q26 醬油膏是用醬油和糯米製成，照理說應該已經夠濃稠，但許多成分標示還是會看到「黏稠劑」，最常看到的是「玉米糖膠」和「乙醯化己二酸二澱粉」，這是安全的嗎？

A 玉米糖膠雖然被冠上「玉米」二字，但不見得是從玉米提煉出來的，黃豆、小麥或牛奶都可以提煉出這種醣類。乙醯化己二酸二澱粉是台灣一百七十多種合法修飾澱粉內其中之一，修飾澱粉是以穀類或薯類磨碎加入酵素與化學藥品製成。上述這兩種添加物都是合法的，不必太過恐慌，當然還是建議，盡量購買不含添加物的醬油膏。

Q27 我們該怎樣來分辨醬油的品質？是否有具體的標準規範？

A 關於醬油品質，我國有一套具體標準規定，分為甲、乙、丙三等級，是根據醬油的性狀、總氮量、胺基態氮、無鹽可溶性固形物含量來區分的，接下來，我們以表格來為大家解答。

一般醬油（豆麥醬油）

等　級	甲級品	乙級品	丙級品
總氮量 (g/100ml)	1.4 以上	0.56 以上	0.8 以上
胺基態氮 (g/100ml)	1.1 以上	0.44 以上	0.32 以上
無鹽可溶性固形物 (g/100ml)	0.8 以上	0.32 以上	7 以上

黑豆醬油

等　級	甲級品	乙級品	丙級品
總氮量 (g/100ml)	1.2 以上	0.8 以上	0.5 以上
胺基態氮 (g/100ml)	0.48 以上	0.32 以上	0.2 以上
無鹽可溶性固形物 (g/100ml)	12 以上	11 以上	7 以上

醬油膏

等　級	甲級品	乙級品	丙級品
總氮量 (g/100ml)	1.2 以上	0.9 以上	0.6 以上
胺基態氮 (g/100ml)	0.48 以上	0.36 以上	0.24 以上

薄鹽醬油

項目	標準
總氮量 (g/100ml)	1.1 以上
胺基態氮 (g/100ml)	0.44 以上
氯化鈉含量 (g/100ml)	12 以下

Q28 某些廠商有推出未經烹調的生醬油，生醬油和一般醬油有何不同？

A 一般市售醬油大多經過調煮，在調煮時多半會加入糖、甘草或其他添加物以增進風味。至於生醬油，則是不經烹調，直接裝瓶銷售，由於生醬油中仍含有醬油麴，所以會持續發酵，建議不熟悉使用方式的讀者，務必在向老闆詢問過最理想的使用方法後再購買。

Q29 好醬油在風味上會有那些特徵呢？

A 梧桐環境整合基金會朱慧芳執行長表示，要以嗅覺和味覺來判斷一瓶醬油的風味好壞，一點也不難。以嗅覺而言，平常或許我們沒什麼機會同時去聞好幾款不同廠牌的醬油，所以無從比較，有機會不妨試試，就會發現，最不刺鼻且帶有自然豆香的，就是品質最好的。味覺上而言，真正的好醬油在初入口時其實會略有死鹹感，但不會持續太久，香醂後，口腔到喉間會有回甘感，且不會有乾澀、口渴的感覺。

Q30 怎樣的保存方式最能確保醬油的品質呢？

A 純釀醬油多半不含防腐劑，未開封前一定要存放於陰涼處，避免日照，開封後則一定要放置冰箱，並盡快使用完畢。

〈貳〉

在地職人故事

台灣醬油產地巡禮

為了找出存在於台灣各地的好醬油，我們花了大半年的時間，實地走訪各個縣市，我們發現，儘管台灣面積不大，但各地風土民情仍有不少差異，醬油的釀造文化、食用方式和質地風味等，也都呈現出不同的樣貌。

醬油產地巡禮

四大區域、十三個縣市，風土、時令、物產，悉心釀造的特色。

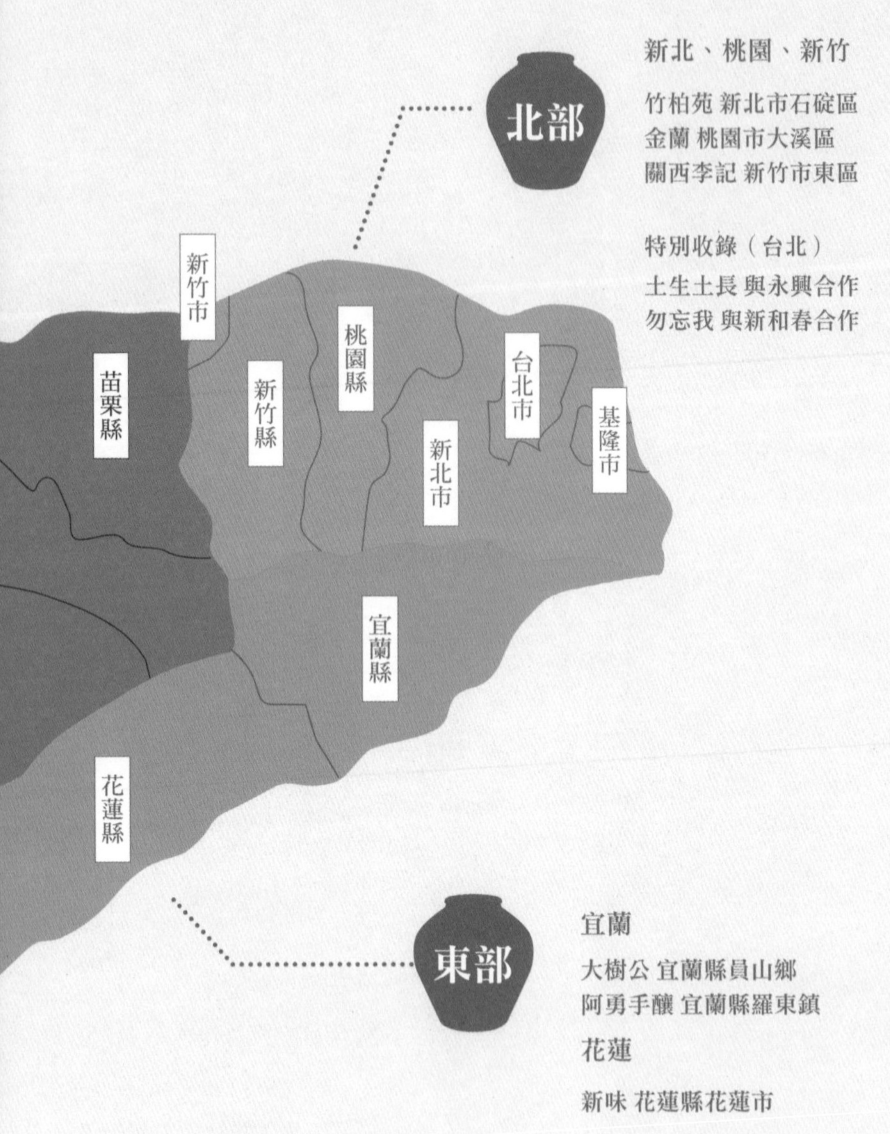

北部

新北、桃園、新竹

竹柏苑 新北市石碇區
金蘭 桃園市大溪區
關西李記 新竹市東區

特別收錄（台北）

土生土長 與永興合作
勿忘我 與新和春合作

東部

宜蘭

大樹公 宜蘭縣員山鄉
阿勇手釀 宜蘭縣羅東鎮

花蓮

新味 花蓮縣花蓮市

台灣醬油產區地圖

本書收錄醬油廠商與作坊一覽

中部

雲林

三珍 雲林縣西螺鎮
丸莊 雲林縣西螺鎮
良泉 雲林縣西螺鎮
御鼎興 雲林縣西螺鎮
陳源和 雲林縣西螺鎮
華泰 雲林縣西螺鎮
瑞春 雲林縣西螺鎮
龍宏 雲林縣林內鄉
日新 雲林縣土庫鎮
大同 雲林縣斗六市
新萬豐 雲林縣斗六市
新芳園 雲林縣斗南鎮
味王 雲林縣大埤鄉

台中

美東 台中市東勢區
味榮 台中市豐原區
喜樂之泉 台中市北區
林信成 台中市西區

彰化

源興 彰化縣花壇鄉
新合順 彰化縣員林市
新和春 彰化縣社頭鄉

南投

桃米泉 南投縣南投市
高慶泉 南投縣南投市

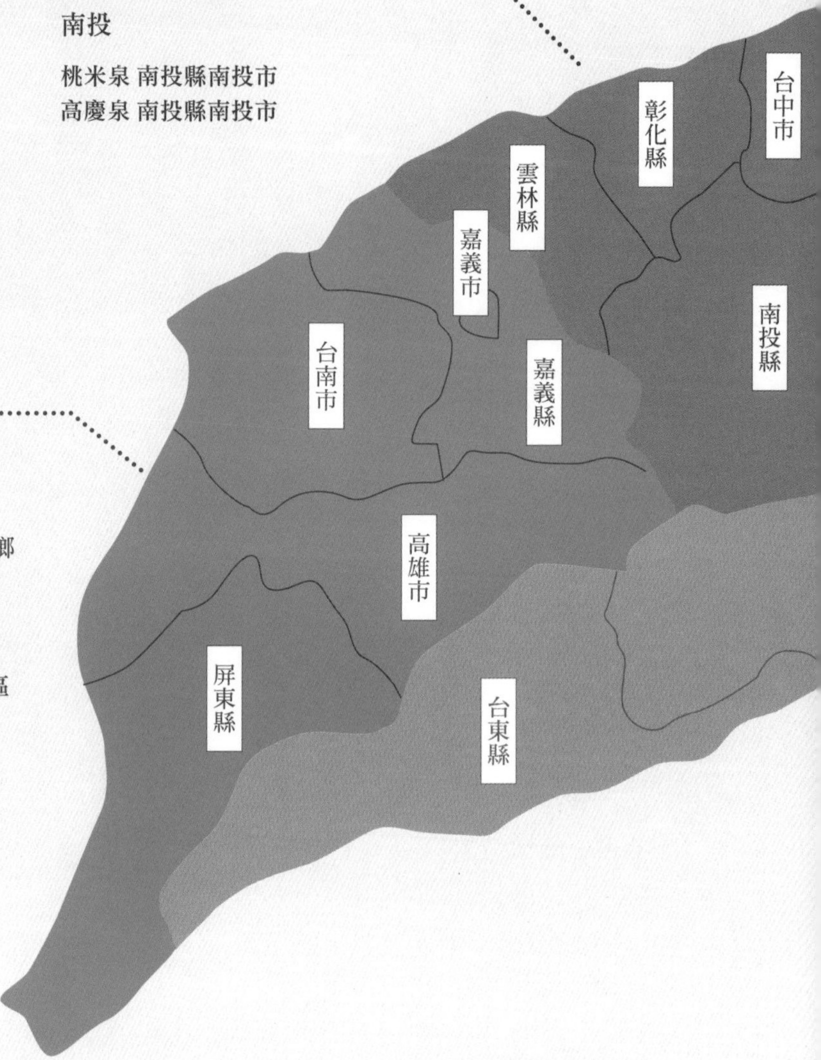

南部

嘉義

三鷹 黑龍 嘉義縣民雄鄉

台南

永興 台南市後壁區
成功醬園 台南市新化區
青井 台南市東區
新高 台南市東區

高雄

民生 高雄市三民區
協美 高雄市鼓山區

屏東

萬家香 屏東縣內埔鄉
屏大 屏東縣內埔鄉

如前頁地圖所述，我們大致可將台灣醬油產地分成四大區域。

北部

大部分是豆麥醬油，一方面是源自日治時代技術導入，以工業化生產為主流；另一方面則是氣候因素較不利於黑豆蔭油日曝使然。一九六〇年代，三重成為醬油釀造重鎮，許多大廠座落於此，諸如味王、味全、味台、萬家香（現已遷廠至屏東）等。此外，桃園大溪也是醬油重鎮之一，仰賴著大漢溪的好水質。

中部

除了來自濁水溪的好水質之外，中部的地下水鐵質含量較低，也有利於醬油釀造產業的發展。氣候方面，這裡日照充足，全年溫度適中，利於黑豆蔭油的釀造，尤其是西螺，一條街上滿是醬油作坊，多半都已經營三代，擁有百年以上的歷史，因此有「黑豆蔭油的故鄉」之美名。此外，彰化八卦山水質優良，日照條件也好，因此傳統蔭油釀造也十分發達。中部同時也是主要的台灣黑豆產地，雲林東勢、濁水溪一帶都有品質優良的契作黑豆。

南部

南部的豆麥與黑豆醬油發展較為均衡。以豆麥醬油而言，傳統地窖式發酵為其特色之一；日照與氣候條件好，也利於日曝蔭油釀造。此外，近年來屏東大豆產量擴增，加上氣候因素與大武山水質等條件，也漸漸發展為台灣醬油大規模重鎮之一。南部同時也是台灣黑豆的主要產地，台南善化的「台南五號」黑豆產量多，全台各地許多醬油廠均有採用，其他較有名者，諸如嘉義十甲有機農場黑豆、屏東恆春烏豆等。

東部

東部日照不足、氣候較濕冷，在自然環境上較不利於醬油釀造，所以時令在這裡變得極其重要，以宜蘭地區而言，每年端午到中秋，是黑豆蔭油最關鍵的釀造期，因此產量十分有限。至於花蓮地區，由於交通不便，早期自成封閉市場，全盛時期曾有二十餘家醬油釀造，以豆麥醬油居多。

職人故事

三十七家本土醬油作坊與知名大廠

在醬油巡禮的過程中，我們拜訪了許多廠商、作坊與職人。有些人依循古法，連蒸煮豆子或烹調醬汁的柴都講究；有些人尊重傳統，至今堅守祖傳工法，踏實地做好每一個細節；有些人重視健康，走遍世界各地，就為了找到品質最好的有機原料；有些人追求創新，以科學家的精神不斷研發，試圖做出最極致的風味；有些人關懷在地，找小農契作原料，在社區開班授課，把地方發展與文化傳承當作自己的使命……無論懷抱著怎樣的理念，在他們一字一句地娓娓道來當中，我們聽到的，都是有溫度的故事。

竹柏苑經營者王宏健。

竹柏苑麥芽醬油——王宏健

浪子回頭尋根探訪醬油釀造古法

文／周玲霞　攝影／焦正德　照片提供／竹柏苑

麥芽膏遠近馳名，麥芽醬油限量供應

開車轉進石碇老街，看到紅底黃字的「麥芽膏到了」指標，再轉進山坡小巷，不久就到了這隱藏在綠樹山林間的小屋——竹柏苑。

遵循古法製作麥芽膏的竹柏苑，由王正常、王宏健父子倆聯手經營，年輕時的王宏健曾有一段誤入歧途的歲月，為了使浪子回頭，王正常五十四歲退休之後，開始學做麥芽膏，創立竹柏苑，希望讓兒子留在石碇老家好

店家資訊

地址：新北市石碇區潭邊里石崁35-2號
電話：02-2663-2307
訂購注意事項：每年約製作16,000瓶，可先訂購，售完為止。

好幹活，而王宏健也洗心革面，踏實工作，七、八年下來，竹柏苑打響了名號，以麥芽膏食品和麥芽醬油聞名。

早期，竹柏苑生意不見起色，為了維持生計，王宏健兼兩份工，平日在台電當抄表員，週末才擺攤販售麥芽膏，同時，天生就有著生意頭腦的他，也一直尋找開發其他商品的可能性，後來想起外曾祖母曾經釀造過醬油，於是花了兩年時間尋根，找親戚詢問釀造方式，並試著開始釀造黑豆醬油。

竹柏苑採用加拿大進口、農藥檢測把關嚴格的黑豆為原料，不過，北部石碇地區多雨陰濕，黑豆發麴相當困難，因此時令因素變得極其重要。回想起剛開始試做醬油的那兩年，真是吃盡苦頭，醬油剛裝進瓶中封蓋，還沒出貨之前瓶口就已發霉，或是上層有太多雜質等等問題，導致整批醬油報銷，找尋原因，發現是煮沸殺菌的過程未完全，於是加長燉煮的時間，過濾部分，兩層布不夠，就改用三層布，三層布滴不下來，就再找其他材質的布，王宏健鍥而不捨，終於撐過開發初期之苦，製作出具有穩定品質的好醬油。

高齡七十三歲的竹柏苑創辦人王正常，將煮熟的麥芽倒進甕缸，與豆麴一起釀造。

無論是麥芽膏或是醬油，均以手工古法柴燒方式製作，王家父子的日常生活辛勤而充實。

日日拉警報，防範西北雨

黑心油食安風暴那年，隔年還沒開始製作的醬油，前一年底十二月就已被訂購一空，連透過關係來拜託的都不見得有貨，因為數量不足，從一人限購一瓶，到一輛車限購一瓶。問起為何不增加產量，王宏健直說這樣太累了！每天顧著五口柴灶滾煮的麥芽膏，到了釀造醬油時節，還得再多請兩、三個人來觀察天色，北部夏天的西北雨說來就來，當看到天色黑一半時，大家連忙七手八腳地拿著鐵盆蓋滿醬缸，待西北雨過去，又得趕緊掀開增加曝曬能量，從端午到中秋間，這樣的情景幾乎天天上演，王宏健認為，若因應市場需求，快速擴大產量，肯定會造成品質崩壞，這並不是他所樂見的。

「我家的醬油真的很鹹，不鹹的醬油我不會做啦！」王宏健依古法釀造的醬油，除了加入自豪的麥芽膏調味之外，便不添加任何其他調味劑，除了黑豆醬油的香味之外，麥芽讓醬油本身更多了一些回潤甘甜，也正因為麥芽膏是自家製，更是自家特色，不惜血本的加入當調味劑。夏季限定的天然味，而充滿實驗家精神的他，仍不滿於現狀，計畫在壓製過程中更加精進，希望能釀製出品質更上層樓的麥芽醬油。

釀造完成的豆麴，準備取汁調煮。

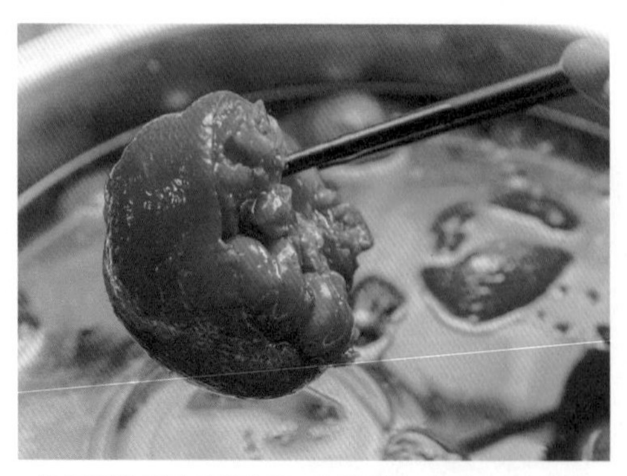

用麥芽醬油滷出來的豬腳，晶瑩剔透，充滿黑豆與麥芽的濃郁香氣。

麥芽必須種植在室內暗房中，才能保持金黃色，若在日光曝曬下產生葉綠素，麥芽轉綠之後，味道會變苦。

金蘭食品公司企劃課主任楊偉宏

職人故事

金蘭醬油

每年生產四萬噸醬油，台灣最大的釀造廠

文／周玲霞　攝影／焦正德

昭和時代立下基業，如今是台灣最大醬油廠

金蘭醬油創辦人鍾番，在日治時代學得清酒釀造技術，後來他認為釀酒時所需的麴菌及知識可運用在醬油生產上，於是，在找到最適合的菌種之後，開創了「大同商業株式會社」，開始以手工方式釀造豆麥醬油。

於昭和十一年（西元一九三六年）成立的「大同商業株式會社」，以經營醬油及醬漬品為主，鍾番擔任第一任董事長，二

位於桃園大溪的金蘭醬油釀造廠

戰後，公司更名為「大同商事股份有限公司」，民國五十九年（西元一九七〇年）再更名為「金蘭醬油食品股份有限公司」。當時，台灣經濟起飛，民眾對於食品的要求越來越講究，加上國際機械技術逐漸提升，為了讓金蘭醬油的品質更優良，遍尋好水質及好環境之後，民國六十五年（西元一九七六年），金蘭醬油將工廠移往大漢溪畔的大溪鎮，大溪向來以豆腐聞名，以台灣北部而言，此地水質無可比擬，而原本用缸釀的金蘭醬油，也在新廠完成後，開始一連串由手工釀造轉向機械化的過程，成為國內首間GMP認證的醬油工廠，並擁有HACCP及ISO22000驗證。目前金蘭擁有一百一十六槽FRP發酵槽，每年生產約四萬噸醬油，以單一廠商而言，是台灣最大的釀造廠，技術安全品質嚴謹，打從原料的挑選、來源、檢驗，到純釀造安全標準化管理，層層把關，並且在風味上不斷推陳出新，諸如早年不含鉀離子的陳年醬油，到近年來採用非基因改造黃豆釀造的甘露醬油、有機醬油，以及無添加醬油等等。

以獨家麴菌與高端釀造技術打造優質風味

從純手工釀造轉向機械化生產，迎合民眾對於安全衛生的要求，在民國六十年代可說是相當大的突破，但在此過程中，仍堅持純釀造程序，最重要的是八十年來始終以相同菌種進行釀造的堅持，鍾番所選用的強勢菌種，讓金蘭醬油的風味顯著，也因該菌種與黃豆、小麥進行發酵作用後所產生的強烈胺基酸風味，擄獲許多老饕的味蕾，此強勢菌種入味迅速，香味逼人，儘管單瓶成本較高，但用量不多就能達到色香味俱全的效果，因此受到許

在採用全自動機械化生產的背後，遵循的是純釀造工法的程序。

多滷味攤老闆的愛用。如今，金蘭已全部採用非基因改造黃豆，利用獨家麴菌、以低溫恆溫發酵特有手法的「金蘭釀」，與高端釀造技術「二重釀」等，創造出獨特的金蘭味。

克服非基改黃豆與菌種的磨合問題

為因應出口需求，金蘭在民國九十八年前後，開發「甘露醬油」系列時，便以非基因改造黃豆進行開發研究，由於菌種在碰到不同黃豆原料時，會產生許多不同的變化，對品質與風味都有很大的影響，經過重重失敗，反覆檢討，終於成功將非基改黃豆與菌種之間的問題解決。而在有機醬油開發時，亦碰到相同的困境，金蘭企劃課主任楊偉宏表示，有機黃豆的風味與傳統黃豆有些差異，為了讓菌種與黃豆產生的胺基酸風味更凸顯，金蘭費盡苦心，總算苦盡甘來，技術得到了提升。近期推出的「無添加」醬油，只用最單純的水、非基改黃豆、小麥和食鹽釀造，是無甜味干擾的純粹原汁，擁有飽滿的天然豆麥香，可以當作天然湯底添加，煮湯不用加味精和鹽，且葷素皆可使用，亦適用於燒、烤、燉、滷前材料醃漬入味，無添加醬油保有金蘭特有麴菌特色，容易入味，沒有糖份，可保持烹飪時材料原色不發黑，是最好的天然醃漬醬油。

金蘭擁有一百一十六槽FRP發酵槽，每年要生產約四萬噸的醬油，以單一廠家而言，是台灣地區最大的釀造廠。

店家資訊

品牌成立時間：1936年　釀造廠成立時間：大溪廠1976年
消費者服務電話：0800-311966
總公司電話：03-3801226
地址：桃園縣大溪鎮介壽路236號　電話：02-2663-2307
訂購注意事項：
金蘭醬油文化博物館：須於參觀前至少三天前電話預約，不接受當日預約。受理預約時段，每日09:30-12:00、13:30-16:50，其他時段不接受預約，請勿來電。
預約專線：03-380-1226#290、222
預約傳真：03-380-0337
Email：museum@kimlan.com
詳情請洽http://www.kimlan.com/tr/museum01.html。

重視食品安全與國人健康的金蘭，率先採用非基改黃豆原料，品項不斷推陳出新，並且獲獎無數。

職人故事

關西李記——李日興

從手工製琴到純釀醍醐味

文／林國瑛　攝影／劉森湧

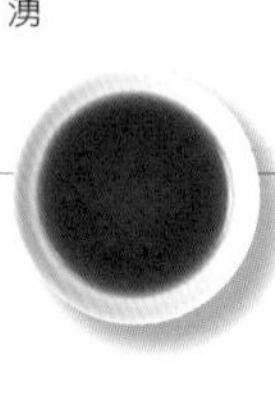

關西李記經營者李日興。

為了母親的健康，一頭栽進醬油釀造的世界

這雙靈巧的手，打造入選台灣工藝獎的小提琴，修復任何你想得出來的樂器；這對厚實的手，打撈甕缸裡甘醇馥郁的醬汁，釀造出凡人聞過必齒頰留香的美味。

六年前，李日興的母親得了慢性病得洗腎，愛吃重口味的母親改不掉三餐必備醬油的習慣，妻子建議：「外面醬油這麼鹹，不如自己做吧。」李日興一句「好啊」就這麼開啟他與醬油的不解之緣。

為了母親而釀製的醬油以健康為最高原則，無防腐劑、人工添加物，一切講求原味天然，醞釀過程刻意減少鹽份，降低鈉對人體造成的負擔。剛開始只是因為「反正都做了，就送幾瓶給朋友嚐嚐」，沒想到左鄰右舍反應熱烈，位於住家頂樓的醬油工廠，陶缸從一甕變百甕，小缸變大缸，關西李記醬油的主人成為他最響亮名號。

勤奮自學三年，成為博學的醬油專家

「一開始聽朋友說做醬油很簡單，黑豆煮熟、發酵、入甕、壓榨、過濾就好了，沒想到完全不是這麼一回事！」李日興有點不好意思的說。剛開始製作醬油屢遭挫折，因口味不佳倒掉的醬油數不勝數。為製作高標準的黑豆手工蔭油，他白天在樂器行顧店兼看書鑽研釀造技術，傍晚回家捲起袖子熬煮製麴實做，大半夜不睡覺，點開影片網站學習各種國內外醬油相關知識。每天至少花三、四個小時學習，還到學校進修苦讀，經過三年勤奮努力，李日興靠自我督促，從一知半解的外行人，變成連博士生都來向他請益的專家。

熱情，可說是李日興的同義詞。他聊起醬油頭頭是道、眼色發亮，翻出厚厚一疊「論文」，滔滔不絕地說：「我從醬油原料的產地、製作、對人體影響都研究得非常透徹。有的醬油標榜不含防腐劑，但為了口感加入化學添加物，對人體傷害反而更大。」

李日興拿出各種不同的工具，分析不同款醬油差異。

位於住家頂樓的醬油工廠，陶缸從一甕變百甕，小缸變大缸，打響了關西李記的名號。

此外，消費者選擇醬油要避免高鹽高糖，長期食用等同毒藥！」李日興還拿出千奇百怪的工具，分析不同款醬油差異，「這是測糖份儀器，我的醬油屈光折度才三十，他牌是我的兩倍，濃度爆表。」聊到起勁，李日興以手電筒對自製的古早味黑豆蔭油照射，由於未加人工色素，醬油呈現清透琥珀色，輕輕搖晃，產生大量米黃白的綿密泡沫。

李日興發揮科學家精神，花費大量心力實驗，好不容易找出讓醬油品質與風味兼具的方法，為再提昇品質，他與元培醫事科技大學簽約，成為產學技術合作廠商，執著認真的職人性格，吸引大陸知名食品業者三顧茅廬，希望李日興擔任技術指導；但他希望先將台灣市場顧好，現正積極推廣民眾對好醬油的認識，也會在台北客家文化主題公園接任醬油DIY講師。

初創關西李記時，有人不相信，一個有本事打造精美小提琴的人，竟然會跑去做醬油，對方親自造訪李日興的醬油工廠，看到他戴著斗笠，在大太陽下搬運黑豆，又見頂樓陳列上百甕宏偉陶缸及密佈的製麴竹籃，才心服口服。醬油依自然法則以繁複的十幾道工序釀成，李日興雙手佈滿厚繭，雖然有時嚷著「做醬油有夠辛苦」，但臉上露出的微笑，又悄悄透露他打自內心的樂此不疲。經過懵懂初探的摸索期，到成為醬油賣到缺貨的醬油達人，李日興充份體現台灣人骨子裡的韌性與執著。

除了原味純釀的黑豆醬油之外，李日興還做出全世界唯一的仙草醬油，與關西在地名產緊密結合，彰顯地方特色，並榮獲2015年台灣伴手禮。

關西李記堅持使用台灣自產原料，採用嘉義十甲有機農場所產的黑豆。

曾有人不相信原以製琴師為業的李日興會去做醬油，親自跑來看過工廠，才心服口服。

釀造過程

1 挑選、清理、清洗黑豆。

2 用蒸籠慢蒸黑豆，必須蒸兩次，才入缸釀造。

3 種麴，將黑豆與麴菌充分混合，置於竹篩，發酵7天，過程中，必須時時注意溫、溼度的控制。

4 洗淨豆麴之後，入缸，鹽封，再封缸日曝釀造至少 180 天。

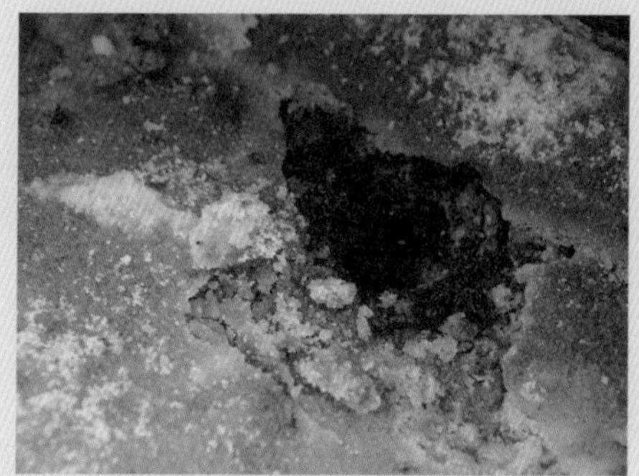

5 開缸挖開表層粗鹽，取汁後壓榨、過濾、烹調，最後裝瓶，即完成。

店家資訊

成立時間：2013 年
地址：新竹縣關西鎮中豐路一段 6 號
電話：0913 068 666
訂購注意事項：產量有限，事先預訂為佳。

職人故事

美東農莊——傅宏彥

荔枝柴燒釀造醬油

文／周玲霞　攝影／焦正德

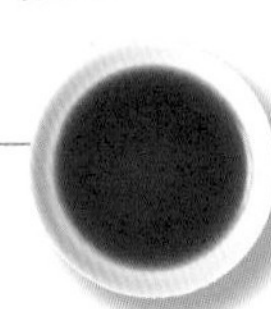

美東醬油第三代經營者傅宏彥。

荔枝與醬油之間的生命循環

擁有兩甲山坡地的荔枝樹，依山而建的美東農莊，可飽覽東勢地區美景，傅宏彥從小在這裡，看著祖父與父親每天辛勤地工作，早上上山顧果園，下午開始做醬油，用扁擔扛著醬油一步步走下山，始終不懂他們為何要這麼辛苦。長大後，他選擇從軍，當了家業的逃兵，後來，他才終於領悟了祖父的苦心。

傅宏彥曾問過祖父，為什麼要這麼辛苦地做醬油，專心種荔枝不就好了嗎？祖父告訴他：「傻

店家資訊

成立時間：1928 年
地址：台中市東勢區泰昌里東崎路五段 113 巷 16 號
電話：04 2587 2770

孩子，荔枝是燃料呀！」日治時代，祖父習得釀造醬油技術，舉家遷徙到東勢，當時東勢有五間小型醬油廠，如今僅剩美東一家了。時至今日，美東仍維持昔日的製程和銷售方式，祖父選擇種荔枝當燃料，是因為荔枝有許多需要修剪的小樹枝，加上木質緊實，耐久燒，可提供蒸煮黑豆及烹調醬油時足夠的火力，而選在這座離中橫最近的小山，是因為最接近天然水源。

祖父的各種堅持，傅宏彥一直到四十歲退伍之後才懂，老一輩的智慧，連醬油銷售的淡旺季都考慮到了，冬天氣溫低，大家喜歡燉、煮、滷食物，醬油銷量較大，而夏季天氣熱，正是醬油銷售的淡季，此時就販售夏季收成的荔枝來貼補家用。在地醬油，在地銷售，減去運送成本後，便能以最實惠的價格提供給客戶。

荔枝柴枝節多，木質緊實耐久燒，可提供蒸煮黑豆及烹調醬油時足夠的火力。

與自然共生共存，宣揚「圓滿」的生活智慧

廠內一角落，有許多回收的醬油空瓶，至今，父親傳宗可仍常送醬油到老客戶家，換回用完的玻璃瓶，洗掉外標籤，蒸煮消毒後，再裝進醬油，又開始新一輪的生命。傳宏彥發現，自家做醬油的每一個環節，諸如淡旺季產品調配，醬缸數量、果樹數量、空瓶回收計畫等，都充滿著「圓滿」的概念，為了更落實這個概念，他也開始黑豆契作的計畫。進口黑豆品質良莠不齊，使用台灣自產黑豆，不但可以就近了解生產履歷，省去中間商經手，也能讓價格更實惠。而九二一地震毀掉的大半家園，更強化了傳宏彥對家族傳承的使命感，將坍毀的爐灶重起之後，他以文化的角度，思考該如何向下一代傳遞這種「圓滿」的生活智慧。

地震過後，主屋幾乎全毀，傳宏彥撿回自家大門，轉裝到奇蹟似保全的製麴室，家雖然毀了，山坡上的果樹卻沒有任何鬆動，他相信這是因為傳家不曾過度取用資源，所以山上的荔枝樹才能夠保護家園。

說到美東醬油的未來，傳宏彥表示並沒有擴大經營的計畫，只求維持原有產量，提供給需要的顧客，與家園山林取得完美的平衡，而他真正熱衷的是文化與環境議題，美東農莊與當地學校合作，舉辦教育性質的參觀活動，透過果園經營與醬油釀造知識，闡述自然共生循環的重要性，並傳達永續經營的概念，讓下一代了解如何才能讓家業恆常久遠。

↑醬油瓶許多是回收的，洗去標籤、蒸煮消毒後，再重新裝瓶、貼標。

←竹篩裡是種麴約5~6天，即將熟成的豆麴。

傳宏彥與父親傳宗可共同經營著荔枝園與純釀醬油。

職人故事

從日式傳統「釀造元」到振興區域經濟

味榮食品——許立昇

文／周玲霞 攝影／焦正德 照片提供／味榮食品工業股份有限公司

味榮第三代經營者許立昇。

店家資訊

品牌成立時間：1945 年（第一代品牌大榮）、1979 年（第二代品牌味榮）
釀造廠成立時間：1953 年（第一代舊廠）、1979 年（第二代廠房）
釀造廠所在地：台中市豐原區西勢路 701 號
電話：04 2532 0279

從日治時期 創業至今的老牌子

以碾米廠起家的味榮食品，創立於一九四五年，是個超過七十年的老牌子，其最著名的味噌釀造，是陪伴許多台灣人長大的「台式味噌湯」老味道，如今發展至第三代接手，不僅保留了味榮本業，更在各種純釀造產品如醬油、醋、酵素、紅麴等多有研究生產，且逐步朝向有機、健康路線發展。

因為對米的品質要求甚高，所以從日治時期開始，「味榮」的前身「大榮」就是政府指定的糧秣買賣商。第一代創辦人許火烈在碾米主業之外，也向日本人學習味噌與醬油等天然釀造食品技術，由於手邊就有好原料，學得技術後，做出好產品就不難了。米、黃豆、麴菌，是味噌的基本原料，而其中的黃豆與麴菌，也同時是釀造醬油的基本原料。在日本，味噌與醬油的「釀造元」，總是宛如雙胞胎般的相依存在，這令許火烈心生嚮往，因此期望朝向這樣的營運模式來發展，不過，當時的大榮並未正式推出過醬油產品。

進入多元化發展的八〇年代

一九七九年，第二代接班人許宗琳接任，開始朝更多元的產品研發邁進，推出各種醬菜產品。醬菜、罐頭等食品，基底醬汁正是純釀醬油，豆豉更是蔭油釀造中的副產品。起先，許宗琳只是抱持著回饋的心情，將醬汁分裝成小瓶致贈客戶，不料大受歡迎，建立起口碑，於是，味榮才開始正式建立獨立的黑豆醬油生產線。

到了一九九九年，第三代許立昇接手後，面臨老廠轉型的挑戰，當時的味榮，還維持在傳統的手工製造環境，為了提升食品衛生的條件，他決定從製程與原料雙方面進行改革，先將部分產線改為無添加與機器自動化生產，並將釀造數據進行記錄管控，使整體釀造過程更符合現代衛生要求，原料部分，也開始轉向天然有機發展，包含轉型研發許多健康附加價值的產品，諸如紅麴、酵素等，都加入了開發的進程中，希望推出更符合市場需求的天然健康美味調味料。

保持運動習慣、注重養生的許立昇，對健康概念有一套堅持，因此對自家產品的「有機化」投

味噌與醬油釀造必備的原料—黃豆。味榮承襲日式釀造技術，初期以味噌為本業，醬油亦是先以豆麥釀造，直到一九七九年之後，才開始釀造黑豆蔭油。

日本的「釀造元」，醬油和味噌總是相依相存，圖中物件為味榮赴日參訪「神田釀造元」時，對方致贈之紀念品。

入許多心血，二〇〇八年，他將黑豆醬油系列產品逐步推向有機生產化，獲得美國USDA有機認證後，推出紅麴、梅子、酵素醬油等多種新口味的產品線，以增加附加價值。許立昇認為，現代人生活忙碌，攝取營養往往不均衡，若能在調味料中增添對人體有益的成分，就可以幫助許多人吃得更健康。

尊重老師傅的技藝傳承，保留手感老味道

在將工廠轉型為現代機械化的過程中，第二代許宗琳仍堅持將當初老師傅託付給他最重要的製麴過程傳承下來，這段故事，要從早期的味榮說起。當初負責釀造的老師傅，就是釀造廠的老廠長，同時也是家中長輩，許宗琳剛接手經營時，困難重重，備感艱辛，無論是技術學習還是跟廠內老員工的溝通，老廠長都給了他很大的幫助、信心及支持。許宗琳懷抱著感恩的心，保留手工製作精神，老師傅手的溫度和五感的判斷，掌握了味榮的品質命脈，在氣候變化極大的現代，更是少不了這些過往經驗。然而，逐步改用黑豆取代豆麥釀造，對製麴老師傅來說可是一大挑戰，長期掌握黃豆與麴菌關係的老師傅，花了很多心力去重新建立黑豆的製麴方式，反覆調整各項細節，不斷持續改善，才成功做出味榮的第一瓶純釀壺底黑豆蔭油。

堅持天然健康取向，為老廠找尋新出路，在與老師傅磨合、不斷推出新產品的同時，第三代許立昇也希望能將有機與健康釀造的概念更加推廣，二〇〇九年，味榮將廠房升級為綠色環保工廠，並創辦台灣唯一「台灣味噌釀造文化館」在地見學觀光工廠，支持在地文化與農業，以期振興區域經濟，守護台中豐原後代的美好生活。

注重養生的許立昇，開發出許多對健康有益且不同風味的醬油，諸如酵素、有機、減鹽等。

逐步改用黑豆取代豆麥釀造，對原本熟悉黃豆與麴菌關係的老師傅來說，可是一大挑戰。

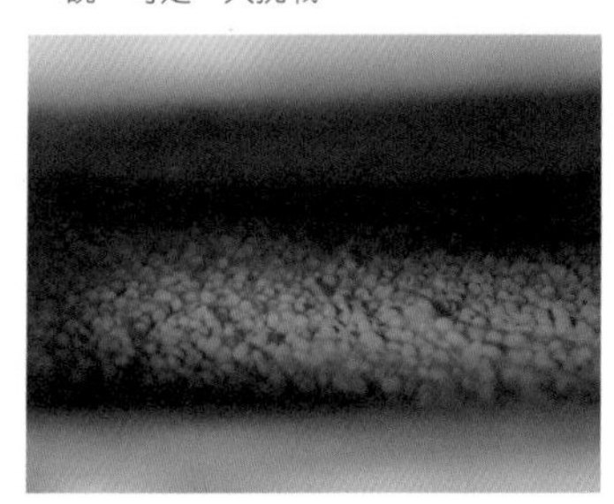

釀造過程

1 將蒸煮過後的黑豆與麴菌混合，置入竹篩。

2 竹篩層層架起，讓豆麴在35~38℃的溫度條件下發酵3至5天。

3 製麴完成後，清洗黑豆麴，將表面的菌絲去除乾淨。

4 將洗淨的豆麴與鹽充分拌勻，下缸。

5 豆麴入缸後，再於表面鋪上一層厚厚的鹽。

6 封缸後，日曝六個月以上，等待熟成。

7 開缸，挖開鹽層，取出豆麴與原汁。

8 將原汁壓榨、過濾後，烹煮調味。

9 裝瓶，封蓋，即完成。

職人故事

喜樂之泉——高大堯

出身醬油世家，獨創自有品牌

文／周玲霞　攝影／焦正德　照片提供／喜樂之泉

高大堯出身台中醬油世家，獨立創業，成立喜樂之泉。

店家資訊
品牌成立時間：2001 年
釀造廠成立時間：2003 年
釀造廠所在地：台中市北區文祥街 108 號
電話：04-22085199

因妻子罹癌而驚醒，徹底檢視飲食問題

出身中部老牌醬油世家的高大堯，於二〇〇一年自行開創「喜樂之泉」，堅持自己答應妻子「做有機」的承諾。

儘管擁有藥學專業背景，高大堯卻從來沒太注意過這個陪伴自己長大的夥伴──醬油，直到妻子罹患癌症，才開始注意食物來源，關心吃進肚子中所有的細節。因為妻子想要吃有機的醬油，於是兩夫妻開始尋找有機原料之路，正巧家族事業遷廠，高大堯決定留在老家，用有機、健康的原料，挑戰這個從小最熟悉的夥伴，偌大的廠房，兩夫妻和兩個從工廠對面台中科技大學夜間部請來的工讀生，挽起衣袖，開始釀「喜樂之泉」的第一支醬油。

重視推廣有機，拉長經營戰線

第一支醬油上市時，不懂行銷的高大堯為了讓銷售順利，完全沒有估算有機釀造可能增加的營運成本，僅參考市面上一般醬油平均價格，再多加二十元，就讓自家醬油上市，可想而知，獲利不如預期，他表示：「我跟太太覺得推廣比賺錢更重要，所以我設定了更長的損益平衡點，我想今年應該可以達到平衡。」

「喜樂之泉」的產品，有常見的黃豆醬油、黑豆醬油，也有少見的純麥醬油，以及台灣有機香菇醬油。高大堯從小在父親的訓練下，了解釀造的關鍵，不僅自行培養酵母菌，更到中興大學進修食品科學，講起釀醬油，他以科學家精神深入分析，黃豆是耗氣型發酵、黑豆是厭氣型發酵……每支醬油都經過二次釀造，催出發酵的最大值，掌握原料的特性，找到原料最好的加工方式，提供最天然、健康的產品，喜樂的心乃是良藥，是太太為「喜樂之泉」命名的關鍵，也是高大堯守護的根基。

而市面上諸多有機標準，如何能找到對的原料？由於當時台灣有機標準尚未統一，高大堯從國外進口原料時，依循歐盟、美國、德國等更高標準，採購通過標準的黑豆、黃豆、小麥等原料，而台灣的有機原料如蒜頭、辣椒等，則親自下鄉與農民面對面，觀察栽種使用的水源及土壤，每批原料在進貨後，還需在自家廠內進行第二次的檢驗，若有遇到任何超標狀況，馬上淘汰不用，而製作完成後的醬油及醬料等，也都再送到國外進行檢驗，他相信唯有自我要求，產品才能更禁得起考驗。

搖晃著碗中的醬油，高大堯說：「品醬油就像品酒，先搖晃，看著它慢慢醒來，然後再聞香、嚐味。」沾起一滴醬油後，從舌尖一路品味到舌根，他自嘲了解每支醬油的特性跟味道，卻不擅料理，無法當個大廚師。為了讓大家品嚐最乾淨的原味，他不執著所有原料都必須來自台灣，因為植物都有自己適合的生長地，但是，能為台灣農業盡一點心力時，他亦不落人後，協助想復耕台灣原生種黑豆的農民，尋找有機的段木香菇，下一步，他還希望能找到台灣最聞名的有機蔗糖，讓有機的產業鏈更為完整。

目前喜樂之泉的純麥有機白醬油，採用美國有機小麥釀造，但高大堯同時也正在找尋可能採用的台灣契作小麥。

職人故事

林信成食品工廠——林金德

以信用為家訓，成就一方甘露

文／林芳琦　攝影／林育恩

「林信成」現任經營者林金德。

店家資訊

成立時間：1948 年
地址：台中市西區梅川東路一段 35 號
電話：05-5868272

廠名即家訓，講信用才能成就

走進林信成醬油，陳列架上僅僅兩款醬油，分別為「公園牌老甕精釀壺底油」與「公園牌祿級醇釀壺底油」，似乎透露出某些堅持，而問起「林信成」創辦的故事，第三代接班人林金德說：「我家沒有叫『林信成』的人呀！」

一九四八年，受日式教育的祖父林煬灶跟日本人學得醬油釀造技術後，與朋友一同開創了「公園牌醬油」，並以台中公園中最著名的「中正亭」為標誌，爾後與朋友拆夥，自行創設了「林信成醬油」公司，林金德說：「姓林的人，要有信用才能成功，我阿公是這樣想的，林家的家訓就是信用。」至於醬油品牌，則繼續沿用「公園牌」，逐漸打入市面的同時，卻面臨商標法規定不能以公園為標誌的困擾，幾經爭取，終於得以沿用這充滿時代感的標誌。

堅持古早味釀製法，縮減產品線

原本機械工程專業的林金德，從小幫忙父親林聰賢釀醬油，貼標籤、封瓶口是下課後最重要的事，父親接手阿公事業後，開創了非常多不同種類的醬油跟醬菜產品，當時，台中市區還有許多同業競爭，而「公園牌」則是許多小麵攤必用的秘密配方，清甜的口感，讓許多營業用的老客戶支持至今，辣椒醬更是被客戶要求不能貼標，以免被其他同業學走秘方。

隨著年紀漸長，身為長男的林金德，在二〇〇一年接手家中事業，因為怕對不起吃了兩代的老客戶沒了老味道，扛下「林信成」這塊招牌的他，面臨了很大的挑戰，當時台中的地價漸漲，位於市中心的林家無法取得更大塊的土地，附近鄰居業已改建樓房變成高樓，林家的醬油廠能夠曝曬到日光的區域有限，加上九二一地震後，擔心屋頂醬缸過重壓垮房子等，遷廠還是留下，令人掙扎。最後，林金德決定縮減產品線，只留下最能代表「公園牌」的「老甕精釀壺底油」與「祿級醇釀壺底油」，這兩種產品的基底完全相同，唯黑豆原汁比例不同，提供兩種價格給顧客選擇。

身為老闆的林金德，自己親自擔任廠房的衛生管理員。

第二代經營者林聰賢，年輕時便謹守家訓，繼承自家醬油事業。

砂糖錯放的教訓，促使林家更重視原料來源

接班後，林金德與妻子一同在這小工廠中打拚，逐步用自己的專業打造出讓小工廠也能合理量產的機器，而學校畢業後就踏入林家的林太太，也從什麼都不會到現在不能沒有她。由於規模小，無法大量採購原料，兩人每到釀造期前，就四處尋找質量好的黑豆，又要考量價格合理性。夫婦倆，一個堅持味道品質，一個堅持環境衛生，一間他們口中「非常非常小的醬油廠」，在古樸味中維持著乾淨的堅持，也透露著歲月的軌跡。

而兩人印象中最慘痛的挫敗，莫過「本土二砂」的教訓，由於油膏調味除了糯米之外，還會加入台糖的二砂糖調味，某次調煮後的油膏，置放幾天後竟出現兩層分離，導致整批油膏銷毀，百思不得其解的兩人，研究每一項原料，後來才知道，由於當時砂糖價高，台糖有部分的產品使用進口砂糖代替，沒想到只是進口和本土這點差異，讓古早味變了調，此後，兩人堅持直接到台糖原廠購買本土二砂，來維持「林信成」的品質與信用。

已經出外就讀大學的兒女，每逢每年醬油出缸前，都必須回家幫忙，雖然還未談到接班問題，但兒女對於原料的來源比夫婦倆還更要求，而退休的父親林聰賢，則在每鍋醬油熬煮後，負責最後的試味品管工作，一家三代，皆身體力行，傳承「林信成」這塊超過一甲子的老招牌。

日曝三個月以上熟成的豆醬，取出之後準備壓榨、過濾。

竹篩中正在種麴的黑豆，到第 4、5 天時，佈滿如雲霧般的菌絲。

職人故事

源興醬油廠──莊順全

來自泉州的獨門二次釀造技術

文／林芳琦　攝影／林育恩

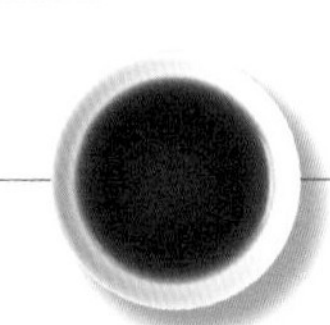

源興第三代老闆莊順泉。

i 店家資訊

成立時間：1945 年

地址：彰化縣花壇中正路 258 號

電話：04-7862041

最傳統的釀造技術，最濃厚的醬油風味

「源興」可說是以最傳統製醬工法釀造醬油的一間醬油廠，第三代經營者莊順泉表示，阿公是向大陸溫州的師傅學得做醬油的技術，自民國三十四年開設醬油廠至今，已超過七十年的歷史。

一走進源興醬油廠的製麴室，率

早期用來過濾豆渣的竹編濾斗，現已不常見。

莊順泉和太太賴珮芬。

先映入眼簾的，是一大片如同窗簾般懸掛在竹簳架前的砂糖塑膠帆布袋，一旁還有更早期使用，現在已淘汰不用的麻布袋，我們好奇的還有長得像盛飯用的飯匙的器具，莊順全帶著一種靦腆的笑容，一邊以木匙翻麴，一邊解釋說：「這是翻麴用的木匙，用它來翻麴，麴菌上的孢子就不會附著在我的手上；一旁看到的這些都是裝糖的帆布袋，這幾天比較冷，我們就用這種砂糖袋來幫麴菌們保暖，以確保製麴的溫度足夠，早些時，則以麻布袋覆蓋。製麴是做醬油一個很重要的環節，我們製麴約需一週，但在第三、四天時就要先進行一次翻麴。」與一般缸釀日曝時間動輒四個月以上不等，源興醬油夏天約日曝兩個多月，冬天約三個月。除了砂糖帆布袋與麻布袋外，我們還在源興醬油廠內找到一種竹編濾斗，是用來過濾壺底油的豆渣使用，現在已不常見，且大多已經被不銹鋼製品所取代。

醬油二次釀，兩倍的豆子釀一缸的醬油

源興醬油採半乾半濕的發酵方式，也就是洗麴、悶麴後，會先加入水，讓豆子吃飽水，再倒入醬油甕中，但醬油甕中的鹽水又不如濕式發酵來得多。源興在製程中還有一點與其他醬油廠不同，即是採用二次釀造的手法，進行醬油的熟成，換言之，源興可說是不惜成本，在整個製程中使用兩倍的豆子，卻只釀造出一缸醬油，而且這整缸醬油是直接從甕中取出再加入糖水調煮，沒有經過壓榨的步驟，相較於其他坊間的醬油，源興的風味明顯更醇厚、濃重。

第三代老闆娘賴珮芬表示，源興所產的醬油一律稱為「壺底油」，因為源興的產品都含有一定比例的壺底油，即便是最便宜一瓶只要六十二元的醬油，裡面所含的壺底油恐怕都比市面許多百元以上的醬油純度更高。除了「甲等陳年壺底油」之外，賣最好的是「超級壺底油」，這款醬油，是由一次發酵與二次發酵熟成的壺底油依比例調和熬煮而成，且五百二十毫升只要一百五十元，是非常划算的一款醬油，時常賣到缺貨。她同時也推薦自家出產的醬油膏，源興的醬油膏是用純糯米漿調煮，味道單純，使用上可以包覆食物的原味與鮮味，她本身就很喜歡使用醬油膏來料理食物。

製麴時溫度很重要，天氣太冷時，得會用砂糖袋或麻布袋來替麴菌保暖。

釀造過程

1 製麴過程需要一週，到第三、四天時，需要以木匙翻麴。

2 源興醬油的日曝時間依季節而不同，夏天約兩個多月，冬天則需三個月。

3 採用半乾半濕的發酵方式，甕中的鹽水不像濕式發酵來的那麼多。

4 取甕底最精華的壺底油來直接調煮，不再壓榨。

老闆的自慢

源興超級壺底油

由一次發酵與二次發酵熟成的壺底油依比例調和熬煮而成，且520ml只要150元，價格實惠。

職人故事

三代齊心，製醬合又順
新合順醬油廠──陳章民

文／林芳琦　攝影／林育恩

新合順第二代老闆陳章民。

店家資訊

成立時間：1945年
地址：彰化縣員林鎮大饒里員集路二段378號
電話：04-8323493
訂購注意事項：可電話或FB粉絲團私訊訂購，滿12瓶即可宅配。

三代齊打拼，以醬油串連家族心

在新合順醬油廠裡，我們遇見了罕見的祖、父、孫三代同堂一同為了製作好醬油而共同努力打拼的畫面：艷陽下，第三代的陳錦興正揮汗如雨的開缸，並從甕中取出醬汁；二代的陳章民，則是在洗麴場不斷地在打開的水龍頭下方翻動早上剛洗好的黑豆，好讓黑豆吸入更多的水；第一代的陳耀亭阿公則是在一旁幫忙把一張張的醬油標上膠並貼在瓶上，這種祖孫三代一起拼鬥的畫面不但難能可貴，其精神更是令人印象深刻。

好不容易才找到空檔坐下來喝口茶，陳錦興對我們表示：「醬油是家族事業，平日姑姑每天來幫忙，遇到假日空閒或是市場需求量大時，連表兄弟也都被找來廠裡一起工作。」一旁的表哥也對著我們點頭笑笑禮貌示意，手上的日期章仍馬不停蹄地快速打在醬油標上。《周易》中提到「二人同心，其利斷金」，在新合順應當就是「三代同心，無往不利」吧！

全臺首見，以蜜餞老甕釀醬油

新合順的日曝場上擺滿一缸缸的醬油甕，除了阿公年代就使用至今的老甕外，新合順還有過去製作蜜餞使用的老甕。陳章民一邊打開蜜餞老甕，一邊向我們介

第三代的陳錦興正在開缸，準備從甕中取出醬汁。

三代同堂的醬油職人，難能可貴。

紹：「員林是臺灣的蜜餞盛產地之一，有當地原本做蜜餞的朋友想退休把工廠收起來，我就請他把還堪用的蜜餞老甕賣給我們。」他還感嘆道：「蜜餞甕雖然比醬油甕重上許多，但很好用；近幾年新買來的醬油甕常有易破的現象，這對醬油的製作可是非常不利。」沒想到，原本差點被丟棄的蜜餞老甕，到了新合順就成了「寶貝」了！

第一代陳耀亭原本是在「新吉成」當醬油學徒，並結識了在門市服務的阿嬤陳詹玉花，婚後，自行開業創設新合順醬油廠，至今已將近七十年，夫妻兩人一路走來有笑有淚，但總是甘苦與共，或許，經營一段婚姻，就如同好醬油的味道「久了會回甘」。

新合順只做黑豆醬油，釀造方式乾式、溼式皆有，是以乾、溼式不同的釀造法做調合：醬油膏

許多差點就要被丟棄的蜜餞老甕，在新合順展開了新生命。

以乾式為主、溼式為輔，醬油清則相反。陳章民認為，乾溼並用調和醬油膏與醬油清，是他們製作醬油的獨特撇步。此外，不僅製麴是釀製好醬油的關鍵，在此之前的浸豆可是另一個重要核心，務必要讓每顆豆子都充分吸入水分，在新合順，黑豆的含水量，關乎著之後製麴的成敗。

當年阿公所研發的第一款「上級醬油」與「上級醬油膏」，至今依舊是架上的熱賣商品，許多員林知名小吃都是使用這款醬油，一用數十載，是當地人一吃就上癮的好滋味。

老闆的自慢

新合順上級醬油、上級醬油膏

阿公研發的「上級醬油」和「醬油膏」，是新和春的元祖產品，至今仍是熱銷款，許多員林知名小吃都是使用這款醬油。

釀造過程

1 黑豆靜置於竹篩種麴，發酵約一週。

2 洗淨發酵完成後的豆麴。

3 黑豆入甕後，鋪上粗鹽或注入鹽水，依調配需求進行乾式與濕式的釀造。

4 日曝至少四個月之後，開缸挖掘黑豆麴，底部的原汁呈現晶亮的琥珀色。

5 取出黑豆原汁。

6 依製作油清或油膏的需求烹煮、調配原汁。

職人故事

新和春醬油漬物工廠——張仕明

與昭和年代的時空交錯

文／林芳琦　攝影／林育恩

新和春第三代主人張仕明。

木桶、陶甕、腳踏車，日治時期醬油釀造的歲月痕跡

一走進新和春醬油廠，會忍不住驚嘆，有種以為自己是不是不小心坐上了時光機的錯覺，這裡儼然就是一間醬油博物館。遠遠地，就看到在新和春入口邊有輛早期載送醬油使用的腳踏車；展示櫃上有從木製、陶瓷到玻璃瓶等各種形式、不同年代用來裝醬

店家資訊

成立時間：1916年
地址：彰化縣社頭鄉社斗路一段592號
電話：04-8732018
訂購注意事項：凡購買單瓶180元以上醬油，滿2,000元免運費。

油的容器；展示櫃前是收銀的木製櫃台；最引人注目的，是牆上貨車。」另一個讓人睜大眼看的，是一張看似不起眼卻被裱了框的紙，紙上寫著「臺灣產醬油公定販賣價格」，時間還是昭和十五年（西元一九四〇年）十月二十四日，當時的壹級品醬油一升（註1）的零售價是六十錢（註2）；張仕明補充，日治時期的醬油使用量是依家中人口數來配置。說著說著，他又從櫥櫃上拿起一個木製醬油桶：「這就是阿公的年代用來裝醬油的木桶，現在製作這種醬油桶的技術已經失傳，想找人做，恐怕不容易，桶子下面的拴子打開，醬油就可以流出來，當時阿公就是騎腳踏車載著這一大串醬油桶，家家戶戶去送醬油。」在醬油櫥櫃一旁，還有過去蒸煮小麥使用的陶甕，過去可以把陶甕直接架在灶上蒸煮小麥，陶甕上還做了小煙囪以利排氣。由一件又一件舊式的醬油文物中，不難發現，新和春是間經營時間已非常久遠的醬油廠。

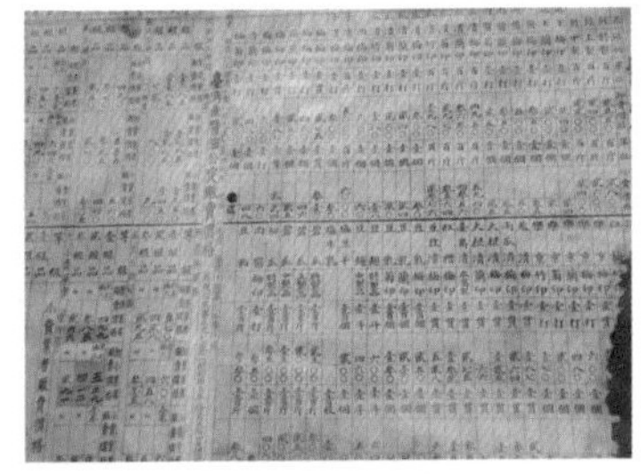

（左）原本是日本人使用的救護車，二戰後化身為醬油貨車。（右）日治時代留下來的「臺灣產醬油公定販賣價格」。

新和春醬油漬物工廠，專為蒸煮黑豆用的大鍋爐。

以乾式發酵釀造法聞名

張仕明的爺爺張土墻原為一醬油學徒，學了三年四個月後總算出師，學得製醬的一技之長後，就回到社頭向舅舅借了兩百元（註3）以開設醬油廠，並取名為「新和春」，張仕明笑著說，這得用台語「盛了有春（剩）」來解釋。新和春過去也做豆麥醬油，但後來許多大廠紛紛投入豆麥醬油的製作，市場太過競爭，因此自民國六十年起，新和春專營黑豆醬油，以區隔市場。

新和春的黑豆醬油使用乾式發酵釀造，甕缸內不加水，只在黑豆入缸後鋪上一層粗鹽，接著日曝一百二十天以上，讓豆子慢慢發酵，熟成出汁，開缸後在黑豆中間挖洞，取出底部最精華的豆汁，製成最頂級的壺底油，然後再壓榨黑豆，分別製成其他等級的醬油。

除了黑豆醬油，新和春也做蔭豉，這裡的蔭豉不是以釀造黑豆醬油剩下的黑豆來製作，而是有專為製作蔭豉的全新黑豆，另以甕缸釀造，取出後，曬乾、拌糖而成，與醬油釀造的最大差別，在於入甕的日數，蔭豉的日曝天數約二十多天，張仕明對於自家蔭豉風味既香且沉，感到十分自豪。

新和春近年來也開始使用台灣自產黑豆製作醬油，他們的「原味初釀壺底油」堅持完全採用台灣黑豆，所以每年出產瓶數都是限量的，至於其他款醬油，則視當年台灣黑豆產量而定，若產量充沛就盡量以本土黑豆為主，不足時才會採用其他國家的進口黑豆補足。

（註1）：日治時代度量衡，一升等於一點八〇三九公升。

（註2）：日治時代昭和年間的六十錢，大約相當於今天的新台幣六百元。

（註3）：日治時代昭和年間的兩百元，大約相當於今天的新台幣二十萬元左右。

黑豆入甕，日曝至少一百二十天，才開缸製成醬油。

昔日用來裝醬油的木桶，象徵三代傳承的醬油職人精神。

釀造過程

1　黑豆蒸煮完畢後，鋪平冷卻。

2　種麴，將黑豆置於大竹篩內，層層堆疊靜置。

3　乾式釀造，入甕只鋪鹽，不加水，日曝至少一百二十天。

4　甕缸底部的豆汁，就是頂級壺底油的精髓。

老闆的自慢

原味初釀壺底油

特選台南善化「台南五號」黑豆釀造。不調色，無添加物，連糖都不加，採乾式發酵，取用八卦山水源，水質極佳，也因此造就新和春醬油的甘醇。

職人故事

甘寶生物科技有限公司——陳春蓮

純有機的醬油，蘊藏釀造師的孝心

文／林芳琦　攝影／林育恩

甘寶生物科技有限公司的老闆娘陳春蓮。

因一顆關愛父親的孝心，孕育生產有機醬油的醬心

桃米泉醬油的經營者是王瑞瑩、陳春蓮夫婦倆，王瑞瑩出身自經營三代的釀造世家。第一代王英是釀酒師，但因日治時期的製酒公賣規定而無法再釀酒；第二代王連松以釀酒的基礎改做醬油釀造，王瑞瑩依稀還記得，小時候父親載著層層疊疊的醬油桶，踩著腳踏車，沿著大街小巷挨家挨戶送醬油的身影。然而，化學醬油的興起，以低價衝擊整個醬油市場，王連松不得不改為從事醬菜生產。

連續多年為了家庭經濟的操勞，王連松因罹患尿毒症而深受洗腎之苦，不捨父親的辛勞與身體病痛的王瑞瑩，決心要讓父親能從改變飲食著手，試圖改善父親的健康，於是決定以家傳的釀造技術，為父親開發有機醬油。

在此之前，王家醬油事業已中斷約三十年，為尋找有機原料，王瑞瑩煞費苦心，總算找到有機黑豆與砂糖，接著又花了幾年的時間，終於開發出第一支有機醬油，為此，他成立「甘寶生物科技有限公司」，並將第一支醬油取名為「桃米泉頂級有機蔭油」，會這樣命名，是感念老家「桃米社區」的孕育，而桃米泉的水質甘甜純淨，也帶著對自家醬油能像桃米泉水般甘醇的期許。

食安風暴後，有機產業更受重視

除了醬油，甘寶生物科技有限公司也做醬料，強調所有產品皆使用天然食材。老闆娘陳春蓮信心滿滿的說：「我們只想做天然的東西，所有的化學原料，我們都不碰！」除了「桃米泉頂級有機蔭油」，因應市場對於健康減鹽的需求，她相當推薦自家的「桃米泉薄鹽有機白蔭油」，這款醬油使用有機黃豆與小麥釀造，且鹽度比一般醬油低，而另一款「桃米泉有機香菇醬油」，則是在熬煮時加入有機香菇，因此多了一股淡淡的香菇香氣。

經營多年後，目前營業額已逐漸穩定成長，步上軌道。「大概要磨十年吧，也許也是因為之前食安風暴，所以開始有很多人關心和注意自己到底吃了些什麼，在這之前，不論我們怎麼努力再努力，仍無法獲得外界對我們的認同。」陳春蓮感觸良多地說，由於他們的醬油口味偏淡，對昔日吃慣了化學醬油的人們來說，感覺上是欠一味，但事實上，那種溫和不刺激的清甜，才是自然的原味。在有機食品事業的經營上堅持了十年，桃米泉可謂苦盡甘來。

老闆的自慢

桃米泉薄鹽有機白蔭油

採用有機黑豆，作物生長期間不施用化學肥料及農藥，封缸日曝120天以上。薄鹽鹽度為12度以下，減鹽但不減美味，適合各種調理，沾、炒、拌、烤、滷皆可。

店家資訊

地址：南投縣南投市東山里東山路 13-8 號
電話：049-222-6889
訂購注意事項：
可電話訂購，滿 2,000 元免運，滿 3,000 元打九折。
亦可至聖德科斯、臺大福利社、家樂福有機專區、愛買、HOLA 等選購。

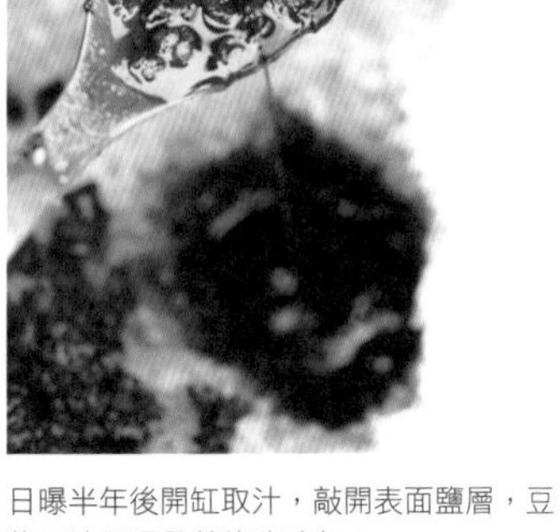

日曝半年後開缸取汁，敲開表面鹽層，豆麴原汁呈現晶瑩的琥珀色。

職人故事

高慶泉食品股份有限公司——高志堅

從小醬園起家，一路做到現代化大企業

文／林芳琦 攝影／林育恩

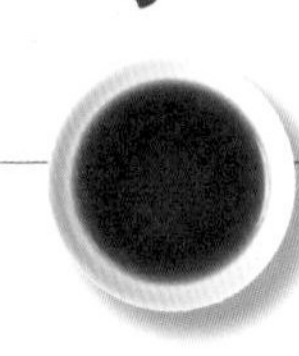

高慶泉食品股份有限公司董事長高志堅。

店家資訊

成立時間：1939 年
地址：南投市南崗工業區工業北三路 2 號
電話：0800-089895
訂購注意事項：可到各大賣場、連鎖超市與一般食品商店選購。

從家庭工廠到放眼世界的醬油企業

一九三九年，在台中市石頭墩一帶，有一間新成立的家庭醬油工廠，這間醬油工廠的老闆，喜歡親自配送自己做的醬油到需要的消費者的家中，因為這樣他可以從消費者的口中了解自己做的醬油是否符合他們的喜好，也可從中獲得消費者的資訊，再不斷提升醬油的品質。因為只生產高品質的好醬油，所以他們的醬油很快地就在台中打響知名度，深獲許多愛用者的好評。

這位醬油工廠的老闆就是高

慶，他從一九三二年開始向親人學習做醬油的技術，學成後自行創業。因銷量漸增，一九三九年在台中市中華路上成立新廠。為了強調製作好醬油的先決條件是要有好水質，因而在一九五九年以自己的名字為名，加入象徵好水的「泉」字，並將工廠登記為「慶泉醬園」，在當時的大台中地區，幾乎沒有人不認識「慶泉醬油」。

為了滿足消費者需求，慶泉醬油又再次擴增廠房，於一九九三年遷至今位於南投市南崗工業區內的現址，且引進先進設備，讓生產線逐步自動化，以秉持傳統工藝，用科學方法生產，使醬油生產更有效率。

現今，高慶泉公司由第二代經營，第二代的高志堅董事長與弟弟高志銘總經理一同經營整個企業，雖然是家族企業，但高志堅強調，他們由衷期望能有更多專業人士加入高慶泉，希望未來可以交由專業團隊來經營。為此，除了強化品牌形象外，也共同帶領全體員工一起努力，從公司的定位「成為幸福的企業，消費者信賴的品牌」就可看出高家兄弟對自家企業的驕傲與期許。

無論是黑豆甕缸或是黃豆發酵桶，都有清楚標明，可完整地追溯生產履歷。

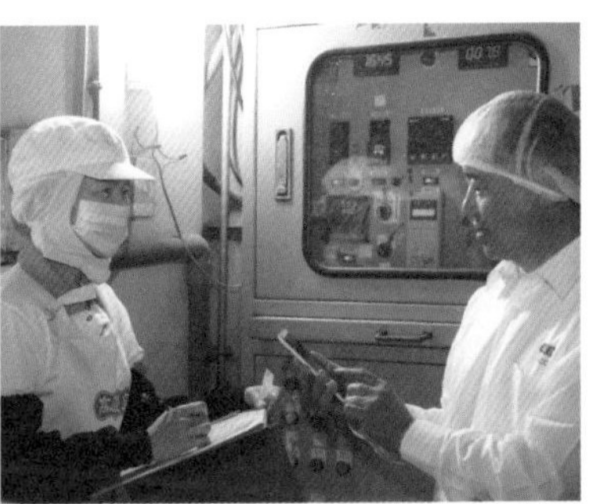

「衛生安全」是工廠管理的第一優先要務。

引進先進設備，用科學方法使醬油生產更有效率。

面臨食安風暴的反思，創造更大的產能與業績

高慶泉醬油秉持傳統古早的釀造工法，並精進技術，因應時代的飲食趨勢，陸續推出薄鹽、非基因改造、無添加等各類型的醬油，並且將「衛生安全」視為是工廠管理的第一優先要務，在加強設備自動化之餘，還特別設置廢水處理、清潔管理等。

高志堅語重心長地與我們分享他的經驗：「現今企業要跟得上時代的腳步隨時求新求變，例如產品包裝上力求精緻，產品一定要符合法律規定，以健康和衛生為第一考量，唯有對這個行業肯定，業績才能持續成長。」他也提到，在面臨求新求變的過程，勢必要改革公司的內部規定或某些作業方式，對於員工面對改革的心態調適，是他在革新中所面臨的困難點，但這些困難點，也終究在全體員工的攜手用心下一同跨越，使他感到非常欣慰與驕傲。

對於高慶泉所生產的醬油產品，高志堅拍胸脯保證，每一項產品都有身分證，無論是黑豆的甕缸，或是一百噸的黃豆的發酵桶，都有清楚標明，可完整地追溯生產履歷，雖然多一道作業程序，卻可讓消費大眾更安心，也因有貨源追溯，為高慶泉帶來許多連鎖餐飲代工的業務，提高整體銷量。

現階段正在規劃的，還有「高慶泉觀光工廠」，經營團隊希望消費大眾在未來可以透過參觀觀光工廠，更了解高慶泉，也認識好醬油。

除了醬油之外，高慶泉亦有推出各種醬菜產品，深受當地消費者喜愛。

雖是家族企業，但高志堅期望未來可以交由專業團隊經營。

釀造過程

無論黑豆或黃豆，第一關都是嚴格篩選，淘汰不符合標準的豆子。

黑豆醬油

1 黑豆蒸熟之後，加入麴菌種麴，做出大量熟成的豆麴。

2 挑整後的豆麴，拌鹽入缸，日曝釀造三個月以上。

3 釀造熟成後，開缸取汁，進行壓榨。

豆麥醬油

1 將小麥焙炒後磨成粉，與蒸熟的黃豆拌勻，加入麴菌種麴。

2 種麴完成後，裝入明確標示日期、時間、管理者等資訊的發酵桶釀造。

3 釀造熟成後壓榨，取出生醬油。

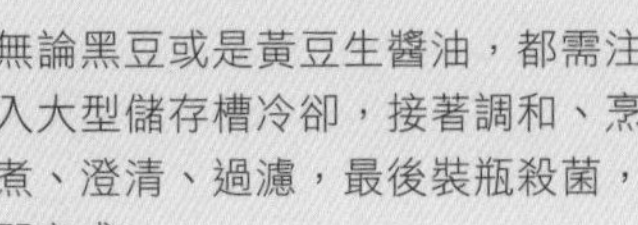

無論黑豆或是黃豆生醬油，都需注入大型儲存槽冷卻，接著調和、烹煮、澄清、過濾，最後裝瓶殺菌，即完成。

職人故事

小而美的在地懷舊醬香

三珍醬油工廠——廖美滿

文／周玲霞 攝影／焦正德

三珍醬油工廠第二代經營者廖美滿。

豆香勝廟香，巷內來客川流不息

相傳一甲子的三珍醬油，位於西螺人稱「新街媽祖廟」的廣福宮附近，常有香客在拜拜時聞到濃濃黑豆醬香，難耐吸引，循著味道，走進巷內，找到這間小小的醬油工廠。

外牆上許多卡通人物壁畫，都是老闆娘廖美滿自己畫的，「因為小孩喜歡嘛！」她笑說這是業餘興趣，是去社區大學上課學

> **店家資訊**
>
> 成立時間：1956 年
> 地址：雲林縣西螺鎮新街路 40 號
> 電話：05-5863862
> 訂購注意事項：
> - 可宅配，貨到付款。歡迎來電洽詢。
> - 營業時間：週一至週日，上午八點至晚上九點。

的，廠內也掛滿她親手繪製的許多大幅油畫，其中一幅年輕男子攪動缸中黑豆的畫像，主角正是她兒子，這也是她最自豪的一幅畫。提到兒子，最近即將接班，問老闆娘放不放心，她說：「當然放心，他可是從在我肚子裡時就開始熟悉這家傳味道。」

其實，繼承公公經營三珍的廖美滿，在嫁過來之前，完全不懂釀造醬油，只知道工廠是公公一手創辦，至於這廠名，她笑說：「公公愛吃美食，對食物的各種細節都很講究，可能是因此取名『三珍』，從『山珍海味』來的吧！」

流暢的工序，精心過濾不留雜質

經歷六十年經營，三珍廠內的機器設備有些陳舊，但保持得相當乾淨，走進門口，馬上就可以見到超過一人高的高壓蒸煮鍋，黑豆先在這裡蒸煮熟透，移至種麴室發酵七天，再將做好的豆麴放入醬缸靜置一百八十天，釀造熟成後，經過多次壓榨過濾取汁，再調味烹煮。調煮過程中，師傅總是不斷呼喚著老闆娘來確認醬汁的味道，盡得公公釀造工法真傳的廖美滿，肩負著把關家傳風味的重責大任。

從壓榨、取汁、烹調，到最終的裝瓶、封蓋、包裝，所有作業均可在這「麻雀雖小，五臟俱全」的工廠中完成。廖美滿提到，這一套流暢的工序動線，也是拜充滿發明家精神的公公所賜，雖然當年經費不足，僅能逐步轉向機械化，但在添購設備時，公公就已經思考到該如何完成全系列工作，而在每一個傳送的關卡中，也都隱含著過濾的巧思，使得三珍醬油的醬汁相當清澈，並沒有留下太多雜質。

屋後滿滿的醬缸，最老的已有一甲子的歷史。

這是廖美滿最自豪的一幅畫，畫中人就是她兒子，三珍未來的接班人。

念舊熟客最捧場的家鄉味

三珍的醬油等級，可由價格及名稱分辨，從最頂級的螺珍、螺皇，到接下來的日、月、星、財、寶等，每款醬油的基底都是相同的，不同的是原汁濃度上的調整，為配合不同價格需求而推出不同等級。不少中部出身到北部工作的人們，從小吃慣三珍醬油，深知自己喜歡哪一個等級，儘管換過包裝設計，但最原始純樸的圖樣仍留著，讓老客戶一眼就能找到自己心頭好。此外，由於熱縮包裝一撕往往僅留下光溜溜的瓶身，因此三珍在瓶蓋顏色也有講究，好讓顧客能清楚分辨每一款醬油。

屋後滿滿的醬缸，廖美滿能清楚指出哪些是公公時代傳承下來的，她感嘆還是老醬缸漂亮，充滿台灣古早味的情懷。數十年來小本經營，三珍既不聘業務促銷，也沒請人送貨，最大宗的消費族群就是當地熟客，而外地遊客則多半是聞香下馬。秉持傳統手工釀造，堅持不加防腐劑、焦糖色素、修飾澱粉等任何化學物品，廖美滿說做食品一定要有良心，她低調地守護著這些老陶缸壺底釀造的老味道，同時也很自豪地說：「我什麼都不會，只會釀醬油。」

廖美滿遵循公公親自傳授的自家獨特釀造工法。

老闆的自慢

螺珍與螺皇

螺珍是三珍最頂級的醬油，黑豆原汁濃度最高，取名「西螺的三珍」之意，強調在地特有。螺皇是以螺珍為基礎調配的醬油，螺珍口味偏鹹，螺皇則較為清淡甘口，深受當地民眾喜愛。

三珍每款醬油基底都相同，依不同原汁濃度界定價格，因應顧客消費能力。

職人故事

丸莊醬油——莊偉民

聞名全台的百年大廠

文／林國瑛　攝影／劉森湧

店家資訊

成立時間：1909 年
地址：雲林縣西螺鎮延平路 25 號
電話：05-5863666~8
台北直營門市：台北市大同區重慶北路三段 101 號
門市電話：02-25989398
訂購注意事項：有觀光工廠可參觀，可以宅配

忠實保留百年製醬軌跡

丸莊醬油自一九〇九年成立，是台灣老字號的醬油世家之一，創辦人莊清臨的母親會釀造傳統黑豆蔭油，九歲時，莊清臨就與哥哥將自製的蔭油兜售給附近人家，大獲好評，從此他開始接單，開啟丸莊百年醬油事業。早期，人們習慣將姓氏畫一圈作為商標，創辦人莊清臨也在醬油瓶身寫下「莊」字圈起來，因日本的圈即「丸」之意，丸莊這稱號就這麼傳開了。

為讓蔭油風味更佳，莊清臨常在品管室中發揮實驗精神，他觀察自日本買回的菌種，研發每平方公分的孢子數，親自測量發酵後總氮量，經由多方比較才選定菌種來源，品管室中試管、天秤等儀器至今仍精心保藏，作為展示使用。

他研發獨門工法，利用「小隔間製麴法」，每間約一坪的製麴室中，各約九十個竹籃，黑豆入麴室的時間以手寫白板在門外註記。由於空間狹小，溫度得以良好控制，經驗老道的師傅，透過吹電風扇、開關窗等自然手法，讓黑豆在溫濕得宜的空間與菌種充份結合。剛入麴室的黑豆前三天的室溫約控制在攝氏三十五到四十度，夏天在製麴室工作，穿著汗衫工作的師傅全身濕透，汗流浹背在麴室裡忙進忙出，十分辛苦。

丸莊醬油部份生產業務移至二崙新廠，原工廠改為「觀光工廠」，但仍忠實保留過去生活軌跡。蒸煮黑豆時的大鍋爐鏽點斑斑，昂揚挺立。爬上細窄階梯，台灣古早木式推窗、彩色磁磚浴缸、磨石子地板散發濃厚古厝氣息。丸莊家族成員，現任業務經理的莊偉民笑說：「我們從小在這長大，兒時回憶不忍破懷，保留舊廠，相傳至今。」站在丸莊工廠內，時間彷彿凝結，孩子的笑鬧聲，師傅們冒著汗蒸煮黑豆的模樣，莊老先生聚精會神研發醬油的身影，依稀可見。

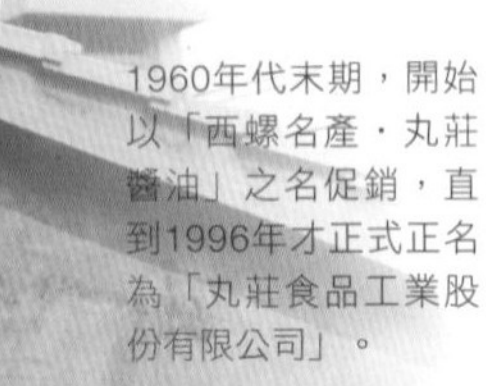

1960年代末期，開始以「西螺名產・丸莊醬油」之名促銷，直到1996年才正式正名為「丸莊食品工業股份有限公司」。

「丸莊」前身為「莊義成醬園」，由第一代經營者莊清臨先生成立，二戰期間因日本政府管制原料而中斷，台灣光復後，第二代經營者莊昭典恢復經營。

二戰期間，日本政府管制原料，成立「虎尾醬油工業統制株式會社」，是當時雲林唯一核准生產醬油的公司，由丸莊第二代莊昭典先生任社長，但本家丸莊醬油也因此中斷生產。

種植在地化，推動黑豆契作

歷經幾代更迭，丸莊除了堅持手工釀造黑豆醬油，也引進現代化設備生產豆麥醬油，但依古法釀製的黑豆醬油仍為丸莊主線，因此，丸莊對台灣國產黑豆自是多了份使命感，面對國內黑豆從國外大量進口的價格優勢，力行「黑豆種植在地化」，一心要「台灣的農地活起來，不要死掉。」丸莊積極與雲林縣政府合作，以「打造黑豆專區，生產百分之百西螺醬油」為號召，因契作成本高，長達近五年不屈不撓與各方交涉，歷經營收不如預期的打擊，終於陸續收到正面回應，原本要休耕的農地因而活化。笑稱「這麼做比較笨」的莊偉民，始終堅持丸莊醬油本色，並為台灣土地盡一份心力。

黑板上明確記載日常工作進度。

第一代創辦人莊清臨過去在品管室中使用的試管、天秤等儀器，至今仍精心保藏，作為展示。

丸莊以「小隔間製麴」，每間一坪，各約90個竹籃，黑豆入麴室的時間以手寫白板在門外註記。

釀造過程

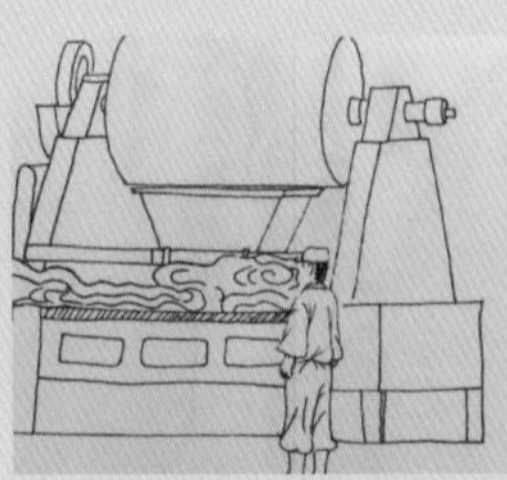

1 蒸煮洗淨之後的黑豆。

2 種麴，放到小隔間發酵 7 天。

3 將種麴完成的豆麴清洗乾淨。

4 豆麴入缸，鋪上粗鹽。

5 封缸釀造 180 天。

6 180 天後，開缸取汁。

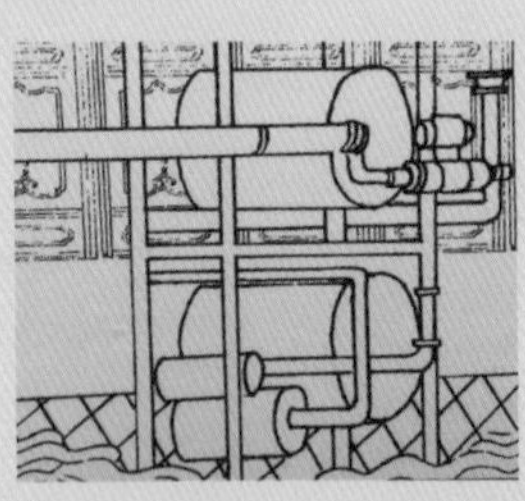

7 壓榨原汁後，烹煮並調味。

8 烹調完成後，過濾並沉澱。

9 裝瓶。

老闆的自慢

正宗白曝醬油

雲林東勢契作黑豆製成，半年日曬發酵，取自然沉澱原汁入瓶，省略蒸煮過程，不加糖，為最純正的黑豆原汁，味道偏鹹，不適合沾拌，適用於烹煮炒煎調味，食用前要先煮過，除殺菌外，也有稀釋作用。

黑豆螺寶蔭油清

以 7 天嚴謹的溫濕度控制菌種發育，再加上粗鹽封缸 180 天釀造，取出壺底原汁蔭油清加糖熬煮裝罐而成。純度高，不加人工添加物，醬汁風味甘醇、味道飽滿，讓消費者吃得更健康。

職人故事

良泉醬油——廖吉祥

低調質樸，守著父親留傳的家業

文／林國瑛　攝影／劉森湧

良泉醬油現任負責人廖吉祥。

店家資訊

名稱：良泉醬油
地址：雲林縣西螺鎮延平路 337 號
電話：05-5872906

繼承父親的醬油事業，提升釀造環境

良泉醬油現任負責人廖吉祥，承襲上一代醬油釀造技術，以古法製作黑豆蔭油，從煮豆、製麴、入甕、壓榨、調味，皆在自家小型工廠完成。

廖吉祥的父親從未刻意傳授醬油製作工藝，但他自小仰望父親裡外忙碌做蔭油的身影，在耳濡目染環境中，不知不覺練就一身扎實功夫。是否刻意追隨父親腳步，踏上醬油職人之路？廖吉祥帶著靦腆笑容，稱自己：「從小袂曉讀書，不知道長大要做什麼頭路，只會做醬油，就一直傻傻做下去了。」

因此，良泉醬油處處可見父子傳承痕跡：父親編撰的醬油配方延用至今，父親留傳的甕缸使用至今，堅持不加防腐劑、色素比照辦理，就連瓶身外包裝標榜「醬汁受天地之靈氣、收日月之精華」未曾易動。不過，良泉醬油在廖吉祥接棒後，也帶來不少變革。他積極提昇良泉醬油釀造環境，認為古早釀造精神可保留，搭配現代化技術讓品質更佳，「發現可以改進的地方就要趕快調整！」他購進溫度紀錄器等設備，每個月持續改良，一個月花近十萬元投資工廠設備。

把豆油做好，其他攏袂曉

曾想過未來把良泉醬油交棒給下一代？廖吉祥看著跑跳的稚兒，面露慈色表示做醬油太辛苦了，要再多加考慮。廖吉祥回憶，他國小開始幫忙父親洗麴，整天被屋內瀰漫的麴菌味薰得無法呼吸，夏天到來，製麴室悶熱加倍，令他想到要進製麴室就嚇壞了。長大後，廖吉祥接下醬油工廠，因住家在工廠樓上，冬天氣溫低，直到晚上十點左右，製麴後的豆子才會慢慢變熱，為怕豆子不小心「燒過頭」，時常得大半夜特地下樓手工翻動黑豆，確保無異樣才放心入睡，簡直「以工廠為家」，雖然種種釀造醬油的辛苦，逐漸變成一種習慣而適應，或因機器設備進步而減輕負擔，廖吉祥仍然早上七點就進工廠，晚上最後一個離開，六日也常進廠房加班。廖吉祥說，相較以往，現在「工作沒有那麼硬」，至少有溫控設備，不需再睡前滿頭大汗翻豆，只是古法釀造醬油依然辛苦，小工廠缺乏人手，很多事還是得親力親為，笑自己「一天工作二十六小時，因為二十四小時不夠用」。

廖吉祥以低調質樸的方式經營良泉醬油，守著父親留傳的家業認真工作，多年辛勤付出，他有感而發地說：「我像個農夫，實在地做事，只不過，農夫種菜，我種麴菌。」至於編織童話般的行銷故事、寫出華麗文案，他一概不擅長，問及未來是否會強化「品牌形象」，只見廖吉祥帶著一貫憨直口吻說：「這我毋知，我的工作是豆油做好，其他攏袂曉。」

廖吉祥小時候幫父親洗麴，整天被瀰漫的麴菌味薰得無法呼吸，如今卻以工廠為家，早就適應了釀造醬油的種種辛苦。

職人故事

御鼎興手工柴燒黑豆醬油——謝裕讀

遵循柴燒古法，堅持手感與自律

文／林國瑛　攝影／林育恩

遵循古法柴燒醬油的御鼎興第二代經營者謝裕讀。

i 店家資訊

成立時間：1958 年
地址：雲林縣西螺鎮安定里安定路 171-11 號
電話：05-5868272
訂購注意事項：
每週五、六、日，上午九時至下午五時開放參觀。門市會不定期舉辦自家醬油的美食品嘗會、工作坊、食育分享會等。
為維護運送時的產品安全，御鼎興經典系列須為 6 的倍數購買，濁水琥珀典藏系列為 3 的倍數購買。

跨越挑戰與變動，老品牌重新出發

「一瓶賀欽豆油，一世人的情份。」是御鼎興經典系列醬油的標語，會有這樣充滿感謝之意的標語，得先從御鼎興的創始故事開始說起。

一九五八年，創辦人謝耀仁開啟製作醬油的生涯，當時品牌名為「玉鼎興」。初期，謝家的醬油事業發展並不順利，家中長輩曾言「玉」禁不起火燒，但醬油卻須柴燒，諸事不順，恐怕是因為名字沒取好。直到二〇一二年，在第三代謝宜澂的提議下，將「玉」改為「御」，便成了「御鼎興」。然而，謝宜澂所做的不只是改名，舉凡標籤設計、價格調整，乃至於通路與行銷方式，全都做了一番革新，於是御鼎興才有了今天的新氣象。

謝家釀造醬油已五十餘年，過去，第二代經營者謝裕讀做的主要是醬油代工，所得並不優渥，曾經歷過內心的掙扎交戰，和多次衝突與爭執的家庭革命，好不容易重新建立自己的品牌，有了自己的醬油工廠和門市，謝裕讀內心相當感激，並且投入越來越多的時間與心力，希望能將自家的好醬油推廣出去，讓更多的人吃到醬油的美味與健康。從眾多顧客的回饋中，他深深了解，當初他堅持繼續做醬油的選擇是對的，「做醬油」是值得他用一生去努力經營的事業。

聽，灶火在呼喚，醬油在唱歌……一切美好。

謝裕讀認為做醬油不是件簡單的事，整個製作過程環環相扣，從製麴到出麴、下缸到日曝、壓榨到調煮，每個環節都不能有閃失，他把釀造醬油視為是一種傳統工藝，他的角色就是匠師，但千萬不可以有匠氣，只能有「做好醬油」的匠心。謝裕讀說：「以我一個釀造師的想法，我想做一罐好醬油，而不是很多醬油。」御鼎興從來不是以「量」取勝，也不以「量」制價，只是以一種單純想把自家好醬油與更多的人分享的心情，不斷地讓自己的技術更加精進，成熟完善。

製麴室裡的他，總是聚精會神地看著竹篩的麴菌；日曝場中的他，則專注於甕中黑豆釀造的情形；大灶前的他，正一邊揮去頭上的汗珠，一邊攪拌著大鍋裡的醬油，看著謝裕讀製作醬油的過

日曝場上，每一甕陶缸都清楚標示著豆麴下缸封鹽的日期。

主導品牌革新，採用全新行銷方式經營自家醬油的第三代謝宜澂。

程，會打從心底產生一種信賴感。

雖然已經進入二十一世紀，謝裕讀在調煮醬油的步驟上，仍堅持使用傳統柴燒的方式，即使柴燒醬油效率差，但為了追求古早味，強調品質，御鼎興只出產柴燒醬油。所有從甕中挖出來的黑豆與原汁，經過壓榨、沉澱後，再將黑豆汁放入大缸中慢火熬煮。生醬油入鍋柴燒四小時以上，蒸氣殺菌，之後還需再以文火候鼎至少三小時，遠遠多於其他醬油廠兩倍以上的調煮時間，調製醬油的技術可說是達到爐火純青的境界。

「柴燒是從父親的年代就一直延續至今，我從不想把這樣的傳統捨棄，為了柴燒，還特別找來專門做灶的師傅訂作灶爐，讓空氣能對流，以避免柴燒的煙回嗆。」冬季天冷，燒柴煮醬油還可取暖，但到了夏天，在灶邊熬煮醬油就是種折騰，柴火燒得越旺，整個灶房就越熱，然而，謝裕讀卻想得詩意：「聽，灶火在呼喚，醬油在唱歌……一切美好。」若說能沏一壺茶，坐在大灶邊，品茗、沉思、觀火、細熬，或許也稱得上是種熬醬油的雅致吧！

御鼎興至今仍採用大灶柴燒的方式烹煮醬油。

柴燒是直接以火加熱，和一般蒸煮方式不同，火候控制十分重要，醬油煮滾後，必須再以文火候鼎，如此才能熬出最極致的甘醇豆香。

釀造過程

1 將蒸熟的黑豆製麴後，洗淨豆麴，拌鹽入缸。

2 日曝等待豆麴熟成。

3 開缸取出豆麴與原汁。

4 先將原汁和豆麴以柴燒烹煮。

5 壓榨原汁。

6 原汁再進行第二次柴燒。

7 柴燒完成的原汁，依照各種口味需求調味。

8 濾原汁後裝瓶，再以高溫殺菌，即完成。

職人故事

陳源和醬油——陳弘昌

清代就從廣東遷徙來台的製醬古法

文／林芳琦　攝影／林育恩

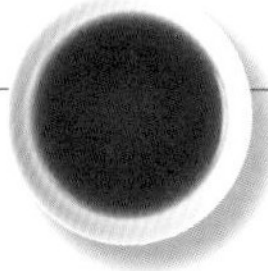

陳源和第四代經營者陳弘昌。

店家資訊

成立時間：1888 年之前
地址：雲林縣西螺鎮大同 96 號
電話：05-5863395

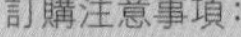

訂購注意事項：
可直接至陳源和西螺門市或全臺的里仁門市、台灣主婦聯盟生活消費合作社購買。
網路訂購：數量超過 6 瓶方可出貨，且產品享總金額 85 折優惠，運費另計。

習武練拳與釀造醬油都要兼得

陳源和醬油的第四代經營者陳弘昌表示，第一代創辦人陳成與其父一同來台後，向西螺著名武術家阿善師的弟子拜師學習武術。除了習武，陳成因承襲廣東家鄉的醬油釀造技術，也開始在西螺製作醬油銷售，據老一輩的人說，陳成對於做「拳頭師」比對做醬油有興趣，做醬油是為了養家活口，所以，向陳成學習武

陳源和的日曝醬油甕，每只都一定要裝滿一百公斤的豆子，用量足，才能提升原汁濃度。

製麴時，如果管理不慎，優勢菌可能會消失，麴菌就會產生病變，醬油的氣味與風味便會大受影響。

術的弟子們，在習武之餘，也要幫忙師父做醬油。

至於陳源和的醬油歷史究竟有多久？陳弘昌笑笑説，「很久了啦，到我都已經是第四代了，真要説的話，醬油廠應該是西元在一八八八年以前就有了，因為台灣在日治之後才有戶政登記，我們後來去申請戶籍謄本，當時戶籍的職業欄就是寫『醬油製造』，所以一八八八年是目前的可考年份。」

用最簡單的原料，做自己也會吃的醬油

當我們詢問陳弘昌做醬油的秘訣，他笑的更開懷了，「做醬油沒有祕訣啦，就是用最簡單的原料，最重要的是要用心製作，你看我們家的醬油，沒有化學添加物。」陳源和醬油的原料究竟有簡單，一經比較就不難察覺：坊間醬油、醬油膏製作上常使用的食材如修飾澱粉、糯米粉等，陳

源和一律捨棄不用，這裡所使用的，是由一顆顆糯米直接磨成漿的糯米漿，為什麼陳源和堅持非選用這樣的原料不可呢？「理由很簡單，因為糯米粉我們不敢用，它裡面加了什麼東西我們不知道，有的糯米粉還比糯米便宜，這就很奇怪！大部分的粉都白白的，裡面會不會加了修飾澱粉，這些我們都不知道，所以乾脆不用這些東西。」為了要確保所用的食材安全無虞，陳源和醬油膏所使用的有機米，選自花蓮的有機銀川糯米，以及嘉義圓滿生機的有機米。自行磨製糯米漿，只有從最原始的材料開始把關，製作出來的產品才能令人放心。

純釀醬油不會有刺鼻味

一邊介紹醬油，陳弘昌一邊從冰箱拿出自家生產的醬油，倒出一些來要我們嚐嚐，他說：「你們試試看，有放添加物和沒放添加物的醬油，吃起來絕對不一樣，現在人的味覺都會比較遲鈍，當你習慣吃重口味的食物後，回來再吃這些天然的東西，反而就吃不習慣了。」

對於品味醬油，習慣性地，我們會先拿起來聞，必須說的是，陳源和醬油完全沒有刺鼻味！相較坊間醬油，許多醬油一開瓶就會聞到濃濃的刺鼻味，尤其化學醬油更為明顯，請教陳弘昌原因，這回他倒是回答的嚴肅：「技術上的問題，做醬油每個環節都要注意，我們的醬油，沒有別人詬稱的『腳臭味』，就是因為很多細節的關係，如製麴，在製麴時，如果一個不小心，可能優勢菌就會不見了，優勢菌不見，麴菌就會產生病變。還有下缸後的管理也很重要，我們每一個醬油甕一定要用一百公斤的豆子，豆子的含量足，濃度就能提升。」對於製作醬油，陳弘昌對於每個細微之處都顯得斤斤計較，但也唯有這樣的仔細與用心，才能讓陳源和醬油得以永續經營，成為家傳產業。

製程依循古法，瓶裝填充階段則採用現代化機器，確保衛生安全。

日曝釀造不是醬缸放著曬就好，溫度調節是重要的細節，日頭太炎熱時，必須將網子拉起遮陽。

釀造過程

1 蒸煮黑豆後，加入優勢菌種麴，將豆麴置入竹簳或鋼簳，靜待熟成。

2 種麴 5~7 天後，豆麴佈滿菌絲並結塊，必須清洗乾淨，去除穢物。

3 豆麴與鹽混合之後，下缸封蓋，日曝三個月至半年。

4 開缸取汁後，需經過壓榨、過濾、烹煮，然後再填充裝瓶。

5 裝瓶後，置入塑膠籃，浸入高溫水殺菌，最後貼上標裝標籤，即完成。

老闆的自慢

陳源和黑豆清油與黑豆油膏

純釀黑豆清油重視製程細節，不含化學添加物，開瓶後散發出不刺鼻的天然豆香。油膏使用的糯米漿是自家磨製調煮，選用來自花蓮與嘉義的有機糯米。

職人故事

瑞春醬油——鍾政達

相傳四代，堅持根留西螺

文／周玲霞　攝影／焦正德

瑞春第四代，負責行銷的鍾政達。

店家資訊

成立時間：1921 年
地址：雲林縣西螺鎮延平路 438 號
電話：05-586-1438
傳真：05-587-3848

第四代返鄉接班，開創新局

西元一九二一年，第一代鍾琴學得釀造醬油的技術，挑著扁擔，在西螺街上叫賣醬油，民眾們拿著自家容器，一勺一勺的，開啟了「瑞春醬油」的事業起源，第二代鍾拱照接手後，從扁擔變成腳踏車，瑞春逐步擴建成工廠，到了第三代鍾朱洪手中後，開啟了自動化包裝，而今，瑞春相傳四代，鍾政達與鍾政衛兩兄弟，從行銷與釀造兩層面各職專業，創建了破兩千個醬油甕、全台灣最壯觀的醬油觀光工廠，也開創了黑豆醬油的新契機。

辭掉台北的白領工作，回家協助醬油行銷，鍾政達說：「其實以前的我，對釀醬油真的沒太大興趣。」他坦言弟弟鍾政衛從小就比自己對家中事業有興趣，而他卻是一直無心於此，祖父一直期盼他能回來接班，都沒能將他喚回，直到二〇〇一年，祖父走了，那句「回來做醬油吧」不斷地在鍾政達耳邊縈繞著，促使他思考繼承家業的使命，總算將他呼喚回到家裡，開啟了第四代兄弟倆經營瑞春醬油的新頁。

依原汁濃度分級，讓每個階層的民眾都吃得起

瑞春在第二代鍾拱照經營時期，開始以原汁濃度為準，將自家醬油進行分級，從最頂級的「螺王」到「梅、蘭、菊、竹」等，一直到最低階的「福級」。福級的價格至今還是非常划算，鍾政達說這是近乎成本價，「因為阿公告訴我們，最常來買我們家醬油的，都是穿吊嘎仔、拖鞋的，賣一瓶好幾百元的醬油，怎麼對得起他們？」正因為這一句話，福級醬油始終維持著較低的價格，為了讓大家都吃得起。

回來接手經營的鍾政達，一開始對自家事業也不甚熟悉，他翻遍許多文獻，得知西螺醬油約在一九五〇到七〇年代最為興盛，儘管日治時代中部以黑豆醬油為主，但日本人幾乎都不吃黑豆醬油，事實上是因為當時物資匱乏，沒有多餘的黃豆可以用來做醬油，因此改以顯少使用的黑豆來做醬油，不料反而有更獨特的風味。而父親鍾朱洪開創業界第一個以熱縮膜包裝的事蹟，可說是引領風潮，後來全西螺都跟著使用熱縮膜進行包裝。如今，鍾

日曝場上這尊挑著扁擔的阿伯公仔，是過去瑞春沿街叫賣的寫照，透過生動有趣的方式，吸引年輕一代族群來認識傳統。

鍾政達翻遍許多文獻，找出昔日與醬油有關的各種資料，並著手整理、詳實紀錄這些醬油文化的痕跡。

瑞春的日曝場規模十分龐大，工廠內部許多流程已採現代化機械方式進行，但釀造仍是堅持沿用陶缸日曝的古法。

瑞春醬油製作流程是透明化全公開的，因此也成為許多同業的必訪景點。

政達又將原本採用的PVC改為PE，追求更環保的材質包裝（註）。

透明化生產，傳承百年基業

過去，瑞春一直採用和啤酒相同的馬口鐵手壓瓶蓋封口，如今，不變的瓶蓋材質，改以機械化方式進行包裝，採用玻璃瓶身與鐵瓶蓋，才能讓醬油通過最後一道高溫殺菌關卡。而在口味上，傳承四代的配方，梅級以上可以感受到黑豆的濃郁香味，蘭級嘗起來甘醇，菊級口味較甜，竹級味道清透。

破兩千個大醬缸的觀光工廠，曾因在西螺找不到夠大的地，一度想要落腳鄰鎮，「西螺的醬油怎麼能搬家！」因為父親這一句話，讓鍾氏兄弟費盡心思，斥資千萬整地，完成了統整一貫化流程的夢想，而全公開的製作流程，亦成為許多同業的參訪景點，廠後的醬缸，有些已陪伴瑞春超過九十年，從缸身上的印記可看見當年水里蛇窯的標誌，甚至還有水里蛇窯的老師傅來此尋根。

（註）：PVC是Poly Vinyl Chloride的縮寫，中文為聚氯乙烯，是一種防火耐熱的塑膠材質，廣泛使用於電線外皮、建築裝潢用品、家具、玩具、食品包裝等。**PE**則Polyethylene的縮寫，中文為聚乙烯，是一種日常生活中常見的高分子材料，大量用於製造塑膠袋、飲料容器等。有明確的研究證據指出，**PVC**有致癌的危險性，相對而言，**PE**是比較安全環保材質。

有些醬缸已超過九十年，缸上可見當年水里蛇窯的標誌，甚至還有老師傅來此尋根。

「螺王正蔭油」模型，是目前瑞春最強、最具代表性的產品之一。

釀造過程

1 黑豆蒸熟之後，加入麴菌種麴。

2 種麴熟成，清洗挑整豆麴，準備拌鹽入缸釀造。

3 缸內豆麴表面鋪上鹽層，用以防腐。

4 日曝釀造至少三個月之後，開封取汁，壓榨出生醬油。

5 烹煮、過濾生醬油之後，再依各款產品風味所需調味，並填充入瓶。

6 機械化方式封蓋，高溫殺菌後，再進行最後的貼標包裝，即完成。

老闆的自慢

蘭級清 / 正蔭油

蘭級為瑞春老字號招牌商品，許多顧客都是從小吃到大，是陪伴著成長的記憶，選用整粒黑豆入甕釀造，黑豆獨特的氣味令老饕念念不忘，口感香醇回甘。正蔭油添加西螺糯米一同熬煮，更加甘甜可口。

職人故事

龍宏醬油

純粹的陳年古早味

文／林芳琦　攝影／林育恩

日曝場上滿滿的甕缸，龍宏的釀造期長達一年。

甕缸厭氧發酵，讓黑豆麴與世隔絕一年以上

龍宏採用厭氧發酵，也就是黑豆製麴、洗麴完成後，在下缸入甕階段採古法釀造方式：黑豆麴下缸，在麴豆上頭只鋪上薄薄的一層鹽巴，然後以特製甕蓋密封醬油甕，杜絕干擾與污染，並且不再開缸，以避免雜菌產生，直至一年後，甕缸裡的黑豆麴發酵熟成產生黑豆油。密封厭氧發酵完全阻隔了空氣中的雜菌，所以覆於黑豆麴上層的鹽巴較一般的

店家資訊

地址：雲林縣林內鄉烏麻村永昌路 1-60 號
電話：05-5898539
訂購注意事項：
可至門市與網路或電話訂購。
網路訂購滿 1200 元，免運費。

釀造法少了許多，鹽度含量少，製作出的黑豆生油也就不那麼鹹了，龍宏就是以傳統的自然釀造工法使鹹度降低，這也成為龍宏醬油的一大特色。

除了鹹度低，釀造期超過一年以上，使龍宏的醬油色深卻明亮，黑豆的醬香氣明顯濃厚。曾經有位埔里某間佛寺的出家老師父，在聞到龍宏醬油的味道後，表示這和他記憶中小時候嚐過的黑豆蔭油一模一樣，立刻帶上好幾打回佛寺。

龍宏只生產黑豆蔭油，使用黃仁黑豆，除了進口黑豆之外，也使用濁水溪一帶所產的黑豆。龍宏負責人鄭日漢，對自家醬油的濃郁豆香非常得意，他特別教導我們把醬油滴在手上，摩擦生熱後，產生明顯豆香味的，就是好醬油。

做醬油也做醬菜，遵從傳統古法，吃出安心與感動。

鄭日漢表示，龍宏採自然發酵釀造原則，以先進衛生廠房設備導入現代化製程管理，公司通過HACCP＆ISO22000的驗證，產品也獲得縣府的安心標章。他特別提及，龍宏只做讓人安心的食品，希望消費者能在飲食過程中找到古早的記憶，吃出感動的滋味，並且吃得健康。

除了醬油外，龍宏也製作許多醬料、醬菜、醬瓜等，如豆瓣醬、剝皮辣椒、黑豆蔭豉、蔭醬鳳梨、乾筍、冬瓜等，產品琳瑯滿目，種類十分多樣。龍宏的製醬工廠非常講究衛生、乾淨，每條生產線的運作都很整潔、順暢，所以很多國內外業者都特別喜歡找龍宏代工。

將釀造熟成的豆麴裝入麻袋，在傾斜的平台上壓榨，原汁順著水龍頭流入桶中，再進行後續的烹煮、過濾工序。

種麴熟成後，除去菌絲結塊的豆麴，準備清洗。

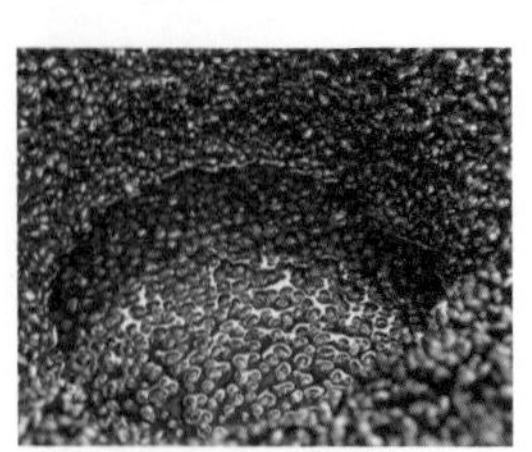

採用厭氧發酵，鹽的用量較少，開缸取出的原汁不會太鹹。

職人故事

日新食品工業有限公司——黃翰揚

土庫人最熟悉的家鄉味

文／周玲霞　攝影／焦正德

新第三代經營者黃翰揚。

ⓘ 店家資訊

成立時間：1943 年
釀造廠所在地：雲林縣虎尾鎮建國路 8 號
訂購專線：(05) 6622622
傳真：(05) 6621510
E-mail：rihsinco@rihsin.com

土庫人最熟悉的家鄉味

位於虎尾鎮與土庫鎮交界處的日新醬油廠，稍不注意就會錯過的低調外表，宛如一般鄉間三合院的大門，門口白底藍字的「日新」二字，指引廠區入口，還未走進廠區即可聞到濃濃的黑豆香，這是雲林土庫人最熟悉的家鄉味。

第三代老闆娘邱慧鳳蹲在剛蒸煮好、堆得像小山般的黑豆旁，邊嚼著黑豆邊說：「你們也吃吃看，這就是最純正的黑豆味。」每週四天蒸煮黑豆，蒸煮完後須待散熱才能置入麴菌，此時，一定要隨機試吃，來確定黑豆蒸煮的火候是否完美，與先生黃翰揚自公公手上接過日新不過短短八年，這對第三代夫妻檔卻有著自己對於老品牌的夢想。

在地生產在地銷售，減少碳足跡

初代創始人黃阿堅於日治時期擔任雜貨舖掌櫃，對於許多食材原料的來源及製程多所了解，承襲日本「丸七」醬油廠的技術，深受鄉里好評，更被老顧客暱稱為「豆油堅仔」，力求自家醬油廠能夠有「日日新」的好氣象。而第二代黃聖炎 直的性格，與父親一同穩固了日新蔭油在土庫地區的市場，一九六七年更因為擴廠關係，將工廠從土庫市街遷至土庫外圍，現今雖被劃為虎尾鎮，但包裝上仍保留「土庫名產」來標示日新的發跡地。

八年前，第三代黃翰揚接手後，從原料到廠區規畫都有新的想法，由於雲林地區是台灣農產大鎮，在農改場的協助下，開始與農民洽談契作，於今年開始使用台南五號黑豆釀造自家黑豆醬油，地產地銷，減少碳足跡，透過有效的田間管理，掌握原料的品質。由於台灣地區黑豆較進口的黑豆大顆，蒸煮時的火候特別重要，而近五十年的老廠區，儘管夠寬闊，但地處低窪，計畫用五年的時間將廠區逐漸改為現代化工廠，然而，傳統的釀造方式與改進為現代機器間的距離，仍是夫妻倆最頭痛的地方。

快樂醬園，改造計畫啟動中

工廠中三間最不起眼的磚造土角厝，是日新蔭油關鍵氣味的生成地，散熱室隔壁即是製麴室，地面上放置著已製麴完成的黑豆，等待著師傅前來翻攪均勻，

我們到達時，一釜黑豆即將蒸煮完成，廠房內熱氣蒸騰，香味四溢。

以光腳踩在黑豆上壓開相黏的黑豆，緊接著就是進入洗麴程序。每次製麴時都會放入前一週的老麴，這是日新維持風味的關鍵，而這特殊的菌種也在製麴室的牆壁上，用顏色繪出不少印記。

老闆娘邱慧鳳出身彰化田尾，還記得自己小時候被媽媽叫去買醬油，媽媽說：「記得要買日新的。」她在口中不住默唸「日新」，等走到雜貨鋪時，脫口而出：「老闆，我要一瓶『新』醬油。」老闆笑說：「我賣的醬油都是新的，哪裡有舊的！」自此之後，日新這品牌就在她腦中寫下深刻的記憶，而二十五年前，遇見丈夫黃翰揚時，也是做好吃苦的準備，才嫁入黃家，從什麼都不會到醬油廠的老闆娘，隨口一嚐或聞一聞就知道每一缸醬油是否完善，她指著完全沒有空調設備的廠區，直說心疼老員工們揮汗如雨地工作，從蒸豆、煮豆到高溫殺菌包裝，一切都還維持在當年剛遷廠時的模樣，宛如時光停滯般，她希望能逐步將廠區加入空調，並讓醬缸區能更完整的呈現，而在醬缸旁奔跑的雞隻們，正是日新醬油的招牌寵物，黃翰揚與邱鳳美正在自家的快樂醬園中，為改造大計逐步前進著。

最受歡迎的手工蔭油和陶缸蔭油

為符合現代人的口味，有別於老一輩的做法，使用較低量的鹽分進行釀造，由於失敗率高，在等待熟成的過程中，需要更頻繁的開缸觀察，黃翰揚曾試用過各種不同材料的容器，但最後發現，由於陶缸在溫度控制上較好，可以讓黑豆在白天的高溫曝曬時不至於過熱，而夜間亦能維持相當的溫度讓發酵持續，經過相當長時間的調整觀察，推出了保持自家風味的現代版日新醬油，在包裝上也改用較為時尚的做法，在送禮上更為合適，手工醬油的黑豆原汁比例較高，陶缸蔭油價格則較親民，更適合居家使用。

廠區沒有空調設備，從蒸豆、煮豆到高溫殺菌包裝，一切都還維持在當年剛遷廠時的模樣。

規模中小型的日新日曝場，正依循古法釀造一缸缸黑豆原汁。

經營超過七十年的日新醬油，是道地的土庫名產，深受鄉里好評。

剛嫁入黃家時，邱慧鳳對醬油一無所知，如今已成為老練的醬油職人。

釀造過程

1 將黑豆蒸熟。

2 將菌種加入熟黑豆，種麴 5~7 天。

3 清除大量豆麴的結塊菌絲，並將豆麴粒粒洗淨。

4 豆麴拌鹽，入缸釀造。

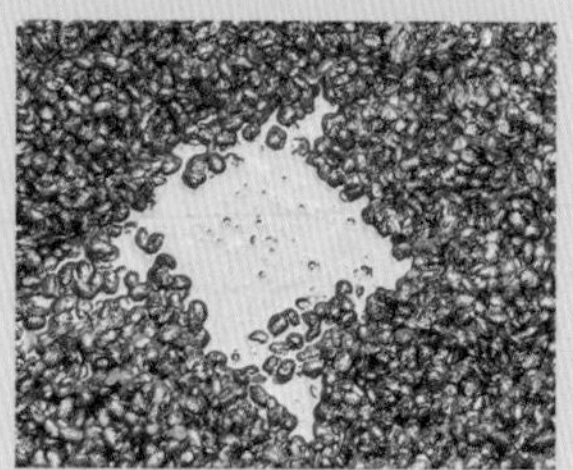

5 日曝釀造熟成後，開缸取汁。

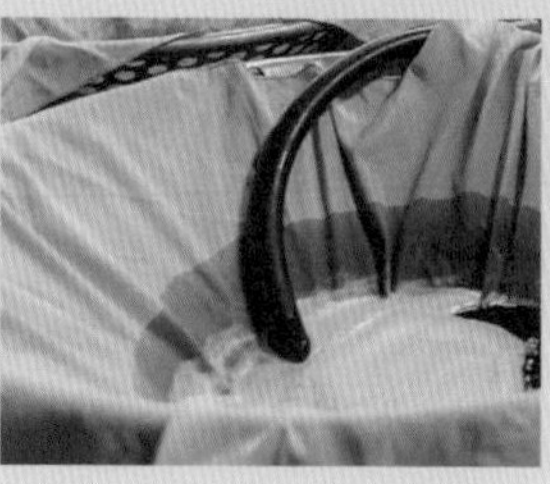

6 原汁烹煮後，透過棉布過濾。

7 填充、封蓋，裝進塑膠籃中置入高溫水殺菌，最後貼標，即完成。

老闆的自慢

日新古釀輕蔭油

新時代味覺推演，讓嗜口性變得重鹹又重甜，無負擔亦不失風味的古老配方，是養生風潮下與消費者的釀造對話，淡麗的色澤、爽潔的口感，這就是日新古釀輕蔭油。

職人故事

大同醬油——曾士豐

不只賣醬油，更肩負推廣醬油文化大任

文／林國瑛　攝影／劉森湧

新第三代經營者黃翰揚。

第五代接班，真心熱衷於醬油文化推廣

曾士豐是大同醬油第五代經營者，自澳洲取得企管學位之後，便回國進入自家企業工作，依照前代家訓規定，自家子弟接班前，必須從基層做起，他在公司裡完成的第一個工作是掃廁所，實在是基層中的基層。磨練了六、七年，曾士豐確實熟悉了這個產業，也真心熱衷於醬油事業的發展，舉凡吉祥物公仔設計、禮盒包狀設計，甚至是黑豆零食、黑豆手工皂、豆乳保養品

店家資訊

成立時間：1911 年
電話：05 5573636
地址：雲林縣斗六市工業區斗工二路 39 號，有觀光工廠「黑金釀造館」

等，創新點子層出不窮。此外，他還一手打造「大同醬油黑金釀造館」，將自家歷代一切與醬油有關的文物妥善整理並展出，還訓練出十多位專業解說員在現場為參觀者服務。曾士豐說：「比起賣醬油，我們更想做的，是傳承這項飲食文化。」

賣肉圓起家，逐步成為名震全台的醬油元祖

回想起大同醬油的起點，那是孩子還光著腳丫子在田野間奔跑，鄉間有人挑著扁擔沿街兜售碗糕、芋仔冰的年代。當年台灣經濟尚未起飛，大同醬油第一代創辦人陳成，每天扛著二、三十公斤重的肉圓在西螺大街的廟口、大樹下、咁仔店前叫賣。

陳成有個響亮外號叫「肉圓成」，而他的醬汁跟他一樣出名，許多人來到肉圓攤位專買醬料，客人告訴他：「家中任何食物，只要淋上他的獨門醬汁，不起眼的家常菜也變山珍海味。」剛開始陳成相當困擾，難道是肉圓不好吃嗎？後來他發現，其實是他的醬汁太受歡迎、聲名遠播，才讓老主顧難以忘懷。那麼，不如乾脆來作醬油生意，因此，大同醬油的雛型誕生了。

第二代傳人陳丁源繼承父親的獨家手藝，同樣在家中用土法煉鋼的方式，用古法甕釀技術釀造醬油，他常騎著腳踏車，一口氣載著八打醬油，在顛簸的碎石路上外出販售，而外務員更是辛苦，若要到南投、彰化一帶賣醬油，凌晨二點就要出發，摸黑趕路才能在五點多天剛亮抵達。民國三十年代，陳丁源經營的大同醬園已有相當規模，加上台灣各地小型雜貨店興起，陳丁源開始在雜貨店寄賣，大同醬油也因此更快速進入每個家庭，成為家家

曾士豐一手打造「大同醬油黑金釀造館」，將自家歷代一切與醬油有關的文物妥善整理並展出。

第二代陳丁源常騎著腳踏車，載著八打像這樣綁起來的醬油外出販售。

戶戶必備的調味品。

曾士豐告訴我們，他曾遇到當地一位阿公，遙想起當年情景，拉著他講了好多，說早年台灣社會貧窮，多數農家人以番薯為主食，經濟程度不錯的農家才買得起白飯，「有一天，家人難得奢侈，買了一瓶醬油回家拌飯，那入口的好滋味我到今天都忘不了，我把瓶身拿起來看了看，就是『大同醬油』四個字。」

挺過九二一大地震危機 自逆境重生

曾漢坤是大同醬油第三代傳人，他是陳丁源的大兒子，他有聰明的生意頭腦，大膽建議購進三輪車。當年的三輪車猶如現在的高級跑車，一般人不吃不喝數年才買得起，事實證明他的投資精準，大同醬油通路遠至台北、高雄等都會區，從區域性商品一躍變成全國性產品，銷售量與日俱增，更在他手中，慢慢把家庭式工廠變成現代化廠房。

然而，大同醬油一路走來並非始終順遂，民國八十八年九月二十一日，那晚是全台灣人的漫漫長夜，更是大同醬油的集體夢魘。那一震，大同醬油成立不到五年的新廠房付諸流水，儲存槽裡的醬油灑了滿地，公司一切歸零，只剩一塊招牌。但大同醬油沒有倒下，不到一個禮拜，集結眾人之力，用停車場遮雨棚搭成臨時辦公室，全體員工攜手同心，開甕、取汁、煮醬，憑著一股熱情與向心力，一路苦撐數月，才在一步一腳印中重生，為台灣人提供正港老味道的精神延續至今。

即使早已進入現代化生產線經營，但釀造基底仍遵循傳統，確保全系列產品都能保有自然甘醇的醍醐味。

第三代曾漢坤很有生意頭腦，讓大同醬油從在地走向全國，很早就開始將家庭式工廠變成現代化廠房。

釀造過程

1　挑整洗淨的黑豆，蒸煮後再種麴。

2　豆麴與適量的鹽充分拌勻。

3　豆麴入缸，日曝釀造三個月以上，再開缸取汁。

4　原汁經壓榨、冷卻、過濾等步驟，在依各種所需風味進行調製。

5　自動化機械填充、封瓶、消毒，最後熱縮封蓋並貼標。

職人故事

萬豐醬油——吳國賓

青年返鄉繼承傳統家業

文／林國瑛　攝影／劉森湧

萬豐醬油第三代經營者吳國賓。

喚回幼年記憶，重新認識醬油釀造

談論起製作醬油，萬豐醬油的第三代經營者吳國賓，可說是「半路出家」。七年前，他對醬油釀造還非常陌生，有的只是兒時記憶裡工廠樣貌與生產環境的依稀印象。原本在手機研發製造業工作的他，多年下來累積過度操勞與疲憊，身體不堪負荷、發出警訊，甚至留職停薪休養、四處求醫，也因而決定回故鄉繼承

店家資訊

地址：雲林縣斗六市文化路 646 巷 221-2 號
電話：07010015666
訂購注意事項：
可直接至樂菲有機超市、台大農產展售中心、呵咪呀微笑福利社、黃大鮮、挑食、1765 一起樂活館、糧誠集食、愛維根蔬食超市或鳳山總公司門市 (高雄市鳳山區光華路 29 號 1F) 購買，也可直接上萬豐醬油 FB 私訊或電話訂購。
私訊或電話訂購：滿整箱出貨享免運費優惠，貨到付款免代收費用。

自家產業—做醬油。對吳國賓而言，這是人生一個很重大的選擇，畢竟科技業與傳統醬油產業相比，無論工作內容、環境與薪資待遇等，都是天差地遠，但為了健康、為了傳承乾蔭釀造技藝、為了製作好醬油，他終於決定回到家鄉，重新開始。

想要重新開始的這段路程並不好走。萬豐醬油是從第一代的吳朝揚開始做起，十幾歲做學徒，二十出頭就創立萬豐醬油，品牌創立至今已超過七十年，之後，交給吳家第二代的四叔與五叔經營。事實上，就連吳國賓的父親，都已三十多年未做醬油，他的製醬技術，出了向父親詢問之外，主要是和一直在醬油產業工作的四叔學習。長輩的教導以口授為主，實作方面得花更多時間細究，一不小心就容易搞錯重點，何況在此之前，吳國賓從未摸過任何一缸醬油甕，製作醬油對他而言，簡直是最熟悉的陌生人，他必須對這個陌生人格外地投入與交心。

創造「三贏」的新思維製醬理念

為了製作好醬油，吳國賓增添並且改良了許多設備，不僅買了新器材，搭建工作場、檢驗室與製麴室，更花了許多時間從蔭油釀造的最源頭重新摸索與研究，期望能與長輩的提醒交互驗證。因為身體曾受病痛之苦，讓他格外重視食品安全與醬油生產過程中所有的原料、用料，就連包裝也不放過。

只做黑豆醬油的萬豐醬油，也希望能照顧在地農民，與嘉義的十甲有機農場及台南善化雜糧生產合作社契作，選用本土無毒友善栽培的台南五號黑豆製作醬油，期望自家生產的醬油健康又美味。

萬豐的釀造過程中，不參任何

吳國賓嘗試用各種原料與麴菌進行釀造，包含不同的菌種、豆子、鹽巴等。

為了做好醬油，吳國賓許多設備，工作環境宛如化學實驗室，花了許多心思研究蔭油釀造的學問。

人工添加物，更細心的是，廠內所有會接觸醬油的硬體設備，都是以食品級304或更高的316不銹鋼材質製造。用水也特別講究，不同階段會採用不同的過濾水質。吳國賓考量到填充醬油後會再進行高溫消毒，所以萬豐的醬油只以玻璃瓶包裝，連鋁蓋內的墊片都特別另找廠商以矽膠訂製，成本高於一般軟性發泡墊片十餘倍，為的就是不希望有任何塑化溶出的疑慮。

這樣不惜成本大量投入設備的改革，並選用無毒友善的在地食材，為的就是要讓農民有穩定的收入、萬豐可以生產品質更好的醬油、使顧客能吃得更安心，以創造三贏的局面。

以科技人的實驗精神製作醬油，勇於突破與創新

在萬豐醬油廠的日曬場中，可以看到許多小醬油甕，這是吳國賓拿來做實驗用的，他嘗試以各種不同的原料與麴菌進行釀造，包含不同的菌種、豆子、鹽巴等，他曾分別使用寮國與中國大陸的岩鹽與玫瑰鹽來釀造醬油。吳國賓新建了一間四周都以木板隔間的製麴室，他有一個想法，希望未來萬豐醬油的製麴室可以自然入麴，也就是在製麴室這個小小的空間裡，能如同一個小生態圈，裡頭有生生不息的麴菌，使得黑豆到製麴室後，能直接接觸空氣中的孢子而生麴，並且達到優良的麴菌平衡，他也推測，這樣的製麴日數，會比一般再多上幾天，但這卻是最自然的方式，相信有一天，他一定能找到最適當與自然的製麴方式，達到全然天成的台灣蔭油。

1 吳國賓觀察醬油在碟中的掛壁狀況。2 日曬場中許多小醬油甕，是吳國賓拿來做實驗用的。3 萬豐醬油只以玻璃瓶包裝，鋁蓋內墊片特別找廠商以矽膠訂製，成本較高，為的是不希望有任何塑化溶出的疑慮。

釀造過程

1
製麴室中正在等待熟成的豆麴。

2
豆麴洗淨，拌鹽入缸之後，在缸口覆蓋一塊布，並用鐵絲固定。

3
釀造足一定天數後，開缸，表面是一層用以防腐的粗鹽。

4
挖開粗鹽，可見熟成的豆麴。

5
挖到底部，可取出最精華的壺底原汁。

6
取出的豆麴與原汁，可壓榨出生醬油。

7
生醬油經過濾、烹調、調味之後，便可依不同口味需求製成各種醬油。

職人故事

新芳園醬油——王福進

以最自然的方式釀造，呈現最原始的色澤

文／林芳琦　攝影／林育恩

新芳園第二代經營者王福進。

i 店家資訊

成立時間：1945 年
地址：雲林縣斗南鎮石溪里化日路 25 號
電話：05-5973000
訂購注意事項：
可至「奧丁丁市集」網路訂購，或至「新芳園醬油」粉絲團留言訂購，買「麴釀」系列醬油，滿六瓶免運費；亦可電話訂購宅配。

天然的純釀發酵香氣四溢，味道濃厚甘醇

蜿蜒的小路兩旁，全是低矮的平房，遠遠地，我們就被一股濃濃醬油豆香味吸引，這香味既濃厚又令人愉悅，因為空氣中還有一絲絲若有似無的果香，就這樣，我們被吸引進一間平凡樸實的三合院，那裡就是「新芳園醬油廠」座落的位置。

剛走進新芳園醬油廠，最先吸引我們目光的是口老井，據新芳園的主人王進福說，這口井是日

治時代開鑿的，現在已經封起來不再使用，從這一點可看出王家在此定居已久，新芳園的經營，也在這裡留下許多歷史痕跡。

在發酵室裡，有一個竹簳，上面裝著已製麴完成的黃豆，這是貼心的王老闆特別留下來要讓我們拍照的，事實上，這批豆麴其他的「兄弟姊妹」們，都已經清理完畢，準備下缸釀造，王老闆特地為我們留下一批豆麴，在這種細微處都如此留心，可見他時時刻刻都在為他人著想，相信在製作醬油時，一定也非常謹慎。

不含小麥的黃豆醬油，展現最純正的醬油本色

王家自一九四五年起開始經營「新芳園醬油」，至今已逾七十年，第一代王老先生原本是西裝訂做師傅，不過，老一輩的人生活樸實，惜物愛物，做一套西裝恐怕就是穿一輩子，需求少，所以生意也少。王家老先生思考著生計問題，認為醬油是民生必需品，於是起心動念，打算改做醬油，為此還特地到高雄左營學做「豆油」，學成之後，便成立了新芳園。

第二代經營者王福進承襲父親的想法，堅持新芳園都只做甕缸發酵的純釀造醬油，為了消費者的健康，黃豆一律選用非基因改造，黑豆則是當時產量與品質而定，他們用過巴西、中國進口的有機黑豆，也使用台灣自產的台南五號黑豆。

新芳園的醬油採溼式釀造，釀造熟成期長是一個特色，至少都要釀製六個月以上才開缸取出。另一個特色是，這裡的黃豆醬油不含小麥，一般所謂「豆麥醬油」，黃豆與小麥是分不開的，這兩種食材一併製麴、釀造，為的是要取小麥的香氣與顏色，新芳園的黃豆醬油不含小麥，所以釀造出來的醬油顏色非常淺。第

←平凡樸實的三合院，外面的空地就是新芳園的日曬場。

↓採用非基改黃豆直接釀造，不添加小麥，豆麴釀造六個月熟成後，顏色和味噌極為相似。

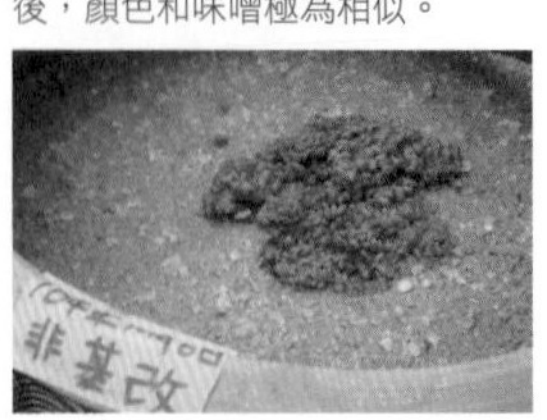

一眼看到新芳園的甕缸中已接近熟成的發酵黃豆，會很容易是誤以為是味噌，但事實上，這完全就是最原始的黃豆醬油本色。

以本色見人的麴釀系列

二〇一三年，新芳園推出「麴釀」系列醬油，就是以「本色」見人的一系列醬油，它們的原料單純，只有黑豆或黃豆、鹽與水，且不加糖，王進福希望能因應時代需求，製作出追求健康、無添加的好醬油，所以也不加焦糖色素，醬色都是以最天然的樣貌呈現。最特別的是呈現橘黃色的油膏，在調味上加了少許糖，並以自家研磨的糯米漿調製，剛推出時，消費者常誤會，以為這是桔醬或是甜辣醬，甚至還有網購客人來電詢問是不是壞了呢。

時至今日，王福進已漸漸將家業交給兒子王榮生打理，身為第三代經營者，王榮生對醬油釀造也有著極高的熱誠，為了做出一款與眾不同的好醬油，他花了許多心思試驗，推出一款黑豆與黃豆並用、釀造期長達十個月以上的「園級麴釀壺底油」，這款醬油的用料十分純粹，除了豆子與必要的鹽之外，就不再添加其他調味料，連糖都不加。王榮生推出新醬油的目的並非標新立異，他的創新做法其實是建立在尊重傳統的理念上，把「展現醬油原味」當作是自己的職人使命。

新芳園的另一個特色是濕式發酵，因此不用太多的鹽。

運用獨特技術純釀而成的醬油與醬油膏，和一般市面上常見的醬油產品相比，顏色大不相同。

黃豆麴沒有小麥，沒有添加物，黑豆麴也一樣，呈現最天然的原色。

釀造過程

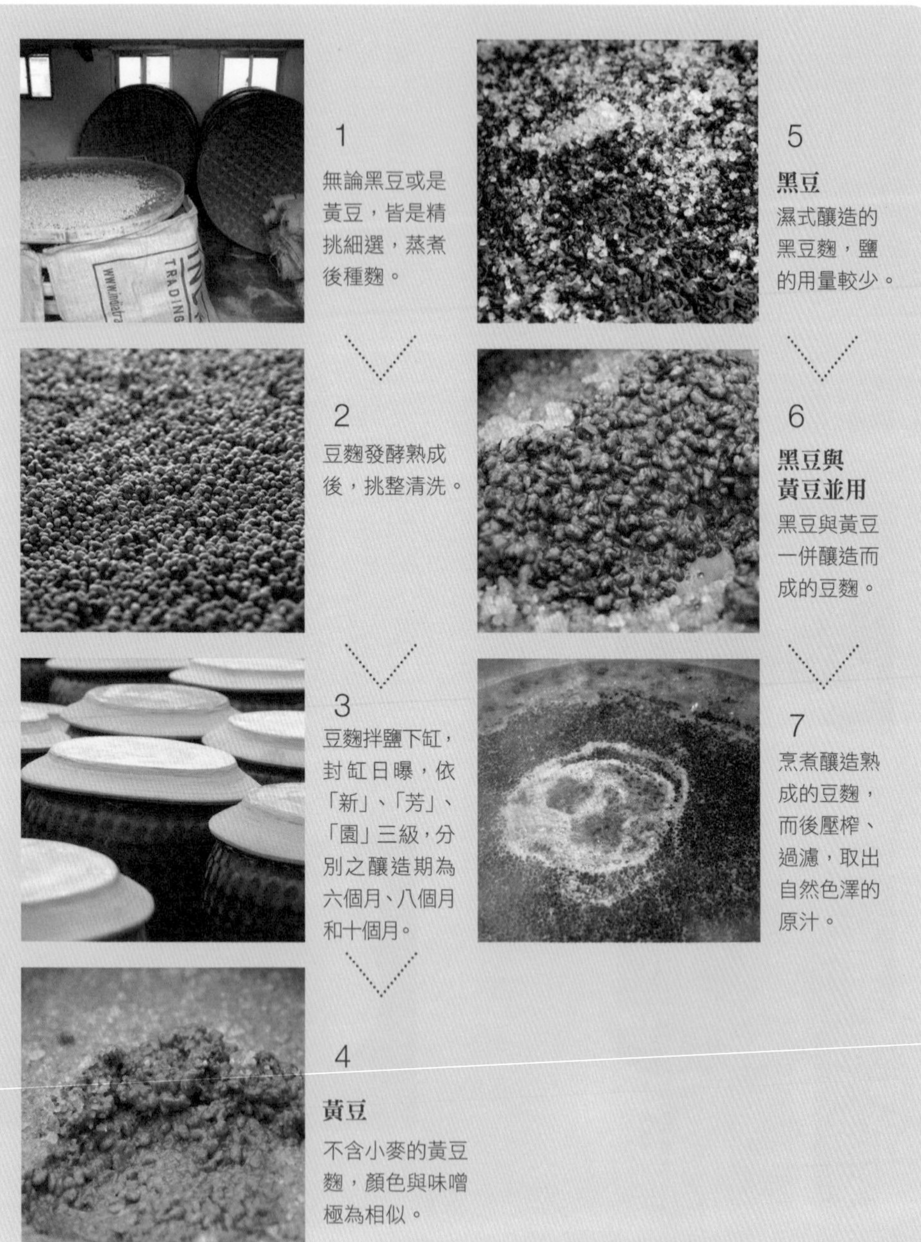

1
無論黑豆或是黃豆，皆是精挑細選，蒸煮後種麴。

2
豆麴發酵熟成後，挑整清洗。

3
豆麴拌鹽下缸，封缸日曝，依「新」、「芳」、「園」三級，分別之釀造期為六個月、八個月和十個月。

4
黃豆
不含小麥的黃豆麴，顏色與味噌極為相似。

5
黑豆
濕式釀造的黑豆麴，鹽的用量較少。

6
黑豆與黃豆並用
黑豆與黃豆一併釀造而成的豆麴。

7
烹煮釀造熟成的豆麴，而後壓榨、過濾，取出自然色澤的原汁。

職人故事

味王醬油——張錫隆

全台唯一採全室內密閉式醱酵槽的醬油廠

文／林國瑛　攝影／劉森湧

味王醬油襄理張錫隆。

店家資訊

成立時間：1959 年
總公司地址：台北市中山北路二段 79 號 5 樓
工廠地址：雲林縣大埤鄉豐田路 14 號
消費者服務專線：0800-221-121

引進日本現代化技術

踏入位於雲林縣大埤鄉的味王醬油廠，彷彿走進巧克力冒險工廠，剛生產完畢的產品準備入箱、管線忙碌地運送原料，好不熱鬧。工廠位於郊區，空氣清新，園區佔地幅員廣大，員工們若要在廠內移動，最好騎腳踏車代步，免得在大太陽下走出一身熱汗。

說到「味王」兩個字，有些人立刻聯想「爸爸回家吃晚飯」，這支鼓勵民眾回家用餐享受天倫之樂的金味王醬油廣告，也令不少人想起黃底包裝、元氣飽滿開懷笑臉的那包又香又脆的王子麵，曾在學校福利社、雜貨店、火鍋店，陪台灣人走過無數充滿回憶的童年時光。

味王自一九五九年成立，旗下產品包括飲料、速食麵、速食品、調味料等。一九七〇年代獲日本醬油技術指導，引進現代化最新生產設備，推出全室內密閉式醱酵槽。業務部襄理張錫隆說：「日本人做事很認真，醬油跟人一樣不能風吹日曬，所以要『蓋房子給醬油住』」。因此，味王砸重金替醱酵槽蓋廠房，猶如呵護寶寶般細心對待每滴醬汁。

味王醬油釀造技術從日本引進，嚴選日本頂級麴菌，醬汁展現多層次豐富濃醇香，因與日本關係良好，每年固定有日方高層前往味王醬油交流最新技術。雖說釀造技巧來自日本，但青出於藍，連日本人都佩服味王的醱酵環境與釀造工藝。

引進日本現代化技術

全室內密閉式醱酵槽具有衛生優勢，避免空中髒污或雜塵飄進。每座一百噸的醱酵槽，皆設有恆溫的獨立自動控溫系統，槽身以鐵製成，中間設有夾層，夏天在夾層加入冷水降溫，冬天寒流來襲，則填入熱水增溫來調控溫度，故醬油醱酵狀態不受天候影響，一年四季得以維持穩定風味。

經過良好醱酵的醬油生汁，具有撲鼻香氣，剛踏進醱酵室令人忍不住用力呼吸，一股記憶中的味道油然而生，「就像小時候常聞到阿嬤醃醬菜的味道」。張錫隆補充，很多鄉下阿嬤會自釀醬瓜，雖然醬油醱酵的原料是黃豆跟小麥，但原理相同；而味王醬油經過長時間密閉精釀醱酵而成，故味道更顯濃醇，這也正是豆麥香味撲鼻迎面襲來的主因。

味王設有數十座百噸醱酵槽，除

利用冷熱水控溫，技術人員也會定期到場監控，觀察醬汁熟成狀況，並以加壓技術，強制空氣在醬汁中攪拌。透過酵母菌與乳酸菌的自然醱酵，以及引進日本優質麴菌分解豆類蛋白質，經過一百八十天純釀造，澄淨溫順的醬油生汁終於完成。

一麴、二櫂、三火入

日文對釀造有「一麴、二櫂、三火入」諺語，意即要有好的釀造產品，製麴的重要性佔六成，醱酵管理佔三成，最後一成為加熱殺菌。味王醬油以脫脂黃豆片混合小麥焙炒後，加上澳洲進口海鹽及麴菌而成，四十二小時的製麴步驟，溫度、濕度、風量皆獲良好控制，之後才進入醱酵槽進行濕式醱酵。製作過程延續日本人一絲不苟的態度，水質也十分講究，定期送驗，經過精製處理才用至生產線。

如此大費周章，連桶蓋啟閉的環境衛生都要顧及，成本有辦法負荷嗎？張錫隆表示，醬油得經過半年釀造，方可推出市面，因密閉室醱酵設備投資與維護花費龐大，再加上黃豆小麥等原料成本，周轉壓力確實不小，然而民以食為天，味王堅持不以投資報酬率為第一考量要務。

味王有數十座百噸醱酵槽，技術人員定期監控，觀察醬汁熟成狀況。

剛生產完畢的產品準備入箱、生產線忙碌地運作，好不熱鬧。

味王的專業經營團隊，左起：石西川主任、張錫隆襄理、鄭志芳副理。

一九七〇年代，味王獲日本醬油技術指導，推出全室內密閉式醱酵槽。

老闆的自慢

麴正宗醬油

麴正宗醬油以100%純豆麥釀造，遵古法工藝以現代技術製成。麴正宗醬油加入紅麴元素，為讓紅麴與醬油完美結合，歷經許多嘗試，研發部門終於將甜鹹酸苦鮮五味調配至最柔和狀態，因此本款醬油結合豆麥甘甜與紅麴天然紅潤剔透特質，用來滷煮上色，顏色格外鮮豔，後韻回甘，口感渾然一體。

職人故事

三鷹食品有限公司——涂靖岳

將傳統釀造工法數據科學化

文／林芳琦　攝影／林育恩

三鷹食品有限公司副總經理涂靖岳。

店家資訊

成立時間：1980年

地址：嘉義縣民雄鄉寮頂村頂寮66-5號　電話：05-2264650

訂購注意事項：

1 可視產品屬性至以下地點購買：台糖量販、楓康超市、頂好超市、全聯福利中心、Jasons超市、棉花田生機園地、微風廣場、家樂福、微風廣場、新光信義店、SOGO忠孝店、高雄旺來興超市。

2 黑龍門市（嘉義縣民雄鄉建國路一段429號 電話：05-2264660）可直接購買所有醬油產品。

3 網路訂購宅配：於三鷹食品網站訂購，滿千免運。

從家庭即工廠，到自動化生產

偌大的黑龍廠房裡，所有的機器設備都不停的運轉著，無論是蒸煮釜、輸送帶、滾筒、撥平機、翻料機、還是製麴車，廠房中的每個機具都非常的忙碌。

在大約六年前，這裡可不是現在看到的這個樣子，當時所有的醬油製程都仍以傳統手工為主；因為是講求手工製作，所以製麴最講究的溫度控制，幾乎也就以老師傳的「手感溫度」為標準；直到有一天，老師傳請假了，醬油的品質變得低落，回來幫忙家中產業的涂靖岳認為這樣的製作流程應該要做點改變。

第三代經營者也是副總經理的涂靖岳說：「做醬油是家裡的產業，起初是因為阿公早逝，阿嬤涂簡愛為了養家、養小孩，所以就在自己家裡做起醬油，自產自銷，很受附近居民喜愛；之後，做醬油就成了全家的事業。」花了一段時間觀察後，他心想，每間醬油廠做醬油的方式大同小異，最大的差異就在於「製麴」，因為傳統醬油著重發酵，所以製麴是醬油生產最重要的環節，但這個重要的環節卻是黑龍的風險。在過去，黑龍的豆子製麴完全需仰賴老師傅的經驗與身體感，所以只要換人做，製麴的結果可能就會有所不同。

最高標準的自動化裝瓶，衛生又安全，確保醬汁不受汙染。

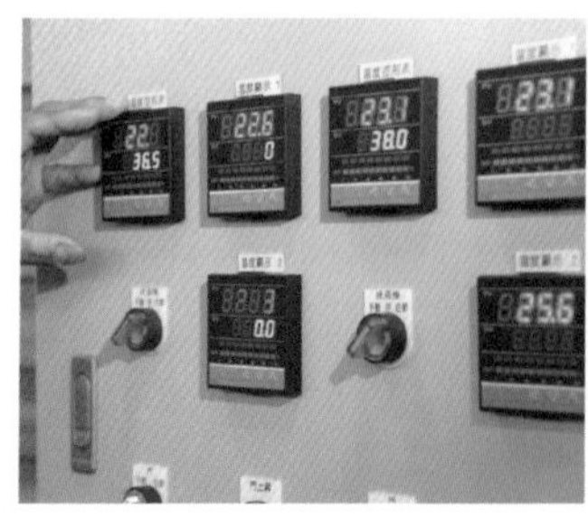

釀造過程中一切的溫溼度控制都由電腦。

室內日曝場設定為恆溫，減低季節天候對豆麴發酵的影響。

廠房裡的現代化機具生產線，是涂靖岳將傳統工法數據化後所獨創的成果。

以「標準化」提高生產效率並減輕員工負擔

涂靖岳認為，製麴是一種經驗，可以傳承，但很難標準化，所以他先花了五、六年的時間把整個流程數據化，用數據來把製麴過程的標準立定下來，並發展出一套黑龍專屬的器具，而有自己的標準程序。

的確，在黑龍的廠房裡，有很多器具與生產方式就專屬於黑龍，因為這一整套接近全自動化的流程，都是涂靖岳嘔心瀝血、勞心勞力研發而成的。

「我們還沒有採用百分之百全自動，這是因為全自動還是有風險。」涂靖岳認真清楚地和我們說明廠房裡所有機具運作及醬油釀造流程，他特別提到，日式豆麥醬油可用製麴機，以全自動方式去發酵，採用的是脫脂大豆和麥片，原料和溼度是不同的；黑豆醬油則是以整顆黑豆發酵，溼度是很高的，發酵時會生產很多熱量，所以他們把傳統器具改掉，用不銹鋼取代竹簳，溫度與溼度都以電腦控制，這樣的做法，除了可以標準化之外，也能減少雜菌的汙染，甚至連日曝場也都盡量控制在恆溫，涂靖岳說：「我們是以科學化方式在管理、製作醬油，但我們仍不脫離古老的傳統釀造法。」

黑龍現在也逐漸擴展市場外銷美國與中國大陸；未來，涂靖岳計畫陸續還要增加日曝場的場地以及增加壓榨機台，以因應目前廣大的市場需求。

黑龍醬油最經典的用途，就是滷一鍋香氣四溢、溫潤晶透的醬香滷肉。

老闆的自慢

黑龍壺底油

不添加焦糖的黑豆醬油，是以溼式釀造日曝120天以上的生醬汁製成，色淺、不著色，有濃厚的豆相，性質很接近俗稱的「白蔭油」。

釀造過程

1 機器化洗淨黑豆。

2 撥平機處理洗淨後的黑豆。

3 用不鏽鋼幹種麴發酵。

4 發酵成功的豆麴原料。

5 採用傳統甕缸日曝 120 天釀造。

6 日曝發酵成功的豆醬原汁。

7 壓榨、過濾，而後以大型鍋爐烹煮原汁。

8 調味後將醬油裝瓶。

職人故事

永興醬油食品廠——賴振文

五代家傳，珍視醬油文化與精神

文／林芳琦　攝影／林育恩

三鷹食品有限公司副總經理涂靖岳。

先認識原料，才能做好醬油

剛到永興醬油，身為退休老師的永興醬油老闆娘林雪姣，就立刻帶領我們到日曝場，如同小學生上自然課一般，她打開其中一個濕式釀造的甕缸，對我們說：「你們先仔細觀察它的顏色，甕缸中間的鹽巴有點紅紅的，那是因為那裡已經被翻動過了，其實黑豆做出來的醬油不應該是黑的，而是紅得發紫，紫得發黑，這是因為梅納反應（註）的關係產生褐變，等等把它攪拌後，你就會發現整缸都變紅了。」林雪姣接著開始攪拌，果然，乍看之下，整個甕缸宛若是

店家資訊

成立時間：清末，實際年代不可考
地址：台南市後壁區嘉田里104之26號
電話：06-6881089
訂購注意事項：可直接電話訂購。

盛滿紅豆的紅豆湯。正巧，開甕的這缸使用的是「恆春烏豆」，從中拾起一顆已經熟成的小黑豆放入嘴裡，奇妙的滋味在嘴裡散開：最先感受到的是鹹味，緊接著甘味慢慢浮現，特別的是尾韻呈現出苦味，但這苦卻不令人難以下嚥，因為苦中仍帶著一絲絲的甘甜。第五代經營者賴振文說明這就是「恆春烏豆」的特點，黑豆性苦，而恆春烏豆皮又較厚，所以苦味更為突顯。

賴振文表示，以前幾乎家家戶戶都會做醬油，光是後壁上茄苳一帶的醬油廠就有三、四間，後來，許多食品大廠做起機械化醬油，一般家庭式的醬油廠不敵大廠的競爭就不再經營。他也提到，過去這些食品大廠為了促銷醬油，曾經推出開醬油瓶蓋集點數換湯碗、餐盤的行銷手法，說是台灣集點行銷活動的始祖可一點也不為過呢！

（註）：梅納反應，法國化學家梅納（也有譯名為美拉德，故亦稱美拉德反應）於一九一二年發現的一種化學反應，指食物中的還原糖（碳水化合物）與胺基酸在加熱時發生的一系列複雜反應，過程中會使食物轉變為黃褐甚至黑色，還會產生千百種不同氣味的中間體分子，使食物產生美味香氣和漂亮的色澤，能夠誘發食慾。

相對於右邊飽滿大顆的台南五號，台灣原生種「恆春烏豆」顆粒較小。

與農民契作，使用台灣本土自產黑豆。

使用石灰封缸，確保豆麴在日曝發酵的 過程中不被外界影響。

賴振文與妻子林雪姣。

舀起日曝熟成的黑豆品嚐，先鹹後甘，尾韻偏苦，這是「恆春烏豆」的特色。

以實際行動推廣醬油文化，只為產出好醬油

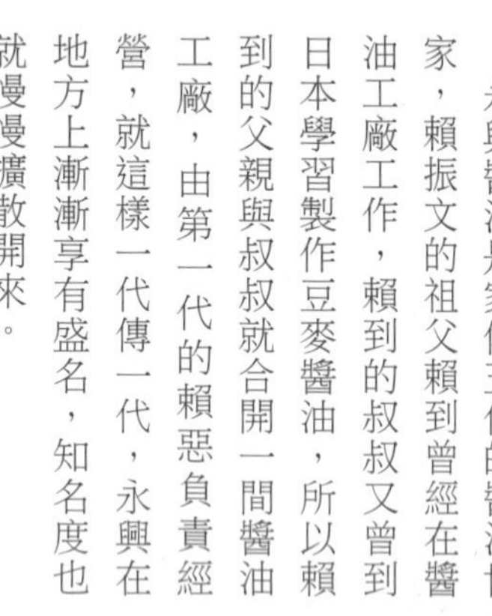

永興醬油是家傳五代的醬油世家，賴振文的祖父賴到曾經在醬油工廠工作，賴到的叔叔又曾到日本學習製作豆麥醬油，所以賴到的父親與叔叔就合開一間醬油工廠，由第一代的賴惡負責經營，就這樣一代傳一代，永興在地方上漸漸享有盛名，知名度也就慢慢擴散開來。

為了講究好品質，永興在秉持傳統的製醬工法之外，也塑造與強調醬油的文化及精神，這是指吃好醬油要從飲食教育開始做起。賴振文認為，台灣現在有越來越多的廠商願意投入做不含防腐劑、沒有添加調味劑的醬油，而永興在這個領域可說是很早就起步，他們判斷這肯定是未來市場的趨勢。因此，賴老闆也強調，要做出不含防腐劑與鮮味劑的醬油，需要有深厚的製醬功力，沒有受過製醬的洗禮，只想拿香跟拜，做出來的醬油恐怕難以下嚥。此外，永興近幾年開始採用台灣黑豆，希望能藉此推廣使用在地食材。為了使用台灣自產黑豆，永興與農民契作，期望能逐步將廠內所需的黑豆用量，盡可能提升到以台灣在地黑豆為最大值。

老闆的自慢

永興精純釀白曝蔭油

永興的長銷款，自民國91年開始生產，至今已熱銷十餘年，是採用濕式釀造的黑豆與豆汁所做出的一款醬油，滋味濃郁甘醇。

釀造過程

1 先取部分黑豆沾上麴粉，再倒入裝滿黑豆的竹篩裡。

2 將有麴粉的黑豆和所有的黑豆拌勻。

3 種麴七天後，將發酵完成的黑豆拌鹽。

4 充分拌鹽之後，將黑豆倒入缸中。

5 日曝四到六個月，待醬汁熟成。

6 熟成的黑豆與醬汁，看似透亮的紅豆湯。

職人故事

成功醬油——鄭國財

傳統釀造技術結合科技自動化生產

文／林芳琦　攝影／林育恩

成功醬油第二代經營者鄭國財。

店家資訊

成立時間：1947年
地址：台南市新化區礁拔里牧場1-25號
電話：06-5906485
訂購注意事項：可電話或網路訂購，另需酌收運費，運費以打計算，每打150元。

三代經營，將傳統釀造導入現代化技術

第一代鄭登貴於一九四七開始釀造醬油銷售，至今已超過一甲子。鄭登貴最早是到台南市的明玉醬油廠擔任學徒，學成後回到新化開設醬油廠，早年新化最多時有六間醬油廠，可見當時市場相當競爭。爾後，化學合成醬油興起，因價格便宜，幾乎攻占台灣的整個醬油市場，接手的第二代經營者鄭國財精進研發黑豆醬油，希望能為家中的醬油產業開

發更寬廣的道路，於是推出了「真味黑豆蔭油」。如今，已慢慢交由第三代的三個兒子經營成功醬油，不但於二〇一一年興建全新的第三代廠房，以傳統釀造技術結合科技、自動化生產，第三代的大兒子鄭智夫與二兒子鄭智元還為此繼續深造就讀食品系，讓實務得以與理論結合，以研發更多符合消費者健康、安全的產品。

開放廠房參觀，樂於分享醬油釀造文化與知識

走進成功的第三代廠房，除了現在化的第一印象外，會不禁覺得這裡根本就是個實作教室，「沒錯，雖然我們沒有做觀光工廠，但是因為我們想讓更多人了解醬油、了解醬油的製作過程、了解純釀造醬油和化學醬油的差異，所以我們一點都不介意讓外界來參觀，我也相當樂於解說。」鄭智元微笑地對我們說，他在新化社區大學特別開了一門課，教導學員做甕釀醬油，希望能有更多的人從這樣的過程中了解醬油，進而認同、信任成功醬園的品質。

（右）以傳統工法為本，將製程導入科學的現代化自動生產。
（左）鄭智元樂於向訪客解說醬油釀造製程，也在新化社區大學開設醬油課程。

經營有成的成功醬油，擁有較大規模的現代化廠房。

鄭家兩代以國姓爺之名，秉持誠信理念做好醬油。

以「成功」為名，「信用」為經營理念

「成功醬油」因堅持傳統，只以全豆發酵釀造，且風味極佳，已成為不少人到新化必買的伴手禮。我們好奇地問，成功醬園之所以經營得這麼成功，是否與當時的命名有關？「會取名成功，是因為我們姓鄭，我們的祖先當年是跟隨鄭成功來台，所以就以鄭成功的『成功』為名，當然也有期許自家的醬油能經營『成功』的意涵，這也代表我們不能做不誠實的產品，做醬油也要有信用，才能讓顧客信任。」第二代老闆鄭國財間接告訴我們，信用才是經營成功的基石，經由他含蓄而內斂的回答，更令人由衷佩服經營者的智慧。

老闆的自慢

成功白曝蔭油

黃豆與黑豆並用，皆採乾式發酵，萃取發酵熟成一年至一年半的生醬汁，濃度較高，所以味道偏甘鹹。過去這款醬油使用的是冰糖與果糖，不過，許多消費者對果糖有疑慮，因此現在已全改為使用蔗糖轉化液糖，以提升食品安全的標準。

釀造過程

1 種麴階段的黃豆，需發酵七天。

2 科學化控制製麴室溫溼度，確保製麴品質。

3 入缸加入鹽水與鹽，準備封缸日曝。

4 釀製完成的生醬汁，呈現出紅潤有層次的醬色。

5 現代化鍋爐調煮醬汁。

職人故事

青井黃豆露——陳峰松

如甘泉般清澈，為找尋兒時回憶而生

文／林芳琦　攝影／林育恩

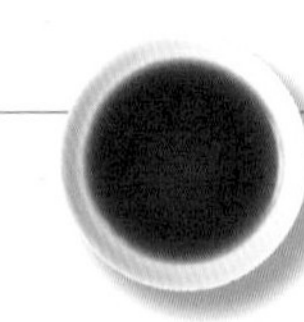

鄭家兩代以國姓爺之名，秉持誠信理念做好醬油。

店家資訊

地址：台南市永康區中山南路 490 巷 2 弄 72-1 號
電話：06-3025292
訂購注意事項：可電話或網路宅配訂購，四瓶可宅配免運。林百貨（台南）、好丘、Whiple House、神農市場（圓山花博）等均有販售。

以醃鹹魚為概念，研發記憶中的醬油味

「青井黃豆露」的研發者陳維青先生是個傳奇人物。在日治時代擔任日本「雪峰號」驅逐艦軍伕的陳維青，因為在軍艦上僅能以日語與艦上軍官兵們對話，而奠定了熟稔的日文基礎。二戰結束後，陳維青以音樂與美術指導為業，還曾經擔任奇美企業許文龍家中的鋼琴調音師，平時在家閱讀的是日文書報、聽的是日文歌曲，時常往返日本與台灣兩地。

爾後，為了找尋記憶中兒時的醬油味道，他想到小時候母親醃鹹魚的方法，於是就以醃鹹魚的概念自行研發醬油，他找到了台南一位專

門釀造醬油的老師傅並與之合作，在與老師傅一次又一次的討論與修正後，終於成功開發了「青井黃豆露」。

如井水般源源不絕的好醬油

除了對音樂與美術的興趣之外，陳維青也因自身味覺的敏銳及喜好而自修習得許多專業的化工知識，包含日清、雪印等日本食品大廠都曾邀請陳維青擔任顧問。在二〇〇八年以前，「青井黃豆露」只提供外銷食品廠使用，幾乎不在台銷售，直到陳維青過世後，其子陳峰松因感念父親，且認為父親所研發的好醬油理應讓更多的國人認識，於是以父親之名，期望能持續釀造如井水般源源不絕，滋味甘醇的好醬油，取名為「青井黃豆露」，並正式在台灣市場銷售。

第二代陳峰松仍秉持陳維青的理念，延續對於製程的良心與堅持，並加入自身原有的美學底蘊與行銷手法，將青井黃豆露打造成一瓶如同文創商品般的好醬油，包裝上，整體瓶身設計走日式風格，醬油標的設計與紙質及觸感也讓人有簡單、易親近的溫潤感，大而明顯的「無添加防腐劑」塑造青井黃豆露無化學添加、純手工釀造的印象，與一般市面上的醬油包裝明顯不同。

青井黃豆露選用加拿大非基因改造的黃豆原豆，經一百八十天以上日曝釀造而成，且醬油在最後的調煮步驟中，加入自行研發釀造的味醂，以提高風味。這款醬油在加熱後，將更能展現醬油中原有的黃豆香味。

種麴完成的黃豆，須入缸日曝180天。

甕缸內釀造完成的黃豆原汁，清澈如甘泉。

青井的作坊規模不大，陳維青與老師傅研究的配方，以古法釀造。

陳峰松與妻子觀察甕中原豆發酵的狀況。

職人故事

新高醬油廠——黃四山

以台灣最高峰之意象，矢製作頂尖的醬油

文／林芳琦　攝影／林育恩

新高醬油廠第二代老闆黃四山。

源自日本釀造手藝，做醬油也做味噌

新高醬油的招牌上，除了標示醬油之外，還標示了味噌。向第二代老闆黃四山一問，才知道背後的故事淵緣。

新高的創辦人黃安早年受日本教育，在日治時期曾到海南島擔

店家資訊

成立時間：1949 年

地址：台南市東門路三段 129 號

電話：06-2671603

訂購注意事項：可至門市與電話訂購。許多南部傳統市場裡的南北雜貨店可見其蹤影。

任軍伕，當時被安排在軍隊的廚房工作；由於戰亂，補給不易，許多用品都必須在當地自行製作，黃安的主要職務，就是在廚房裡製作醬油與味噌等醬料，因而習得了傳統的日式釀造法，學會了製作各種醬料的工夫。戰後，黃安就開始以一身的好手藝在台南製作醬油與味噌並銷售，非常受當地居民歡迎，從此展開他的製醬生涯。黃安受到日本文化的許多影響，不單單是做醬的技術，從他所創立的醬油品牌上就能一見端倪：由於玉山比日本的富士山還多高出約兩百公尺，所以日本人稱玉山為「新高山」，抱持一種對自家醬油也能如新高山般氣勢宏偉的期待，黃安便將自家的醬油品牌取名為「新高醬油」。

新高醬油是以黃豆和黑豆共同調製而成，黃豆部分採地窖式發酵。

新高醬油的黑豆部分是採取甕日曝發酵。

新高醬油的商道：不求量、不求利

經歷多次食安風暴，新高總是全身而退，黃四山說：「為何我們沒中槍，因為我們不求量、不求利，有的人做不出那麼大的量，卻還接那麼大的單，做不出來，只好『偷』，有的人明明只能賺二十元，卻想一口氣賺五十元，也只好『偷』，我們做不出這些投機取巧的事情，因為我們對員工有責任，要讓員工在這裡能有穩定的工作，我們對顧客也要承諾，讓他們買到安全無虞的醬油，這樣我們在夜裡才能睡得安穩，才心安理得。」秉持商業道德與社會責任，新高維持傳統釀造，堅持一步一腳印，多年來一直遵守與老顧客的承諾，且以一種感恩顧客支持愛用、要與顧客交朋友的心持續經營，這從新高的產品銷售價格即可見分明。

在現今物價上漲，坊間醬油動輒百元起跳的年代，即使是店內最知名且暢銷的「新高滋養油」，一瓶也只要八十元，「沒辦法，我們都賣老顧客，實在不好意思漲價，雖然多漲個五元、十元大家也都負擔得起，但那就不是我們的用意，我們還是希望每個用我們產品的人，都能開開心心的。」老闆娘笑著說。

現年已超過六十歲的黃四山認為，現在最煩惱的是接班人的問題。台南美食小吃聞名遐邇，新高的第一支醬油就叫「新高醬油」，許多當地知名美食幾十年來都用這款醬油，其他如新高滋養油，是高雄知名連鎖小吃指定使用的醬油，如果有一天新高醬油廠停產，黃四山覺得將會對這些商家過意不去，畢竟新高的口味就是這些美食商家的「撇步」，又怎麼能說停就停呢？

（左）用新高滋養油做的滷肉，口感溫潤，滋味甘美，非常適合拌飯食用。

（右）台南在地十分有名的的新高滋養油，大部分都是賣老主顧。

釀造過程

1 黃豆在地窖以濕式發酵，發酵期約要十一個月以上。

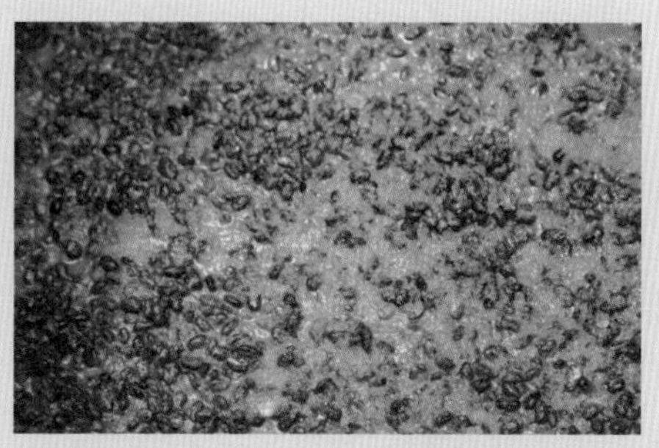

2 黑豆採甕缸濕式發酵，日曝釀造六個月以上。

3 烹煮釀造完成的黃豆原汁。

4 注入適當比例的黑豆原汁，調配出風味獨特的新高醬油。

老闆的自慢

新高滋養油

黃豆與黑豆並用，皆採濕式發酵，蛋白質含量高，營養價值也高，香味沉厚，非常踏實，吃起來的味道是南部人偏愛的甜味。

職人故事

民生食品工廠——鄭惠民

講求誠信，回歸傳統工法

文／林芳琦　攝影／林育恩

民生食品工廠第二代經營者鄭惠民。

從「寄豆油」到「做豆油」

民生醬油的第一代經營者為鄭氏兄弟，最早期，哥哥鄭神江是從事「寄西藥」的工作，後來改做「寄豆油」，負責幫醬油廠挨家挨戶地到各個巷弄、家庭運送醬油。鄭神江從事運送醬油的工作一段時間後，引薦弟弟到醬油廠當學徒，學習製作醬油的技

店家資訊

成立時間：1962 年
地址：高雄市三民區昌裕街 88 巷 10 號
電話：07-3812191
訂購注意事項：民生壺底油精各大賣場均有販售，亦可網路或電話購物。網路或電話購物的消費金額需滿新台幣 500 元，未滿 1500 元，酌收運費 100 元；購物滿 1500 元 ~2999 元，免運費且享產品售價 95 折優惠；滿 3000 元以上，免運費且享產品售價 9 折優惠。

術；爾後，鄭神江與三位弟弟決定自行創業，一九六二年從台南南下高雄開設醬油廠。

一九七〇年，醬油廠申請「聖誕老人牌」做為醬油的品牌，從當時的商標圖案可發現，聖誕老人肩上扛的可不是禮物袋，而是一支又一支的醬油瓶，這是因為創辦人就是從運送醬油起家，自嘲就像聖誕老人一樣每天背著重重的行囊到處「寄豆油」。

早期，台灣經濟條件較差，一般家庭並不富裕，在引進胺基酸液製作化學醬油的方法後，聖誕老人牌也曾做過豆麥釀造混合含有胺基酸液的混合醬油，以節省成本並降低售價，讓家家戶戶都吃得起醬油。後來，有鑑於胺基酸液對身體健康的疑慮，剛好家中又有親戚從事雜糧生意，因而開發純釀造黑豆醬油，希望能用黑豆醬汁取代胺基酸液，來和原本自家所產的豆麥醬油調合，以提升醬油風味，但可惜的是，市場的銷售狀況卻遠遠不如預期。第二代經營者鄭惠民苦笑說，「同樣的價錢，買一公斤的黃豆，僅能買一斤的黑豆。」由於黑豆價格比黃豆高出許多，一般家庭買不起高價醬油，使得工廠裡囤積了大量的黑豆醬油。為了解決黑豆醬油的囤貨問題，民生醬油決定改做高單價的傳統純釀造黑豆醬油，於是，第一支「民生壺底油精」就此誕生。而原以交貨給油糖攤為主的聖誕老人牌醬油，也日漸轉型為做高單價的民生品牌醬油。

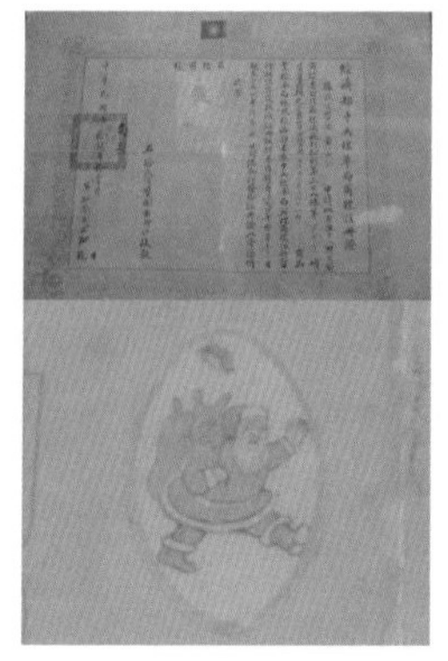

1970年的註冊商標，可見「聖誕老人」的圖案。

（左）廣黑豆種麴，溫溼度都很重要，必須時時刻刻觀察豆子的狀況。

（右）廣場上滿是甕缸，以及裝滿種麴後洗淨黑豆的鐵篩。

豆油黑黑，但人心不能黑黑

鄭惠民認為，做食品是良心事業，早在食安風暴還沒發生之前，民生醬油就已先揚棄了胺基酸液的製程，他們大方承認過去曾經製作速混合醬油的事實，不玩弄文字遊戲，也不去運用科學的方法來符合法令規定，「我們就是回歸到最笨、最傳統的製程方式來釀造醬油，做醬油唯一的秘方，就是按部就班，不偷工減料。」鄭老闆說，「豆油黑黑，但我們做醬油的心，絕對不能黑黑。」

一邊從抽屜裡拿出檢驗報告，鄭惠民一邊信誓旦旦的說：「真正純釀造的醬油，絕不含果糖酸。」台灣目前市面上常態銷售的醬油中，民生是單價較高的，他們的一個醬油甕可裝一百公斤黑豆，一百公斤黑豆的成本大約是五千元，只能做出約十二公升的醬油，民生醬油最在乎的是品質，從不擔心高單價而降低市場佔有率。

鄭家做醬油至今已超過五十年，在高雄當地已成為家喻戶曉的醬油品牌，因為秉持誠信，貨好實在，所以即便「醬油比豬肉貴」，仍是有許多忠實的老主顧。

老闆的自慢

民生壺底油

以傳統工法釀造，將陶甕中日曝四至六個月的壺底油取出後，不經壓榨，直接在地窖中進行二次熟成，比一般黑豆醬油多出約一倍的釀造時間，胺基酸含量也更豐富，味道更香醇，就像老阿嬤年代的醬油味道，可說是「阿嬤級」的蔭油。

釀造師傅們細心觀察、挑選發酵後的豆麴。

釀造過程

1　將洗淨的黑豆加入菌種製麴，需要七天時間，待雪白的菌絲佈滿表面。

2　種麴完成後，將豆麴洗淨。

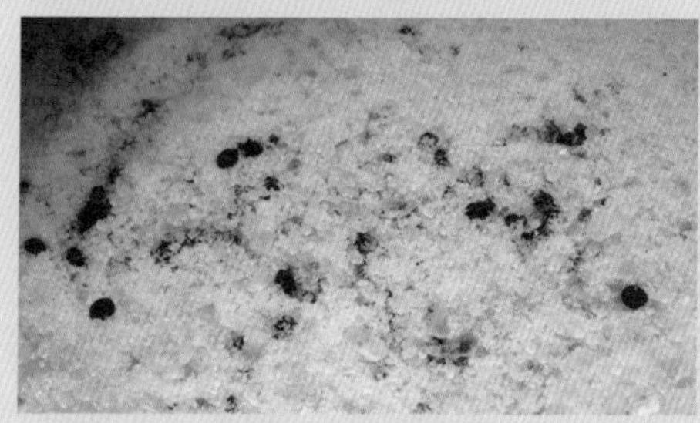

3　豆麴入缸之後，在表面鋪上粗鹽，採乾式釀造。

4　封缸儲蔭，日曝四到六個月。

5　熟成後，開封取汁，進行烹煮。

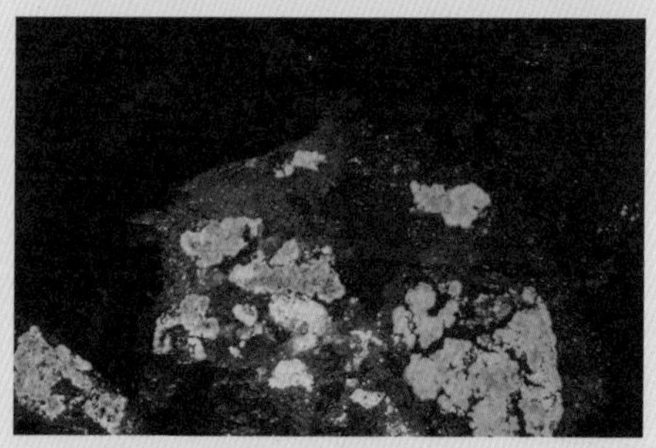

6　烹煮後待過濾除渣的醬汁。

7　過濾之後裝瓶，熱縮封瓶以確保食品安全。

職人故事

協美醬油廠——鄭梅珠

在地美食商家都愛用的老字號

文／林芳琦　攝影／林育恩

協美醬油廠第三代經營者鄭梅珠。

i 店家資訊

成立時間：1962 年
地址：高雄市鼓山二路 270 號
電話：07-5514873
訂購注意事項：主要電話訂購，宅配運送或直接至門市購買。

不追產量，只求品質的協美醬油

協美醬油現今已經營至第四代；第一代經營時，台灣仍屬日本統治，草創時期的陳家醬油尚未有品牌，但因為醬油品質穩定、價格實在，而獲得相當高的評價，在當時已經是高雄地區家喻戶曉的好醬油，甚至還遠銷至中國大陸福建的福州、廈門一帶。

第三代老闆娘鄭梅珠表示，協

美品牌的醬油無法大量生產，除了受限於人力與場地，最重要的還是時間；協美的每一滴醬油都是經由時間的慢慢累積所釀造而成，以黃豆釀造的壺底油而言，從入缸釀造至開缸，視氣候溫度狀況而定，最少亦需六個月，少一天都不行，這是協美對於醬油品質的堅持。

協美的規模不大，純釀造至少需要半年，因此產量少，質純而精緻。

要做好醬油，就要與豆子「搏感情」

而豆子從洗豆、泡豆、炊豆至發酵的過程，第四代的陳佩　笑說，只要豆子還沒有入缸釀造，就幾乎要和豆子一同作息；當豆子進入發酵室之後，需要一週的時間進行發酵才算完成，在這期間必須常常入發酵室觀察豆子發酵的狀況是否良好，另外，在發酵到達百分之五十時，就要先將豆子翻攪一次，目的是為了讓豆子發酵均勻，尤其發酵的豆子最需要的就是溫度，溫度如果太低，還要拿鹵素燈來幫豆子們保暖，以免造成發酵狀況不佳，整批豆子就只能丟掉，重新再來，相當可惜。

值得一提的是，若將發酵後的豆子剝開，可以清楚看見豆子裡因發酵而天然產生的麴，然而，製麴這個步驟，是協美黑豆醬油的製作關鍵，要讓粒粒分明的黑豆能完美發酵，必須取決於溫度，所以得視氣候而定，通常夏天的製麴時間較

發酵期間必須時常觀察豆子的狀況，
溫度濕度都必須調整。

短，而冬天的製麴時間需長些，因此，在製麴的過程中，工作人員須常常進發酵室裡觀察豆子的發酵情形，與豆子們「搏感情」，豆子的發酵狀況是否良好，是影響醬油品質口感的主要關鍵。

也就是對於醬油品質的要求與堅持，「協美」是許多高雄在地美食商家所喜愛使用的醬油品牌，即使沒有任何的經銷商、門市與網路通路，僅僅倚靠當地民眾的口耳相傳與忠實老顧客的不斷回鍋購買，協美醬油就已經營超過七十年；未來協美醬油還將推出相關的文創商品，吸引更多年輕消費者，讓更多人認識什麼是「遵從古法的純釀造醬油」。

協美第四代陳佩彣、陳炯文也已繼承家業。

老闆的自慢

協美黑豆醬油

180 公斤的黑豆，僅能做出約 300 瓶 420ml 的協美黑豆醬油，不特意追求產量，堅持每個細節都一定嚴格把關。

釀造過程

1 種麴七天後的豆子，表面布滿菌絲。

2 師傅從竹篩上取下大量豆麴。

3 將發酵後的豆子剝開，可見內裡天然產生的麴。

4 將菌絲清洗乾淨，準備入缸釀造。

5 用粗鹽覆蓋，加入攝氏 16 度的鹽水，日曝半年以上的豆麴。

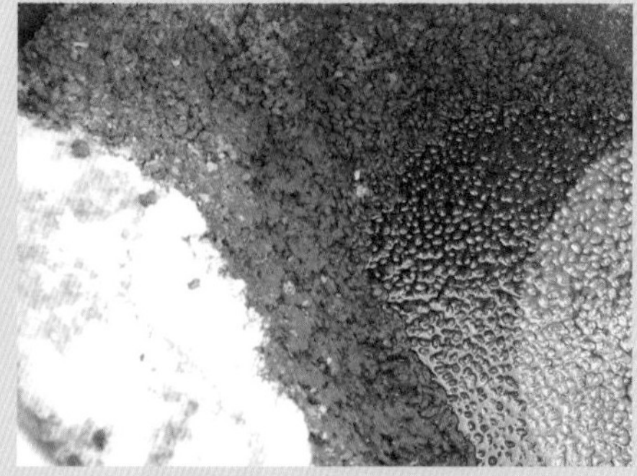

6 長時間日曝發酵後的醬汁，呈現清澈的琥珀色。

萬家香醬油

台灣人難忘的醬油味，一家烤肉萬家香

文／林國瑛　攝影／簡子鑫

美國設廠，揚名海外

「一家烤肉，萬家香」這句廣告台詞，深植四、五年級生心中，在台灣家喻戶曉。創辦人吳文華出身屏東農家，日治時代曾擔任萬字醬油－龜甲萬醬油業務，一九四五年台灣光復、日本撤退後，日本醬油釀造權威梅田勇雄博士將萬字的醬油配方傳授給吳文華，為感念萬字醬油的栽培，刻意將品牌保留「萬」字，創業初期工作疲累，員工們如同家人共桌吃飯，於是「萬家香」品牌誕生。

戰後紛亂、物資缺乏，吳文華經營醬油工廠需要雄厚資金，醬油從原料到生成需半年才能回收。根據老一輩員工的說法，吳文華到迪化街布行「調頭寸」，憑著誠實服務獲得信任，獲得資金挹注，於是萬家香從南京西路到南海路、三重，工廠一家接著一家成立。一九七五年石油價格飆漲，農產品限制進口，擔心黃豆進口受影響，吳文華決心前往美國發展，在紐約建立原料產地，成立第一家醬油工廠。國外設廠並不容易，紐約冬天氣候嚴寒，放眼望去冰天雪地，還得克服語言、種族隔閡，但吳文華仍以台灣人刻苦耐勞精神硬闖出一片天，黑金醬油征服白人市場，知名美國速食品牌及跨國食品大

透過最新日本醬油研究期刊與報導，萬家香董事長吳仁春掌握醬油釀造的未來趨勢。

店家資訊

創立時間：1945 年
總公司地址：台北市中山區德惠街 9 號 5 樓之 6
總公司電話：(02) 6618-0101
工廠地址：屏東縣內埔鄉大同路五段 88 號
工廠電話：(08) 770-1538

廠都是萬家香的客戶。

精益求精，研發新口味

現任萬家香董事長吳仁春，從小看父親在陰暗潮濕的工廠中忙碌的身影，讓吳仁春對於醬油這個行業並沒有太大興趣。沒想到，長大後觀念改變：仔細想想，醬油是民生必需品，不受景氣影響；生命週期長，不像科技業起伏劇烈，因此他赴日取得釀造文憑，回國後投入家族企業。吳仁春將萬家香的品牌加以發揚光大，以極敏銳的洞察力，描繪消費者輪廓，在他手中，一款又一款讓人傳頌不已的醬油呱呱落地，例如由他親自研發的香菇素蠔油稱霸醬油市場，曾在ACNielsen市調自全台兩百多隻醬油中奪冠，甚至打敗來自香港的知名蠔油品牌。

萬家香成立至今超過七十個年頭，每年營收穩定，吳仁春仍維持勤勉習慣，每天早睡早起，常是第一位進公司開門的人，還因無手機、無負債、無司機被冠上「三無董事長」的美譽，少了網路的干擾，更能過著簡樸生活。他將重心放在醬油事業，觀察市場趨勢，定期翻閱最新日本醬油研究報導。他發現，非基改黃豆是未來走向，二〇一四年底即啟動非基改黃豆變革，陸續推出非基改產品，原物料逐步汰舊換新，二〇一五年九月即完成全面更新為非基因改造原料，待二〇一六年才正式對外公告全廠使用非基改黃豆。未來會以美國廠容易取得有機原料之優勢，著手規劃推廣有機醬油。

這個一生獻給醬油的人，聊起醬油有一肚子情話要說，對他而言，醬油不只是配料，更是藝術品，該用來慢慢品嚐，他與我們的人生，都因萬家香醬油，變得更有情趣。

接受了日本釀造權威梅田勇雄博士的配方，萬家香從台灣光復創立至今，已有七十年以上的歷史。

職人故事

大樹公手工黑豆醬油——結頭份宜蘭味醬菜班

老阿嬤的傳統手藝

文／周玲霞 攝影／焦正德

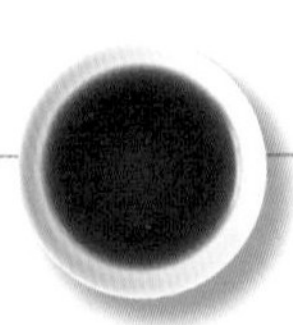

結頭份社區發展協會理事長陳聰文。

位於宜蘭縣員山鄉的結頭份社區，夏至到立秋間，一群社區媽媽依循古法及節氣輪替，細心呵護的甕釀醬油，讓原以「歌仔戲」發源地聞名的結頭份社區，新增了一項特產，為社區發展紮下根基。

結，是宜蘭地區拓墾組織的基本單位，結有帶領之人，稱之為結首，結頭份則是指結首所分的田份，結頭份社區曾一度遭更名為頭分社區，但在當地居民的對於歷史傳承的堅持下，正名回結頭份社區。

籌措社區營運經費，看上媽媽手藝

結頭份社區居民多以務農業為生，二〇〇九年，社區發展協會理事長陳聰文與總幹事廖碧勤成立結頭份歌仔戲班，希望能喚回「本地歌仔」的傳承歷史，在社區活動推展的努力下，結頭份社區成為以文化亮點著稱的社區，吸引許多人前來觀摩學習。

不久後，為了籌措更多的社區營運經費，理事長與總幹事又想起媽媽們的一身本領，社區中有幾位老阿嬤，依家傳祕方，每年依時節製作醬菜、醬油、臘肉等醃漬品，風味極佳，於是，在社區發展協會號召下，二〇一三年成立「結頭份宜蘭味醬菜班」，開啟了黑豆醬油釀造之路，並以社區知名的據點「大樹公」為醬油命名，讓造訪的民眾又多了一項可以帶回家的伴手禮。

逐步修正釀造過程
力求品質進步

遵循傳統古法，每年端午節起，社區媽媽們就集合在理事長家釀造醬油，先將黑豆洗淨，泡水一晚後，開始煮豆，依經驗視豆子煮熟的狀況，開始曬豆，並放進發酵室中發酵，接下來的一週間，是發酵的關鍵期，回想第一年，總幹事廖碧勤就曾忽略發酵過程的傳統禁忌，一念之差，壞了一批豆子。

發酵完成後的黑豆，要先見天曬過，再依比例將鹽與黑豆放進甕中，開始三週左右的日造發酵，然後才是手工過濾、煮沸去雜質、調味、再過濾，最後再放進甕中冷卻後，再進行裝瓶。

至今，醬菜班即將邁入第四個年頭，媽媽們都自覺還有許多進步的空間。在黑豆原料方面，已從採購改為自行種植；過濾豆渣方面，也不斷嘗試更有效的方法；透過相關單位協助，包裝設計更有模有樣了；而在社區的共同努力之下，結頭份的「大樹公黑豆醬油」已成為當地最具代表性的特色名產。

大樹公黑豆醬油已成為宜蘭當地最具代表性的名產之一。

結頭份社區發展協會總幹事廖碧勤。

店家資訊

成立時間：2013 年

地址：宜蘭縣員山鄉永金二路 157 巷 16 號

職人故事

從廚藝的角度思考
阿勇手釀黑豆醬油——程智勇

文／周玲霞　攝影／焦正德

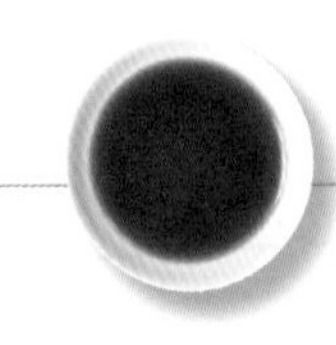

饗宴鐵板燒主廚程智勇。

店家資訊

成立時間：2003 年
地址：宜蘭縣五結鄉溪濱路 259 號

相傳四代的百年醬油，廚師阿勇不僅接下媽媽手中的程家之味，更開創了「阿勇手釀」的新紀元，從二〇〇三年起的兩缸醬油，至今，一年至少需釀製五十缸，饗宴鐵板燒主廚程智勇，用自家醬油找到了鐵板燒料理的靈魂調味料。

學習廚師技藝多年，在了解諸多食材及調味料特性之後，程智勇仍忘不了那個陪伴自己長大的黑豆醬油香，自行開業之後，基於「好東西要與大家分享」的簡單概念，他捲起衣袖，開始釀造研究之路。

乾濕並用調整鹹度，吻仔魚增添絕佳鮮味

阿勇的母親是童養媳，自幼就在婆婆的教導下，學習手工釀造這款家傳百年的醬油。在宜蘭，氣候較為濕冷，每年僅有端午到中秋之間的天氣，足以達到釀造醬油所需的溫溼度，因此，來年

即將熟成的原汁，豆醬十分濃稠。

釀造熟成時，挖開表層的鹽，取出甕中原汁再進行過濾、烹煮與調味。

店內所有料理採用的，都是自家釀造的醬油。

家中要用的醬油，只能趕在這個時節來做，突顯出當地醬油獨特的生命週期與珍貴風味。

阿勇用廚師的舌尖仔細分析自家醬油的優缺點，雖有黑豆香，但仍不脫黑豆醬油偶有過鹹的問題，這是家傳濕式釀造法必有的特色，為了鹹度修正，他另行加入前一年乾式釀造的蔭底油來調整，得到很好的效果，也讓原本家傳的味道更有深度。此外，如何能讓鐵板燒中的海鮮料理更顯鮮味？也是阿勇不斷思索的問題，後來他透過泰國的魚露得到靈感：「用海鮮對海鮮，就對了！」於是，他嘗試加入吻仔魚調味，成效絕佳，也讓每日進貨的魚鮮有了更好的風味表現。

發掘更多可能，用玫瑰鹽營造清透口感

阿勇還有一款更下血本的玫瑰鹽黑豆醬油，也是一般釀造醬油極為罕見的做法，大手筆放入原本提鮮用的玫瑰鹽，看中的是其中的血紅鐵及礦物質表現，與一般的食鹽大不相同，釀造出來的黑豆醬油口感清透，薄薄的鹹味與黑豆香共舞的情景，一嚐便可輕易分辨。

阿勇手釀醬油呈現出一種扎實完熟的氣息，堅持釀足時間，過濾後完全煮透，去除異味並完整殺菌，儘管手工，卻能感受到其完成度之高，近似精心烹飪料理的手法，呈現出廚師職人精神。附帶一提，阿勇說不希望顧客拿他的醬油當作滷味的基底，因為他覺得自己的醬油價格太貴了，部過，孝順的他，還不忘補充一句：「只有我媽可以隨她用，因為是她教我釀造的嘛！」

新味醬油工廠第二代經營者許南東

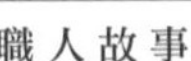

職人故事

新味醬油工廠——許南東

堅守職人精神的後山醬油味

文／林國瑛　攝影／劉森湧

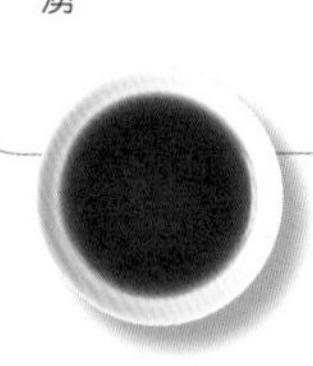

虎標醬油，上一代的美味記憶

在老一輩花蓮人心中，虎標、象標、魚標、獅標、鹿標等是家家戶戶常用的醬油品牌，然而現代化都市發展卻加速崩毀這項傳統產業，二十多家手工釀造醬油廠榮景不再，唯有新味醬油堅持至今，成為目前花蓮現有唯一立案登記的手工純釀醬油工廠。

新味醬油前身為「虎標醬油」，早年，花蓮人認為以動物為名既新潮又體面，虎標、象標、獅標、鹿標醬油陪花蓮人渡過無數的餐桌時光。當年，許圓自彰化鹿港來到花蓮，白手起家，用幾口大鍋煮黃豆、幾座木桶做發酵，逐漸在後山打響「鹿仔標」名號，並享有「後山醬油大王」美譽。而許日受到哥哥許圓影響也投入醬油事業，隨後創立「虎標」醬油，並在一九七〇年將工廠傳給許圓的三子許南東。

新味醬油，力抗現代化衝擊堅持苦撐

花蓮曾因交通條件不佳自成封閉市場，早年有多達二十多家民營手工釀造醬油工廠，但隨著蘇花公路拓展、北迴鐵路開通，花蓮人原先自成一局的生活圈被打破，大廠牌開始在當地設立分公司，柑仔店也逐漸被連鎖超商取代。傳統醬油工廠失去傳統雜貨店通路，銷售隨之一路下滑。慢慢地，許多人捨棄製工繁複的手工醬油產業，轉作他職，唯有新味醬油苦撐至今。

相較虎標醬油，新味醬油口味較為甘甜，並刻意降低鹽份，符合現代人養生需求。許南東說，早年沒有冰箱設備，醬油主要被用來醃製食物，像是阿嬤拿醬油釀製醬瓜延長保存期限，但含鹽量特高，醬油散發獨特重口味，老一輩稱為「鹹香」。而新味醬油將鹽度自百分之二十調至百分之十八，減低鈉含量，同時力求改良醬油口感層次，故稱「新味」。

堅持以古法釀製的新味醬油，做工費力費時，特別選用加拿大非基改的完整黃豆泡水蒸豆，接著下菌種開始製麴。新味醬油還延續使用舊時代的竹編麴盤，由許南東親自監督發酵狀況，他利用移動竹盤高度控制豆子溫度，以地面冰涼及熱氣上升的原理控溫，溫度高的黃豆往地面移動、

堅持以古法釀製的新味醬油，做工費力費時。

過去享有「後山醬油大王」美譽的新味醬油，為目前花蓮唯一立案登記的手工純釀醬油工廠。

溫度低的則向高處搬移，必要時以電風扇維持室溫，四至七天製麴完成後，加鹽水，放入不銹鋼或水泥槽濕式發酵。

即將接班的第三代，導入新思維

第三代傳人許桓巽，現任職於外商公司，放假時盡孝心都會回老家幫忙，期許以現代行銷語言為自家老品牌注入新生命。他對家族事業堅守產品物料來源及古法釀造手法充份肯定，回想小時候替父親打理下缸麴豆，至今仍記憶深刻。他笑說：「從國中起開始幫忙家族事業，為讓醬油釀造發酵均勻，每隔兩、三天，我就得拿比人高的木棒，站在寬、深約二米半的水泥槽旁攪拌，將最下面的醬汁翻至上層，往往得耗費近兩個小時才能完成，其實小時候很排斥。」

許南東一生懸命，將泰半人生奉獻給手工醬油事業，談起醬油釀造過程口沫橫飛，猶如一本活字典。雖然現代技術不斷進化，他確仍秉持著四十年專業經驗，以最古老的手工方式，用木棒攪拌發酵中的醬汁，將質樸的心意注入發酵槽中，釀出甘美芳醇的醬油。即使手工醬油產業曾受講求快速效率的現代化製程衝擊，但近年來，講求手作、注重天然食材的趨勢回歸，新味醬油堅持的傳統古法，相信已逐漸看到回應。

新味醬油將鹽度降低至百分之十八，力求改良醬油口感層次。

採用濕式發酵，以地窖發酵槽釀製豆麴。

新味第三代許桓巽任職於外商公司，放假時會回老家幫忙，期望以新的行銷觀念為自家老品牌注入新生命。

釀造過程

1　將炒熟的小麥與蒸熟的黃豆拌勻。

2　熟豆麥置於竹簳鋪平，加入麴菌發酵 4~7 天。

3　清理發酵熟成的豆麴，除去結塊菌絲，並清洗乾淨。

4　豆麴加入鹽水，置入不銹鋼槽或水泥槽進行濕式發酵。

5　熟成後壓榨原汁，過濾後烹煮調味，接著裝瓶，最後高溫殺菌。

店家資訊

成立時間：虎標醬油 1945 年，新味醬油 1970 年
地址：花蓮縣花蓮市博愛街 134 號
電話：03 832 3068

職人故事

土生土長──顧瑋

從原料到原味，一本素質的古早味醬油

文／林國瑛　攝影／簡子鑫

自 2008 年起，陸續創立品牌「在欉紅」、「台灣好食協會」、「不二味」以及「土生土長」的顧瑋。

總在前往產地的路上

位於金山南路的「土生土長」，店內雖小，五臟俱全，柴米油鹽醬醋茶，應有盡有。頂著台大分子醫學研究所高學歷的顧瑋，笑稱「因為愛吃」，毅然決然放棄出國深造的機會，本著「推廣台灣在地原味」初心，親自找專家請益，上山下海向小農收購農產，藉此活絡台灣農地，直接連結土地與人民，並將最道地的食材從產地推往餐桌。

相當具有行動的的她，自二

店家資訊

公司地址：台北市中正區金山南路一段 81-4 號
公司電話：02-23564650
合作釀造廠：永興醬油
釀造廠地址：台南市後壁區嘉田里 104 之 26 號
釀造廠電話：06-6881089

〇〇八年起陸續創立品牌「在欉紅」、「台灣好食協會」、「不二味」，從單純愛吃的門外漢，搖身一變成為推廣在地食材的革命先鋒。「關於食物的選擇，吃的人需在意，做的人要堅持。」顧瑋一字一字慢慢說著。她對食物有異乎常人的偏執，店內從發芽穀物、發芽油品、紅藜調合米粉等的開發皆不假他人之手。她深知「台灣的醬油很精采」，因此花了三年的時間，開車拜訪全台四十幾間醬油廠，終於在台南後壁，找到令她心悅誠服的百年老字號──永興醬油。

食物，就該吃天然原味

說起永興醬油，顧瑋露出欽佩神色。醬油職人賴振文為人誠實古意，做事貫徹始終，寧選擇最好的食材，成本高也在所不惜，因此顧瑋選擇與永興展開合作。

「食物應該品味它原本的味道」是顧瑋多年來的堅持，她認為醬油如果加入甘味劑、味精人工添加物，食材本有的滋味便無從識得。因此顧瑋採用「減法」做醬油，只用本土自產黑豆、海鹽、糖、水四項素材，調合出自然回甘的風味。刻意以屏東滿洲黑豆為基底，因為「這是台灣的風土味」。顧瑋說明，早在日治時代以前，台灣人就有以屏東黑豆釀蔭油的習慣，但因為日本人吃不慣黑豆醬油，導入豆麥醬油的量產製法，醬油市場逐漸被豆麥醬油取代。且因為滿洲黑豆個頭較小，單位面積產量是一般黑豆的一半，經濟效益不高，是以過去長年被當作綠肥豆種植，頂多是在地人自種自釀醬油供自家食用，少有市場價值。直到近幾年黑豆復興運動，大家重新接受黑豆深奧的味道，且屏東滿洲恆春一帶，因地處落山風吹襲之地，非常適合大面積以自然農法方式栽植黑豆，成為台灣極難得的自然農法黑豆的故鄉。本來一片窮鄉僻壤的滿州，因黑豆種植變得生機蓬勃，本地人也對被忽視許久的原生種另眼相看。

儘管在醬油這項產品上面投注了許多心力，顧瑋卻謙虛地說：「台灣醬油各有特色，我相信台灣醬油的風景，無法單靠我的醬油說得完。」她看好百家爭鳴的醬油產業，也相信自己在其中佔有一席之地。「我相信重視食物安全的人會主動來到土生土長，我們是小眾中的小眾，但我們用對的知識與消費者溝通，不把沒意義的行銷點放大，所有一切，做到如實，如此而已。」

花了三年時間，拜訪全台四十幾間醬油廠，顧瑋終於決定和台南後壁百年老字號「永興醬油」合作。

勿忘我醬油——陳詩潔、林怡君

當頂級食材遇上傳統純釀工法

文／曹仲堯　攝影／王勝原　照片提供／東西好食有限公司

勿忘我醬油的創辦人陳詩潔與林怡君。

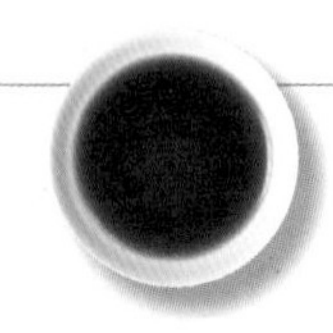

不計血本，做一款能揚名海外的台灣醬油

在義大利東北方，有一座名為「皮朗克」的老鹽場，七百年來，他們在亞得里亞海邊，依循獨門古法生產最頂級的天然海鹽，其中又以限定每年夏季手工採收、每五十平方公尺僅能產出不到五百公克的「鹽之花」最為珍貴，舉世聞名。

婚後定居義大利的陳詩潔，是台灣第一位取得義大利認證的橄欖油品油師，她的事業，便是將這些歐洲的好食材帶進台灣，除了橄欖油之外，皮朗克海鹽也是其中之一。在一次朋友聚會中，

店家資訊

品牌成立時間：2011 年
公司名稱：東西好食有限公司
公司官網：www.wuwanwo.com
公司電話：02 27599663
釀造廠地址：彰化縣社頭鄉社斗路一段 592 號

陳詩潔和她的創業夥伴林怡君，遇到了「從產地到餐桌」的飲食文化研究專家徐仲。「你們不是從國外帶回了很好的鹽嗎？怎麼沒想過用這個鹽來做醬油？做醬油最重要的就是鹽。」陳詩潔告訴我們，那天晚上，徐仲和她們說了這麼句話，儘管只是閒聊，卻促使她們更深入的討論和思考，兩個人都有在國外生活和旅行的經歷，這麼久以來，幾乎不曾看到台灣食品聞名海外，陳詩潔已將歐洲許多好食材引進台灣，難道沒有台灣食材或食品值得推向歐美嗎？於是，兩人下定決心，要做一款能夠揚名海外的台灣傳統純釀醬油。第二天，兩人決定直接打電話給徐仲，進一步向他請益關於醬油釀造的種種學問，接著便立刻驅車南下，來到彰化社頭的新和春醬油漬物工廠。

創業百年的新和春，如今傳到第三代經營者張仕明的手上，在得知陳詩潔與林怡君的來意之後，張仕明和妻子有些為難，表示醬油廠規模不大，就是他們夫妻倆在做，若要幫忙開發新產品，還要增加產量，實在忙不過來，除非陳詩潔和林怡君能夠答應一個條件，張仕明說：「我們可以幫忙，但你們得自己來釀醬油，自己做調味和裝瓶等後續工作。」這樣的合作關係十分特別，非典型一般代工，若要仔細定義，或許可說是一種具有拜師學藝性質的「商借」。

事實上，張仕明一直覺得這兩個女生是來開玩笑的，直到新和春收到她們運下去的第一批三十公斤天然海鹽，才相信她們是來真的！皮朗克海鹽七百五十公克要價新台幣五百九十元，是一般食鹽的二十倍以上，「沒有人這樣釀醬油的啦！」張仕明一邊直呼不可能，一邊還是立刻將鹽混入豆麴下缸了，二百八十天之後，雙方合作釀造的第一缸醬

勿忘我醬油分為「濃郁」和「甘醇」兩款。

與荷蘭阿姆斯特丹五星級飯店的Chef Cassidy Hallman合照，主廚特別選用醬油搭配魚類料理入菜，當作Taste of Amsterdam 的主廚推薦菜單。

油，開缸取汁了，烹調完成之後，填充使用的容器，是來自義大利用於頂級橄欖油的不透光玻璃瓶，如此不計血本的做法，令張仕明嘖嘖稱奇。

頂級風味，在國際上大放異彩

成功釀出了品質極佳的醬油，對陳詩潔和林怡君來說，無疑是一大鼓舞，但事前並未思考太多後續經營問題的她們，接下來該怎麼辦呢？於是林怡君成立了「東西好食有限公司」，並將醬油取名為「勿忘我」，踏出建立根據地的第一步；之後兩人便開始帶著醬油去接觸了許多客戶，透過海外經銷的各種管道與機緣，並一起參加歐陸各國大大小小的食品展。這一切的努力，使得勿忘我醬油在義大利和美國獲得初步的成功，於是，她們才又有了第二缸、第三缸、第四缸醬油……一晃眼，在純釀醬油的旅途上，她們已經歷五年的時光。

用了最好的鹽，循了最天然的傳統古法，勿忘我醬油在國際上大放異彩。經過許多米其林星級主廚評審盲測，這款醬油拿下了比利時iTQi食材競賽的兩金星；許多歐美新銳名廚與名店也都十分愛用這款醬油，包括法國米其林三星餐廳L'Astrance的主廚Pascal Barbot、義大利高級披薩餐廳iTIGLI的主廚Simone Padoan、義大利米其林一星餐廳La Credenza和El Coq，以及荷蘭阿姆斯特丹的五星級餐廳等。在台灣，這款醬油曾被江振誠在台北的「RAW」餐廳選用，做了一季的主餐料理；「Le Ruban Chocolatier可可法朋」的李依錫師傅也用這瓶醬油做了一款醬油巧克力。儘管勿忘我醬油目前在台灣社會知名度並不高，但能夠獲得這麼多世界級頂尖主廚的喜愛，足見其風味的極致表現。

1 2016義大利杜林慢食展唯一受邀參展的台灣廠商，在大地之母（Terra Madre）展區攤位上說明純釀醬油的製程和風味。
2 勿忘我醬油被邀請至2015義大利米蘭世博台灣外帶館分享品醬油講座，並結合晚餐選用醬油入菜，讓國外來賓瞭解台灣純釀醬油和享用台灣料理。

〈參〉

醬油圖鑑大全

一百一十款在地嚴選好物

走訪全台灣知名醬油作坊與廠商，我們認識了好幾百種醬油產品，計畫嚴選出最值得推薦給讀者的一百款，並以圖鑑方式來記錄這些醬油的故事。

文／曹仲堯　攝影／吳家瑋、張明耀、王勝原

名人品油會

20款 達人推薦 台灣名品好醬油

名人鑑定團（依姓名筆劃排列）

義大利認證專業橄欖油品油師
陳詩潔

東西好食有限公司
林怡君

《只吃好東西》美食評論家
張瑀庭

桃園創新技術學院餐旅管理系講師
張凱甯

為了挑選出最值得推薦的在地好醬油，我們設定了以下評選標準：

一、關於**原料**：必須是有明確來源的黑豆或黃豆；可接受豆粕、脫脂黃豆、高蛋白黃豆片；黃豆和小麥必須是非基因改造；原料若採有機栽種，不使用農藥、化學肥料、除草劑者優先入選。

二、關於**添加物**：無添加物當然最優，若有添加物，必須是天然成分，諸如甘草、水果酵素等，種植過程中不使用農藥、化學肥料的優先入選；但若真的有人工添加物，若通過國家檢驗標準，則可接受。

三、工法必須是**純釀造**：經過實地採訪各家醬油廠，在現場可明確看到釀造工作程序，諸如蒸煮大豆、竹簳種麴、封缸日曝、開缸取汁等步驟者，才可入選；另外，我們也從醬油質地判斷，沿瓷碗邊緣倒入醬油，觀察是否有掛壁現象，有留下明顯痕跡者，可視為純釀造的參考證據。

解析了這麼多醬油之後，我們更進一步追問美食評論家、食品科學營養專家與品油師等專業人士，怎樣的醬油才是最完美的？為此，我們再設定了一套品鑑醬油的給分辨法，邀請四位業界頂尖人士，來為我們進階挑選。

考量到評審在各項給分認定上有其主觀性，因此我們也為各項目設立了客觀的給分原則：

一、就**風味**而言，味覺、嗅覺與外觀色澤都是給分重點，嗅覺方面，純釀醬油必須無刺鼻感，且帶有香氣；味覺方面，純釀醬油味道略有死鹹感，但不致苦澀；而瓶底是否有醬泥狀的沉澱物，也是純釀醬油的參考指標。

二、就**應用**而言，是以醬油在食材搭配、料理烹飪方面的適用性、廣度、特色等面向來給予評價。

三、**健康**這一項，是從營養成分、有機程度、有無麩質、添加物對健康的影響程度、釀造過程與環境的安全程度等面向來給分；不含任何添加物的醬油，則是當然入選。

四、**文化**這一項，是評價該廠商、品牌或作坊在台灣本土的代表性、歷史淵源、地方上的貢獻，以及飲食文化上的地位等等。

「風味」、「應用」、「健康」、「文化」四個項目，各項分數占比為：風味百分之三十、應用百分之二十五、健康百分之二十五、文化百分之二十，評審團成員給分時，每一項都是以一到十給分，再由我們依各項比例換算成實際分數，然後算出四位專家的各項總分及整體總分。

舉例來說，某款醬油在風味項目，四位評審分別給了六分、七分、八分、九分，以百分之三十換算，則為十八分、二十一分、二十四分、二十七分，加總之後，這款醬油在風味項目的總分即為九十分。至於整體總分，則是將四項得分加總統計。

品鑑過程充滿了趣味與知性，我們看到張瑀庭特別準備了許多精緻美食，要以食物沾佐的方式，來測試這些醬油在

張凱甯試著用簡易的科學方式來確認醬油的品質。

張瑀庭以食物沾佐的方式，測試醬油在提味方面的能耐。

林怡君表示，純釀醬油不應該有刺鼻味，這是很容易分辨出來的。

陳詩潔重視最核心的味覺問題，從吃進嘴裡的味道，就能推理出釀造者的動機。

提味方面的能耐，在評到「健康」這一項時，她也特別提到醬油瓶身的標示問題：「除了原料、添加物和營養成分之外，應該要將總氮量和胺基態氮量也標示清楚。」

張凱甯先用簡易的科學方式再次檢測了這些醬油，他以酒精與醬油一比六比例混合攪拌，觀察是否有混濁、沉澱的現象，藉此判斷這些醬油是否為純釀造，不過他也坦言，在這套方法公諸於世之前，每次檢測都很準確，但最近卻發現有不少非純釀造醬油，也能在注入酒精後呈現漂亮的混濁與沉澱！此外，過去坊間常提到的「醬油搖晃後的泡沫多寡、大小與消散速度」，如今看來也是僅供參考，無法當作絕對的標準。

林怡君最重視醬油開瓶後的香氣，她表示，好的純釀醬油不應該有刺鼻味，一聞就知道，是很容易判斷出來的。陳詩潔則是提出了味覺方面的盲點，有些醬油初嚐起來很甘甜，但沒有回甘，後味是酸的，甜得並不自然，這就是添加物作祟；有些醬油為了增加甜味而用了很多糖，但實際上這並不會使醬油變甜，反而會變酸，從吃進嘴裡的味道，就能推理出釀造者的動機。

經過達人們的細細品嚐與審慎給分，我們統計出總分結果，從下一頁開始，便是最高分前二十名醬油的簡介與短評。由於這些嚴選良品得分差距並不大，加上考量到評審對風味偏好上的主觀性，我們依廠商品牌名的筆劃數來排列，而非以分數高低排名，畢竟，本書的初衷，是把最值得推薦的醬油好物介紹給讀者朋友們，我們無意以量化數據結果來替這些醬油分出高下。

永興 精純釀白曝蔭油

綜合評價

豆香味明顯，口感濃郁，入口時甜度與鹹度適中，但後味略嫌單調，感覺上特別適合做紅燒、燉、滷，以及需要大火收汁的料理。

得分紀錄

風味：62
應用：60.5
健康：52
文化：47
總分：221.5

永興 御釀白曝蔭油

綜合評價

溫和，味道適中，不過鹹亦不過甜，味道、香氣與色澤各方面的表現平均，皆有一定水準，用途廣泛。

得分紀錄

風味：65
應用：63
健康：57
文化：47
總分：232

土生土長 濃色蔭油

綜合評價

黑豆香氣飽滿，無刺鼻感，雖然色澤偏黑，但從入口滋味判斷，鹹度與甜度都正常，後味沒有異狀，因此可確定沒有添加焦糖色素。

得分紀錄

風味：53
應用：54
健康：55
文化：44
總分：206

丸莊 螺寶

應用最高

綜合評價

這款醬油的黑豆轉換率高，總氮量高達 1.8 公克，屬於頂級的醬油產品，營養價值很高，風味極佳，入口有自然回甘感。

得分紀錄

風味：64
應用：69.5
健康：55
文化：53
總分：241.5

丸莊 正宗白曝醬油

綜合評價

色澤清淡，口感飽滿，醬汁濃郁厚實，味道偏鹹。對食物的提味效果很強，醬汁本身的味道不會喧賓奪主。

得分紀錄

風味：62
應用：59.5
健康：55
文化：53
總分：229.5

御鼎興 濁水琥珀 原鹽

綜合評價

初嚐食鹹味很重，但後味呈現回甘，醬汁較濃，雖然品名不稱「壺底油」，但應該是乾式發酵並取甕底原汁製成的產物。

得分紀錄

風味:73
應用:67.5
健康:56
文化:42
總分:238.5

桃米泉 頂級有機蔭油

健康最高

綜合評價

以健康導向出發釀造的一款醬油，採用有機原料釀造，值得肯定，用途十分廣泛，有明顯的自然豆香味。

得分紀錄

風味：68.5
應用：66.5
健康：65.5
文化：42
總分：242.5

美東 黑豆醬油

綜合評價

採用苗栗後龍契作黑豆與東勢山泉水，並使用美東農莊自家荔枝柴燒，資源取之於當地，符合生態循環的精神。

得分紀錄

風味：51
應用：56
健康：46
文化：51
總分：204

青井 黃豆露

綜合評價

鮮甜味十分明顯，與日本醬油極為近似，氣味不刺鼻，聞得到自然豆香，若是運用在蒸魚或是日式料理上，應該會有很不錯的表現。

得分紀錄

風味：67
應用：62
健康：54.5
文化：41
總分：224.5

協美雙龍黑豆醬油

綜合評價

醬汁透光，呈色自然，開瓶後有明顯豆香，整體滋味偏甜，口感濃郁厚實，直接沾佐食物時表現很不錯，提味功能很強。

得分紀錄

風味：75
應用：63
健康：55.5
文化：43
總分：236.5

新芳園 第一道原生蔭油

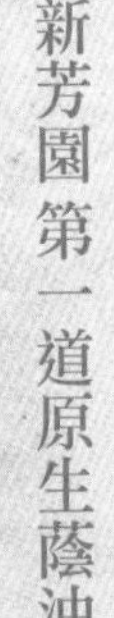

綜合評價

自然豆香十分明顯，雖然入口初時偏鹹，但很快就有回甘感，不會死鹹，醬汁濃郁，口感是溫和的，提味功能很強。

得分紀錄

風味：86
應用：67.5
健康：65
文化：49
總分：267.5

新和春 原味初釀壺底油

文化最高

綜合評價

香氣十足，沒有不自然的甜味，初嚐時味道偏鹹，但無死鹹感，且回甘明顯，後味相當溫潤豐富，口腔內的感覺十分舒適。

得分紀錄

風味：82
應用：68
健康：60
文化：56
總分：266

喜樂之泉 有機黑豆醬油

健康最高

綜合評價

味道較清淡，醬汁也比較稀，應該是有特地降低鹽的使用量，自然豆香氣夠明顯，入口下嚥後沒有什麼不尋常的怪味。

得分紀錄

風味：66
應用：60
健康：55
文化：46
總分：227

陳源和 黑豆清油

綜合評價

風味中規中矩的一款醬油，沒有太明顯的缺點，但也沒有太突出的表現，有自然豆香，口味稍微偏鹹，用途堪稱廣泛。

得分紀錄

風味：63
應用：57.5
健康：53.5
文化：52
總分：226

陳源和 生抽壺底油

綜合評價

鹹度很高，入口時其實會令人略感不適，但後味卻十分平順，回甘強，有自然的豆香。不太適合直接沾食，但運用在烹飪上應該還不錯。

得分紀錄

風味：73
應用：66
健康：60
文化：51
總分：250

關西李記 古早味黑豆蔭油

綜合評價

自然豆香明顯，氣味不刺鼻，甘醇中隱隱有一絲令人口腔舒適的酸味，入口之後不會產生令人口渴的死鹹感，口感偏濃郁，滋味偏清淡。

得分紀錄

風味：69
應用：57.5
健康：55
文化：40
總分：221.5

瑞春原味古早醬油

綜合評價

氣味不刺鼻，初嚐時，甜味略大於鹹味，整體滋味偏清淡，不過後味頗為豐富。醬色較淺，可能不太適合長時間燉煮的料理。

得分紀錄

風味：61
應用：61
健康：56
文化：46
總分：224

瑞春台灣好醬

綜合評價

一開瓶馬上就能聞到自然豆香，口感濃厚但味道清淡，有甘甜味，沒有死鹹感，用途很廣泛，很能提升食物的風味。

得分紀錄

風味：68
應用：67.5
健康：62.5
文化：54
總分：252

新萬豐 萬豐醬油

綜合評價

鹹度低，整體味道偏淡，色澤並無異狀，入口不刺激，自然豆香味夠明顯，適合直接沾食，與食物相得益彰。

得分紀錄

風味：58
應用：59
健康：54
文化：46
總分：217

新芳園 麴釀壺底油（園級）

綜合評價

瓶子底層有很明顯的沉澱物，上層清澈，呈色表現符合純釀醬油標準，味道偏鹹，入口之後有鮮甜回甘感，但鹹味仍強烈，自然豆香明顯。

得分紀錄

風味：69
應用：65.5
健康：62.5
文化：49
總分：246

台灣醬油圖鑑一百一十款

原料品質考究、添加物的安全無虞、釀造工法是否崇尚傳統和衛生，以及風味的宜人程度，是我們選拔醬油的四大指標。在訪遍台灣各地知名醬油作坊與廠商後，我們收集到好幾百種醬油產品，經過上述四大指標與更嚴格的標準篩選，我們選出了一百一十款值得推薦的醬油產品，並依各自屬性分為六大類：

一、僅用黑豆或豆麥、鹽、糖釀造，不含任何添加物的醬油。

二、僅用黑豆或豆麥與鹽釀造，連糖都不加的醬油。

三、使用少量且自然添加物，或加入特殊食材以增進風味的醬油。

四、使用合法添加物，風味良好，用途廣泛，市占率高的家常醬油。

五、有別於傳統原料的純釀醬油，諸如僅用小麥、僅用黃豆麥釀造等。

六、遵循傳統工法調製、不含或含少量添加物的醬油膏或香菇素蠔油。

接下來，我們將以圖鑑方式來介紹這些醬油的基本資訊、背後的釀造故事，以及最適合的使用方式。

圖鑑一

質樸而甘美

遵循古法釀造 不含任何添加物的醬油

說起釀造工法，每位醬油職人都有各自不同的堅持，有人非有機食材不取、有人鑽研陶缸形制改良、有人將傳承百年的大灶柴燒當成信仰、有人永遠只取一道壓榨……無論他們的堅持是什麼，都是為了做出一瓶好醬油，在這樣的共識之下，添加物這玩意兒，他們是不用的。

黑豆

美東 黑豆醬油

文／曹仲堯

食材取用符合生態循環概念

這款醬油的黑豆來自苗栗後龍契作，水是取用東勢山泉，最特別的是蒸煮黑豆的木柴，用的是美東農莊自家的荔枝柴，一切資源取之於當地，不競逐產量而破壞原則，十分符合生態循環的精神。

第一代主人傅柏榆，在日治時代學成黑豆醬油釀造技術後，便在東勢開始了醬油事業。生黑豆用山泉水浸泡兩小時，使豆子含水量達百分之七十，在山區夜間的冷空氣下蔭乾；柴燒蒸煮黑豆長達七小時，是一般蒸氣鍋十倍的時間；黑豆在竹篩裡種麴發酵，置入保溫與傳熱效果較好的陶缸進行二次發酵，日曝一年熟成；僅取第一道原汁，不做二次壓榨，保留最完整的原味。如此長期慢工造就獨特風味，九十多年來，陪伴著東勢的人們，烹煮出無數家常美味。

食用筆記

經陳放一年以上的醬油，滋味豐美甘醇，特別適用於客家小炒及燉煮肉燥，蒸騰的熱氣，有助於散發濃郁的豆香味，令人食指大動。

Data

釀造廠所在地：台中市 東勢區

原料：（苗栗後龍契作）、鹽、糖、台中東勢山泉水

建議售價：520 毫升 新台幣 180 元

喜樂之泉 有機黑豆醬油

文／周玲霞

高衛生標準的現代化廠房機械管理

過去，喜樂之泉曾經採用屏東滿州所生產的原生黑豆，釀造金甘系列醬油，但屏東黑豆體積較小，豆體不飽滿，所以在生產醬油上有諸多不便之處。事實上，台灣氣候不穩定，黑豆產量有限，總是無法供應大量的醬油製作需求，因此，喜樂之泉在釀造有機黑豆醬油時，選用了中國黑龍江所產的黑豆。黑龍江黑豆通過德國的有機檢驗標準，豆體飽滿，營養成分高，十分適合用來釀造成黑豆醬油。

喜樂之泉的經營者高大堯，是台中知名醬油廠商第三代，他父親那一輩採用的仍是傳統陶缸釀造，但陶缸年代久遠，隙縫中多半殘留難以清洗的雜質，有鑒於此，高大堯為了講求更高的衛生標準，於是採取全機械化管理，並以優異的發酵技術，釀造出上一代所傳承下來的高品質黑豆醬油。

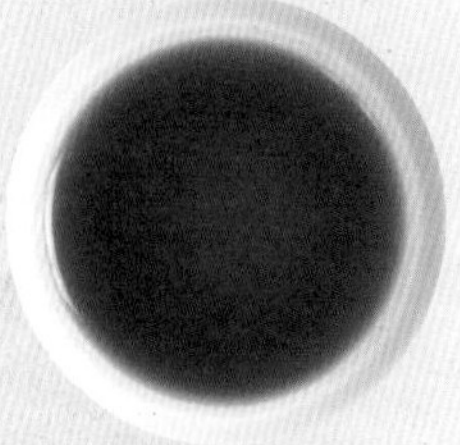

食用筆記

黑豆醬油有豐富的營養價值，最養生的吃法就是搭配新鮮海魚，擺上一些薑絲，淋上一些醬油，放入電鍋蒸熟後，就是最原味、天然的新鮮食材大集合。

Data

釀造廠所在地：台中市 北區

原料：水、有機黑豆（中國）、有機蔗糖（巴西）、cheetham日曬海鹽（澳洲）

建議售價：500 毫升 新台幣 245 元

黑豆

林信成 公園牌 老甕精釀 黑豆釀造手工醬油

文／周玲霞

清明之際釀造與熟成

清明節後，黑豆開始入麴進行發酵，這是每年最關鍵的時刻。林信成第三代主人林金德夫婦倆，常為了觀察豆子的溫溼度與發麴狀況而徹夜不得好眠。發酵完成的黑豆洗淨入甕，開始進行一年期的釀造，每隔一兩週就要觀察每缸醬油的狀況，雖說黑豆醬油在釀造三個月時取出香氣最濃，但經一整年時間發酵的氣味則更醇厚。為了克服市區日曬不足的狀況，只得改用時間來守護甘醇的老味道。隔年清明前，將甕中黑豆轉置大桶持續發酵，出貨前才調煮，以保持最佳品質。

經過一年陳釀的生油，燒煮調味時是直接連黑豆一起煮，裝瓶後，瓶底會出現一些褐色的粉狀沉澱物，這是黑豆天然分解後的產物。林信成對醬油的清澈度有相當要求，儘管色淡，但透光時，一定要乾淨透亮。

食用筆記

古早味的淡口醬油，味道清甜甘香，是主食的好搭檔，如豬油拌飯、陽春拌麵等，只要一點豬油香帶動，就可完全提升出清透的黑豆香氣。由於產品無防腐劑，開封後一定要放入冰箱冷藏。

Data

釀造廠所在地：台中市 西區

原料：黑豆、食鹽、砂糖、水

建議售價：420 毫升 新台幣 250 元

黑豆

桃米泉 頂級有機蔭油

文／林芳琦

為健康而生的頂級蔭油

為了讓受洗腎之苦的父親能獲得有機、健康的飲食，王瑞瑩以自家祖傳的釀造技術，花了多年時間，成功研發出桃米泉頂級有機蔭油，這是他為了父親的身體健康，完全使用有機原料所釀造的第一瓶醬油。在尋找有機原料的過程中，王瑞瑩及妻子陳春蓮花費了許多苦心，最終找到中國與美國的有機黑豆、巴西的有機砂糖，才有這款醬油的誕生。

這款醬油採乾式甕缸發酵，並日曝一年以上熟成，再取出甕缸中的黑豆與豆汁加水熬煮、調味而成。在採訪時，陳春蓮打開其中一個已經熟成的甕缸讓我們看看，甕缸竟散發出類似可可的香氣，與一般甕缸發酵熟成的氣味全然不同，十分獨特。

食用筆記

這款醬油使用方式十分廣泛，無論炒、滷、紅燒或三杯都很合適；陳春蓮自己在家中常用這款醬油滷豬腳、豆包等，只要以蔭油為基底，加入少許薑片，並依據個人喜好加入調味，煮出來的風味就相當引人入勝，其中，滷汁更是不可浪費，用來拌飯、拌麵都可讓主食更加分。

Data

釀造廠所在地：南投縣 南投市

原料：有機黑豆（中國、美國）、水、有機砂糖（巴西）、天然海鹽（澳洲）

建議售價：410 毫升 新台幣 260 元

黑豆

丸莊 黑豆螺寶蔭油清

文／林國瑛

令日本食品專家驚嘆不已的高純度

這款醬油，是丸莊醬油家族中最純粹的一員，採古法釀造，用雲林東勢之契作黑豆，搭配精選菌種，以七天嚴謹的溫濕度控制菌種發育，再加上粗鹽封缸一百八十天釀造，最後取出壺底原汁蔭油清加糖熬煮裝罐而成。釀造過程只加黑豆、鹽、水、糖，純度高，不使用人工添加物，醬汁風味甘醇、味道飽滿。

在台灣，黑豆醬油總氮量每一百毫升達一點二公克以上，即為甲等醬油，螺寶蔭油清的黑豆轉換率高，總氮量高達一點八公克，屬於頂級的醬油產品；在日本，醬油總氮量若達一點八公克，即為「超特選」醬油，螺寶蔭油清在這方面的表現，令日本食品專家磯部晶策大為讚嘆。丸莊開發此款醬油，希望能讓社會大眾吃到古早醬油的天然香醇，體驗老祖先醬油的原汁原味。

食用筆記

螺寶蔭油清可用來燉滷或紅燒，這款醬油並未添加色素，所以滷肉顏色不會太紅潤，儘管如此，醬汁香氣與食材仍得以充分融合，風味極有層次，黑豆蛋白質含量高，亦可提升食物的營養價值。此外，這款醬油也適合用於簡易料理調配，如蒸魚、沾食或涼拌，味道香、甜、鹹均衡，入口還有回甘感，一塊　豆腐搭配一匙蔭油清，就十分好吃！

Data

釀造廠所在地：雲林縣 西螺鎮

原料：台灣黑豆（雲林東勢契作）、食鹽、砂糖、水

建議售價：420 毫升 新台幣 450 元

黑豆

陳源和 黑豆清油

文／林芳琦

為健康而生的頂級蔭油

為推廣台灣農業，陳源和選擇與農民契作種植黑豆，目前主要種植在嘉義鰲鼓與台南北門一帶，栽種過程不使用農藥、化學肥料、除草劑，以所產出的黑豆製作「本土黑豆系列」醬油，且採用低塑包裝，以尊重和愛護環境的心情推出此款醬油。

由於只選用台灣本土黑豆釀造，這系列醬油產量須視當年黑豆產量而定，而台灣氣候不穩定，無論是梅雨季長短、颱風大小、豪大雨、寒流等，各式各樣的因素都可能造成當季黑豆收成量不足，例如二〇一四年首次推出，只賣兩個月就銷售一空，隔年產量稍多，但上架五個月也就完售了，二〇一六年的醬油則要等到七月才能開缸，產量不穩定可說是這系列的另一特色，完全是「看天吃飯」的醬油。

食用筆記

陳源和醬油老闆娘建議，如果要滷一斤的肉量，可以用醬油 1：水 3.5 的比例來滷肉，保證又香又美味，若肉量稍多，則可增加醬油的含量，假如是 5 斤的肉量，則可把醬油與水的比例改為 1：2.5 或 1：3。這樣的比例在陳源和「醬心獨蔭清油」也同樣適用。

Data

釀造廠所在地：雲林縣 西螺鎮

原料：水、台灣黑豆（嘉義鰲鼓、台南北門契作）、砂糖、鹽

建議售價：420 毫升 新台幣 180 元

黑豆

御鼎興 濁水琥珀 原鹽

文／林芳琦

以惜物愛物的心情釀造

「泡茶的壺要養，釀造醬油的甕也要養，我們的使命就是讓好菌住進去，釀出來的醬油風味才會更好，釀的速度也會比較快。」御鼎興日曝場上大大小小的醬油甕，最老的已逾六十年，老闆謝裕讀在甕堆裡長大，對這些陶甕有很深的情感，受損的他不忍丟棄，會用小磁磚把甕上的傷痕一個個補好。

就是以這種惜物愛物的心情，御鼎興推出這款「濁水琥珀」，希望能讓更多人認識台灣黑豆真正的面貌。「濁水琥珀」系列分為「原鹽」與「常鹽」兩款，都是以與西螺農民無毒契作的在地黑豆為原料，選用的品種台南五號是黃仁黑豆，由產地新鮮直送；此外，種植產地特別選在「水頭風尾」的地理位置，希望能在圳源頭的「水頭」獲取肥沃土壤的養分，「風尾」以減少風吹傷害，讓黑豆能有舒適安全的成長環境。

食用筆記

「濁水琥珀 - 原鹽」釀造期 18 個月以上，味道厚實，從甕中直接撈出壓榨過濾，堪稱原汁原味的黑豆醬油，鹽度約 25 度，鹽分含量高，但豆汁濃度也高，烹調時要酌量使用。由於格外甘濃，因此適合用來清蒸或做湯頭。

Data

釀造廠所在地：雲林縣 西螺鎮

原料：水、台灣黑豆、海鹽、糖

建議售價：300 毫升 新台幣 450 元

黑豆

御鼎興 濁水琥珀 常鹽

文／林芳琦

風味芬芳多層次的醬油

為了解決在地農民黑豆賣不出去的困擾，讓御鼎興有了「以好食材來提高與創造醬油新價值」的想法。基於這個念頭，謝裕讀展開了與西螺農民無毒契作台南五號黃仁黑豆的合作新旅程，促成了「濁水琥珀」系列醬油，並賦予其「不只是物美價廉的調味品，更要像紅酒般深具價值」的期待。

「濁水琥珀—常鹽」回歸台灣黑豆醬油的原點，想要讓黑豆自己說話，鼓勵黑豆展現原味、吐露芳香。這款醬油釀造期在一年半以上，以長時間的日曝甕缸發酵，比「原鹽」的含鹽量低許多，鹽度約在十六度，因釀造時間長，麴菌將黑豆分解的更完全，使這款醬油具有更多層次的風味與香氣。

食用筆記

同多數醬油的用法，這款無論煮、炒、醃、沾都非常合適，食材簡單易煮的蛋炒飯，在起鍋前澆上一圈，更具香味；也可盛上一碗西螺濁水米炊煮出來的白米飯，淋上一點濁水琥珀 - 常鹽，再拌入少許豬油，就是古早味豬油拌飯，陣陣的醬豆香氣混著豬油香，會令人忍不住再多添一碗。

Data

釀造廠所在地：雲林縣 西螺鎮

原料：水、台灣黑豆、海鹽、糖

建議售價：300 毫升 新台幣 320 元

御鼎興手工柴燒 黑豆醬油 原汁壺底

文／林芳琦

用最沉香厚實的原汁釀造

集陶甕中之精華，御鼎興經典系列的原汁壺底清油只採用在甕缸中釀造八個月以上的黑豆原汁精心熬煮而成，成分上除了水、黑豆、海鹽及糖以外，不含其他添加物。

「開甕後的醬缸，聞起來味道特別沉香厚實的，我們才會把它拿來做原汁壺底清油。」老闆謝裕讀說，這是因為原汁壺底清油強調原汁原味，把從甕中取出的生抽過濾、煮沸殺菌，因不被多餘的添加物影響，炊煮時，天然的胺基酸會慢慢散發，更能顯現出黑豆醬油最原始的風味，是最原始的鹹香。

原汁壺底清油是御鼎興經典系列的眾多醬油中最單純、最純粹的一款醬油，因為只取釀造八個月以上的黑豆原油，所以胺基酸含量高，營養價值也高，但鹽度相較於其他醬油也來得高，初次使用者得特別留意使用量以免過鹹。

食用筆記

原汁壺底清油非常適合用來做湯頭，調煮各項湯品；不論葷、素，只要在湯中加入一匙，味道將因黑豆釀造精華的釋放，使湯品滋味更向上提升，即便是最簡單的海帶湯、蛋花湯，也都變得好不簡單。用在清蒸海鮮也是不錯的選擇，這款醬油在海鮮調味上可以去腥，放入青蔥、薑末一塊入鍋蒸煮，吃時彷彿有海浪拍打著舌尖，而沉厚的豆香味卻會從舌根冒出來。

Data

釀造廠所在地：雲林縣 西螺鎮

原料：水、黑豆、海鹽、糖

建議售價：420 毫升 新台幣 250 元

瑞春 台灣好醬

文／周玲霞

所有原料取之於在地的純本土醬油

瑞春的這款「台灣好醬」，是一支從原料到生產都完全在地的醬油。開發這款醬油的念頭，起源於「做出一款百分之百全程在台生產的醬油」，並且能達到穩定產量，供應市場需求。瑞春從二〇〇八年起開始找尋種植黑豆的農民，與農業機構合作，開始試種、穩定產量到簽約契作，經過漫長的等待，終於在二〇一一年等到首批台灣黑豆收成，並於二〇一二年推出這款「台灣好醬」。透過這款醬油的開發，瑞春協助農民辦理「小地主大佃農」（註），是台灣第一家與農民簽定契作且符合大豆種植獎勵農民的示範廠商。

（註）：「小地主大佃農」是行政院農委會於2009年5月推出的政策，鼓勵無力或無意耕作之老農和地主，將農地長期出租給有意務農的年輕農民，期望能提升農業經濟的規模和效率，減少休耕、廢耕，主要目的為建立老農退休機制、調整農民勞動結構。但這項政策已於2012年7月終止。

食用筆記

本土黑豆顆粒較小、豆香濃厚，以此為原料釀造而成的台灣好醬，開瓶後能聞到自然的豆香，滋味甘醇清甜而不死鹹，適合各種料理使用，無論炒、滷、燉、煮，都很能提升食物的風味。

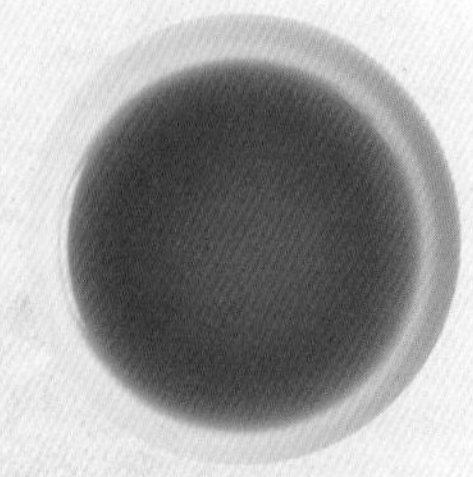

Data

釀造廠所在地：雲林縣鄉

原料：台灣黑豆、水、砂糖、食鹽

建議售價：420 毫升 新台幣 220 元

黑豆

龍宏 無添加物黑豆油

文／林芳琦

長達一年以上的厭氧封缸釀造

無添加物黑豆油採乾式厭氧發酵，釀造時間約一年以上，龍宏之所以會推出這款醬油，起因是由於近年來的食安問題，讓消費者特別重視醬油的原料，因而有許多消費者開始關注醬油添加物的成分與含量，這點讓龍宏的負責人鄭日漢先生開始有了「那就來做支不含添加物的醬油吧！」這樣的念頭，於是，他將這款醬油在壓榨、過濾後，直接調煮成「無添加物黑豆油」，雖然原料單純、簡單，且不含任何添加物，但因為是厭氧封缸發酵的黑豆油所調製，味道具有濃烈的黑豆香氣，且口感更厚實、純粹。

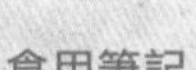

食用筆記

這款醬油擁有濃厚的黑豆香，一開瓶就令人陶醉，無論煮、炒、沾、滷、拌都很適合。因為沒有任何添加物，所以用於滷製食物特別合宜，不想味道太複雜的話，可直接以這款醬油滷食物。用於烹煮時，也可自行加入喜愛的醬菜類來提味，如梅乾菜、醃製梅、蔭瓜等，味道更具變化。

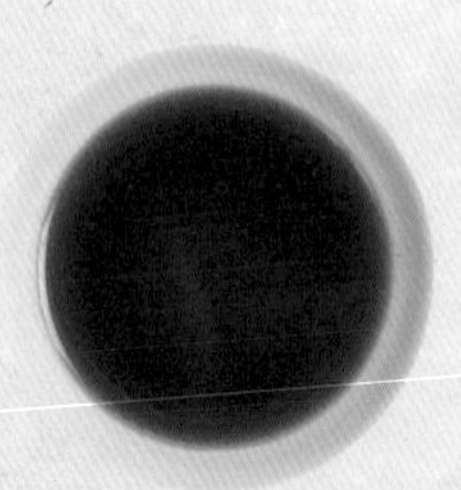

Data

釀造廠所在地：雲林縣 林內鄉

原料：黑豆、水、食鹽、砂糖

建議售價：420 毫升 新台幣 300 元

黑豆

新萬豐 萬豐醬油

文／周玲霞

傳統風味與健康低鹽並存

萬豐醬油是該廠改革後所研發的第一款醬油，上市銷售前，經過了兩、三年的醞釀期。第三代經營者吳國賓在二代長輩的指導下，約莫花了一年工夫才釀造出有萬豐老味道的醬油，然而他卻認為醬油鹹度過高，不符合低鹽健康的標準，於是又進行了多次的測試與改良。

對於黑豆，萬豐同樣精挑細選，即使合作的農場已初步篩過，進到萬豐的廠內，仍得再進一步手工選豆，蟲蛀、破碎、顆粒太小或形狀變異的豆子都必須剔除，而且大、小豆還得分開處理，如同封缸方式與陶甕的選用一般，吳老闆總是小心謹慎地面對每一件事，仔細做好每個環節。

在多次試驗與調整後，萬豐醬油總算通過吳家親友與部分老客戶挑嘴的品評，成為一款既低鹽又成分濃厚，且保有吳家傳統風味的好醬油。

食用筆記

萬豐醬油使用台南五號黑豆，以乾式釀造法生產，取甕缸裡約 80% 的上層黑豆和黑豆油製作，鹽度控制在 12% 以下，符合薄鹽標準，鹹度低，適合當作沾料與醃製。乾式熟成釀造的醬油，即便降低鹽度，香氣依舊濃厚，與濕式釀法的口感略為不同。在水中加一點萬豐醬油做水煮肉，煮出的醬汁會帶點清爽的鹹感，直接拌飯內就非常好吃。此外，滷、煮或炒也都很合適。

Data

釀造廠所在地：雲林縣 斗六市

原料：台灣黑豆（台灣品種，無毒友善栽種）、天然海鹽、糖、水

建議售價：420 毫升 新台幣 320 元

黑豆

新萬豐 萬豐黑豆壺底油

文／林芳琦

乾式熟成的壺底精華

這款醬油，取自全甕中最下層約百分之二十的黑豆與黑豆油製成，豐富的壺底原油，使醬油風味更加自然濃厚。然而，要從甕中取出乾式熟成的壺底油，可是件麻煩差事，須先將頂部鹽封移除，將最上層的黑豆麴撥開取出，再從甕中小心翼翼地撈出一匙又一匙的黑豆麴，一直挖取至底層，才會看到黑豆油一點點慢慢滲出，且因黑豆在甕中經過長時間曝曬，黑豆油並非直接開甕挖開黑豆就能取出，而是得再花上一、兩天的時間等待自然瀝出，再分批多次取出生豆油，整個生產製程既費工又費時。

儘管製程如此艱辛，但成果絕對值得，這款醬油醬色深，營養價值也高，鹹度約在百分之十三到十五之間，因為鹹度與濃度都比一般醬油更高，所以建議減量或稀釋使用。

食用筆記

萬豐黑豆壺底油適用於頂級料理中，為天然的高級食材更添增風味，是絕佳的調味品。將雞翅或雞腿沾淋萬豐黑豆壺底油後，用氣炸鍋烹調，不僅比油炸健康，炸出的顏色更是誘人，特殊的香味與口感會讓人忍不住吮指，回味無窮。

Data

釀造廠所在地：雲林縣 斗六市

原料：台灣黑豆（台灣品種，無毒友善栽種）、天然海鹽、糖、水

建議售價：120 毫升 新台幣 125 元

黑豆

新萬豐 傳家釀黑豆蔭油

文／林芳琦

對於水質的極度堅持與講究

萬豐醬油對水質極度講究。清洗黑豆分兩階段，先用自來水快速沖洗，再用軟化除氯的水二次清洗，之後才用除菌除氯的水浸泡。蒸箱用水，先過濾雜質再軟化除氯，避免黑豆蒸煮時吸附氯。煮醬油的水，則是將自來水軟化後用RO濾出，經連續三道的麥飯石礦化，再儲存到放有長庚生技高溫能量陶瓷的儲水塔內，由此便可看出萬豐對食品安全的極度堅持。

傳家釀黑豆蔭油就是以挑剔水質所製成的一款醬油，特別選用家傳老缸釀造，老缸因歷經數十載無數次釀造，開缸的香氣總讓吳老闆倍感親切，那是時間與記憶的味道。這款醬油是萬豐醬油的頂級進階版本，希望將老家傳承的乾蔭釀造工藝與產品水準再提升，之所以命名為傳家釀，代表萬豐在吳老闆這一代已繼承了珍貴的無形資產，並展望未來能把美味與健康持續傳承下去。

食用筆記

傳家釀黑豆蔭油因釀造期長，風味更濃、醇且厚實，無論煮、炒或用於紅燒、爆香都香氣十足，用這款醬油做一道叉燒肉，絕對唇齒留香，也可用於涼拌黑木耳、海帶芽等，營養又對味。

Data

釀造廠所在地：雲林縣 斗六市

原料：台灣黑豆（台灣品種，無毒友善栽種）、天然海鹽、糖、水

建議售價：250 毫升 新台幣 230 元

黑豆

新萬豐 萬豐玫瑰壺底油

文／林芳琦

全世界唯一使用玫瑰鹽釀造的醬油

玫瑰壺底油最初只是實驗品，並未規劃量產。吳國賓表示，起初是想驗證釀造醬油的水是否真的鐵質含量要低，因此以鐵質含量較高玫瑰鹽當作對照原料，萬萬沒想到，釀造出來的醬油風味極佳，分送親友品嘗後也得到很好的回應，甚至有商店老闆想直接上架銷售，於是意外地成了產品。

這款醬油口感豐富，推測是富含各種礦物質與微量元素的關係，加上產量稀少，故較適合運用在高檔食材或料理，又因其品質定位高階，所以需要相應的乾蔭黑豆壺底油釀造方式才能匹配。目前市售的玫瑰壺底油，是以乾式下缸釀造，開缸時只取底層約三分之二的部分進行熬製，以確保釀造品質比黑豆壺底油更精實，也較能適當控制玫瑰鹽用量與製作成本。

這種採用乾式熟成且只用玫瑰鹽釀製的壺底油，應當是全世界獨一無二的了。

食用筆記

這款醬油整體品質與黑豆壺底油相當，但醬色較黑豆壺底油暗沉。因為玫瑰壺底油量少質精，價格也較高，建議使用於高檔食材或需要上較濃醬色來配稱的料理，且其鹽度約在 13 至 15%，鹹度與濃度都高，若直接沾用建議可減量或稀釋使用。

Data

釀造廠所在地：雲林縣 斗六市

原料：台灣黑豆（台灣品種，無毒友善栽種）、天然玫瑰鹽、糖、水

建議售價：200 毫升　新台幣 235 元

土生土長
原生種黑豆濃色蔭油

文／林國瑛

以特定比例混合乾濕發酵而成

這款醬油以屏東滿州黑豆製成，滿州黑豆比一般市售黑豆貴一倍，顆粒小，豆皮較厚，更具黑豆氣味，精萃出的黑豆醬汁濃度高，不需調味就有十足香氣。不加任何色素，卻能調製出讓台灣人普遍喜愛的黝黑色，是這款醬油的特長。一般來說，台灣醬油現以濕式發酵為大宗，但黑豆加鹽水的濕式發酵法，豆子泡在鹽水中，香氣溢散較多，顏色也較清淡；而最古早台灣是以黑豆加鹽的乾式發酵法，將黑豆封印在粗鹽中，日曝發酵完成要取出時，才打入鹽水壓榨，醬汁顏色黑亮好看，且保有原始香氣，缺點是過程若控管不當，乾式發酵易有不討喜的雜氣味，於是式微。這款醬油以特定比例混合乾濕發酵而成，醬汁色澤飽滿，是各取所長的一種創新釀造方式。

食用筆記

顏色深，適合紅燒滷煮。有人拿來滷豬腳，豆香滲入肉質，咬一口，同時品嘗豬腳Q彈的質地與濃郁黑豆味，滿足家庭對香濃料理的需求，以及對原色原味不妥協的態度。

Data

釀造廠所在地：台南市 後壁區

原料：水、台灣黑豆、天然海鹽、蔗糖

建議售價：420 毫升 新台幣 380 元

黑豆

永興 御釀白曝蔭油

文／林芳琦

具有在地關懷人文精神的醬油

永興醬油與其他醬油廠不同的地方，在於多了一種「人文精神」，這種人文精神是無法複製的，他們自二〇〇五年起就陸續使用台灣自產的黑豆，不僅幫助台灣農民，也能減少原料運送的碳排放，這種在地關懷的人文精神顯現在製醬上，多了點「樸實」，卻讓人打從心底激賞。

「好吃的醬油不難找，但沒有添加物的醬油不好找。」這是許多忠實顧客對永興的評價。老闆賴振文強調：「醬油的價值就在於時間和技術的成本，永興的醬油沒有任何添加物，這是一般少有的。」當然，「御釀白曝蔭油」也不例外，它是選用「台南五號」黑豆以濕式釀造而成，顧及了減少原料的碳排放，又不失醬油原有的甘醇味，重點是原料單純，除了台南五號黑豆、鹽、水、糖之外，沒有其他添加物。

食用筆記

這款醬油味道溫潤，絕對能扮演好「調味」的這個中介者角色；拿它來當沾醬的基底非常適合，既不會搶了原有的食物風味，又能加強食物的特質；其他如炒、煮、清蒸、熗鍋，或者做成湯底都很合用，是瓶「無論放在哪裡，都能找到自己位置」的一瓶醬油。

Data

釀造廠所在地：台南市 後壁區

原料：水、台灣黑豆（台南五號）、蔗糖、天然海鹽

建議售價：420 毫升 新台幣 280 元

黑豆

永興 蕙質白曝蔭油

文／林芳琦

採用台灣原生種恆春烏豆釀造

永興醬油自二〇〇五年起就陸續選用台灣黑豆來釀造醬油，但受制於本地產量不穩定，因此大部分仍採用加拿大、美國進口的黑豆。直到二〇一三年，終於首次推出完全以台灣自產黑豆所釀造的「蕙質白曝蔭油」，這款醬油選用「恆春烏豆」，以濕式釀造方式製作。恆春烏豆主要是與滿州農會合作，整合當地農民種植採收的黑豆後，再交由永興製成醬油。

恆春烏豆是台灣原生種黑豆，顆粒小、皮厚，因此單顆烏豆所含蛋白質和脂肪都比其他種類的烏豆來的少，釀造成本因而提高。老闆娘林雪姣表示：「除了黑豆，其他的原料都很單純，我們只用台糖的糖和台鹽的鹽，讓他們來幫我們把關，我們只要管好豆子就行了。」

食用筆記

恆春烏豆是台灣原生種，有一種難以名狀的「野性」，釀造成醬油後，這種特質就轉化為令食物風味奔放的氣息，因此，這款醬油特別適合用在沾佐或涼拌在山產、海鮮這類食材上，很能突顯鮮味。

Data

釀造廠所在地：台南市 後壁區

原料：水、台灣黑豆（恆春烏豆）、蔗糖、天然海鹽

建議售價：420 毫升 新台幣 300 元

黑豆

永興 御釀白曝蔭油

文／林芳琦

遵循古法封缸的乾式釀造法

這款醬油也是採用恆春烏豆釀造，而與濕式釀造的白曝蔭油不同之處，在於它是以「溼式為主，乾式為輔」的方式釀造而成，主要是為了要加深醬油的顏色，也因此以「濃色」為名。

濃色蔭油的開發，主要是因為許多顧客反映白曝蔭油的顏色較淺，許多人仍習慣在料理中使用醬油「上色」，為了呼應需求，所以在二〇一五年四月推出。永興的乾式釀造方式，與其他醬油廠相比，明顯多了一個「封缸」的步驟。許多做乾式釀造的醬油廠，因產量大、人力少，所以多已省略「封缸」，但永興仍秉持傳統，堅持以石灰封住甕缸與甕蓋的交縫，完全隔絕空氣進入，約四至六個月後再開缸取汁。

食用筆記

結合溼式與乾式釀造所調和而成的醬油，味道上格外具有層次感。這款醬油無論是用於滷肉、燒肉都很適用，用在蔬菜類的燉煮上也很契合，如高麗菜封、冬瓜封、蘿蔔封等，料理後的蔬菜染上了些許醬油的琥珀色後，不單單讓食物看起來合口，吃了之後的滋味才是令人回味無窮。

Data

釀造廠所在地：台南市 後壁區

原料：水、台灣黑豆（恆春烏豆）、蔗糖、天然海鹽

建議售價：420 毫升 新台幣 300 元

黑豆

永興 精純釀白曝蔭油

文／林芳琦

緊盯製麴過程以確保釀造品質

賴振文自從接手永興醬油廠後，一直希望能有不輸前人的製醬技術，看了很多書苦心專研，自認在技術上有很大的突破，能把製麴的環節與溫度、溼度都掌控得宜，因而在製作醬油上幾乎沒有失敗過，這讓他覺得不負父親的交付，對得起長輩們的期待。製麴期間，無論寒冬或酷暑，他總是會到發酵室去巡視麴菌，無論冷、熱、乾、溼都會影響製麴的成果，麴菌的成長好壞，決定了之後釀造的成功關鍵，因此他幾乎不曾安安穩穩地放個舒服的長假。

無論生產哪款醬油，「製麴」都是製醬的鎖鑰，精純釀白曝蔭油是永興的長銷款，自二〇〇二年開始生產，至今已熱銷十餘年，是採用濕式釀造的黑豆與豆汁所做出的一款醬油，滋味濃郁甘醇。

食用筆記

許多熱愛永興醬油的顧客都認為這瓶醬油CP值特別高，香氣十足，適合多種料理，且價格平易近人。就拿它來做道照燒雞腿吧，先將雞腿煎至全熟且雙面金黃，把冰糖(糖)、味醂、醬油、水，以1：2：3：4的比例調和好後，倒入煎熟的雞腿中，再燒至收乾即可。

Data

釀造廠所在地：台南市 後壁區

原料：水、台灣黑豆、蔗糖、天然海鹽

建議售價：420毫升 新台幣150元

阿勇手釀醬油

文／周玲霞

用麥芽糖取代一般糖的陳釀醬油

從母親手中接下相傳四代的醬油製法與配方，饗宴鐵板燒主廚程智勇以廚師的專業知識與技術，改良百年老麴所帶來的風味。

阿勇醬油最重要的風味，來自每年留底的陳釀老麴，傳承至今超過百年。每年醬油釀造結束後，留下的小小一缸老麴，是隔年釀製醬油的生命起源。程智勇相信，釀造醬油經驗傳承需要一點科學思考，熟悉母親的濕式釀造法後，混入乾式蔭底油的釀造優點，讓黑豆在醬缸中自然發酵產生的焦糖香、黑豆香與些許清香的酒味，得以更精純的呈現。萃取醬汁後，盛夏時分，在戶外開爐燉煮，經過七小時的持續攪拌燉煮，去除雜質並萃取出黑豆香味。程智勇相信醬油是有生命的，堅持頂著大太陽長時間煮醬油，是因為這樣可讓整體溫度高達攝氏五十度，使天然發酵的醬油得到高溫殺菌的效果，去除醬汁中多餘的濕氣，醬汁達到完熟的效果後，更可去除黑豆原有的臭青味。

食用筆記

黑豆香味濃郁不嗆鼻，入口後味回甘。依宜蘭當地風土時節釀製的醬油，廚師技術本位，醬汁較一般手工醬油更為細緻，入口清甜不死鹹，長時間燉煮出黑豆完熟與焦化的香氣，最適合的豬油拌飯、沾醬、炒飯起鍋前提香等用途。

Data

釀造廠所在地：宜蘭縣 五結鄉

原料：水、黑豆、鹽、麥芽糖

建議售價：230 毫升 新台幣 300 元

豆麥

金蘭 有機醬油

文／周玲霞

導入全程生產履歷的醬油

二〇〇八年，金蘭曾推出一款限量兩萬瓶的「信醬油」，對這間傳統大廠來說，信醬油是一個突破性的嘗試，使用整顆完整的有機黃豆釀造，有別於其他採用基改黃豆或高蛋白黃豆片大量生產的醬油。當時，信醬油有一款竹節造型瓶包裝，走高單價路線，三百八十毫升要價新台幣九百九十九元，儘管價格令人咋舌，但還是很快就銷售一空，令人印象深刻。

有機食品的需求日益增加，因此金蘭以過去釀造信醬油的基礎，再度展開有機原料與自家菌種的研發改進，同樣使用整顆有機黃豆釀造，完整保留黃豆營養成分，監控原物料來源，生產管線獨立，這款醬油是金蘭第一支導入全程生產履歷的品項，從食品安全的標準來看沒有太多疑慮。

食用筆記

這款醬油強化了黃豆的香氣，沒有豆青味，醬油中油脂含量飽滿，口感溫潤，風味獨特，最適合用以沾、拌、炒。

Data

釀造廠所在地：桃園市 大溪區

原料：美國有機黃豆、澳州有機小麥、食鹽、有機蔗糖

建議售價：310 毫升 新台幣 200 元

喜樂之泉 有機醬油

文／周玲霞

為了家人健康而堅持採用有機食材

身為中部老牌醬油世家第三代的高大堯，從小就在醬油堆裡長大，成年後攻讀藥學專業，擁有這些背景的他，在妻子罹患癌症時備感震撼，這才回過頭來審視食物來源的問題。既然自家事業就是醬油釀造，高大堯決心進行一番食材改革，開始採用天然、有機、健康的原料，也對妻子許下了「做有機」的承諾。

喜樂之泉的豆麥醬油不採用榨過油的黃豆片，高大堯表示，這種二手原料很容易被汙染，且來源不易追蹤，即便原本是有機的也不可靠，因此喜樂之泉堅持採用整顆完整的有機黃豆和有機小麥釀造，這樣的釀造成果，植物胺基酸的表現很完整，能夠呈現自然乾淨的醬香。

食用筆記

這款醬油很溫和，沒有特別強烈的氣味，不會搶走食材的原味，更能提升出食物的鮮味，屬於萬用款，各種烹飪料理方式都適用。

Data

釀造廠所在地：台中市 北區

原料：水、有機黃豆（美國、加拿大）、有機小麥（美國）、有機蔗糖（巴西）cheetham日曬海鹽（澳洲）

建議售價：210毫升 新台幣200元

豆麥

瑞春 原味古早醬油

文／曹仲堯

鹹香有層次，最純粹的大豆香

日治時代，瑞春的第一代主人鍾琴學得豆麥醬油釀造技術後，就在西螺展開了醬油事業。豆麥醬油釀造法主要是從日本傳入，但台灣當時物資較為匱乏，黃豆和小麥不易取得，因此才改用黑豆來釀造，沒想到成果令人驚艷。以黑豆為原料的閩南式蔭油，遇上日式的釀造概念，融合出台灣醬油的新風味，成了瑞春的主流產品。

話說回來，既然一開始學的是日式釀造法，瑞春在豆麥醬油釀造技術方面，自然是不在話下，這款原味古早醬油，以非基改黃豆為原料，不靠任何添加物來調味，就是最純粹的大豆香，鹹香而有層次。由於風味單純，在烹飪料理時，可依個人口味加入其他佐料，也因此，有人說這款醬油很容易顯現出烹飪功力，對初學做菜的人來說，可能會比較具有挑戰性。

食用筆記

未經任何添加物調味的原味古早醬油，適用於沾、伴、炒等烹調方式，尤其在海鮮食材的搭配上最為適合，能充分提鮮提味。然而，這款醬油風味溫和、醬色較淡，較不適合直接用於燉、滷或紅燒肉類食材。

Data

釀造廠所在地：雲林縣 西螺鎮

原料：非基改黃豆、小麥、水、砂糖、食鹽

建議售價：420 毫升 150 元

豆麥

新味 海洋深層醬油

文／林國瑛

堅持以頂真態度完成醬油工序

「我們不是工業化的產品，寧可以最『厚工』的方式，保留古早傳統做法。」新味第三代接班人許桓巽說。不怕作工繁瑣且不以商業化為最大考量，堅持以「頂真」的態度完成醬油工序。有彈性且保留傳統作工可謂新味醬油的優勢，只要客戶訂單穩定，新味醬油也能針對乾麵、水餃、粽子不同食材提供各種口味、顏色、濃度各異的醬油。

花蓮獨特的清新空氣、水質與渾然天成的地理環境，四季山海精華薈萃，新味醬油以海洋深層水這來自大海的禮物，獨家推出海洋深層水醬油，全程使用深層海水，並用獨立發酵槽個別運作，除可享受來自大地的澄淨天然體驗，更可感受到返璞歸真的純真美好。

食用筆記

這款醬油特別適合沾食海鮮，除了生魚片之外，洗淨汆燙瀝乾後的小章魚也很適合，海產的鮮與醬油相互融合，創造出回味無窮的味蕾享受。亦可將蛤蜊、鮮蝦、蔥等食材入鍋爆香，同時汆燙麵條及青菜，將兩者結合，最後再加入海洋深層水醬油調味，更能表現出鮮甜海味。

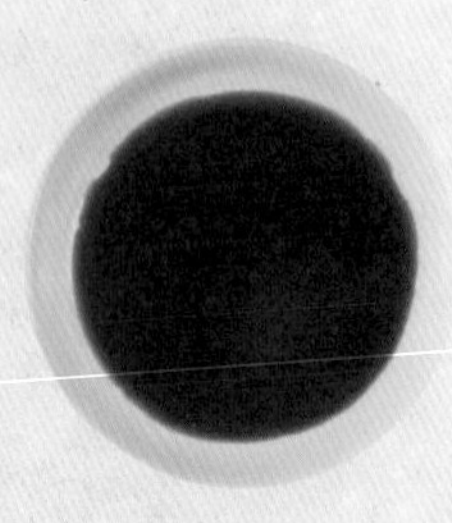

Data

釀造廠所在地：花蓮縣 花蓮市

原料：海洋深層水、非基改黃豆、小麥、鹽、糖

建議售價：請電洽(03)832-3068

圖鑑二

純粹的原味

僅用黑豆或豆麥和鹽釀造而成的醬油

絕大多數依循古法的純釀造醬油，在製程中都會加入糖，若欲再增添甜美滋味，甘草也是常見的食材之一。近年來，健康飲食意識抬頭，在減糖話題的影響之下，有些醬油職人和廠牌也開始嘗試不加糖的釀造法，並成功推出了風味樸實的無添加醬油。

黑豆

新和春 原味初釀壺底油

文／林芳琦

使用來自善化的台南五號黑豆

為因應人人自危的食安風暴，新和春醬油廠在二〇一五年推出這款只以台灣黑豆、天然海鹽與水製成的「原味初釀壺底油」，特別選用在台南善化種植生產、有產銷履歷的「台南五號」黑豆。新和春第三代經營者張仕明先生強調，這款醬油完全沒有經過調色，也沒有任何添加物，連一般當作調味使用的砂糖、甘草等都捨棄，製程是：製麴、洗麴、悶麴後入缸、封缸，待黑豆釀造熟成後開缸，從甕缸中直接取出黑豆與豆汁加水浸泡，再以濾布過濾，過程相當單純，且因採乾式發酵，所以在熟成前都不用開缸攪拌，讓黑豆的香味與營養在甕中自然伸展開來。田中、社頭、二水一帶，都是來自八卦山的水源，水質極佳，也因此造就了新和春醬油的甘醇。

食用筆記

這款醬油未經調味，又是採乾式發酵，因此香氣十足，很適合用於滷、紅燒、燉煮等料理方式，只要在料理過程中斟酌加入些許糖調味，就能使食物的原味完全嶄露無遺；不過，也因為這款醬油在製程中沒有加入糖，所以吃起來會覺得味道偏鹹，不建議直接沾食。

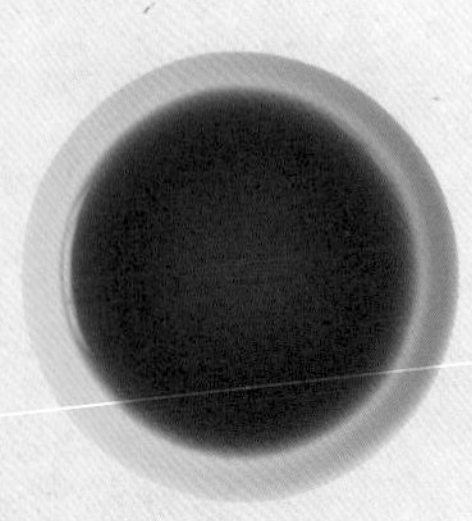

Data

釀造廠所在地：彰化縣 社頭鄉

原料：台灣黑豆、水、天然海鹽

建議售價：420毫升 新台幣300元

黑豆

丸莊 正宗白曝醬油

文／林國瑛

未經蒸煮、調味的純正黑豆原汁

粒粒飽滿的雲林東勢契作黑豆，放入小間製麴室製麴，由經驗老道的師傅判斷麴菌生長，接著進入半人高的陶甕中經半年日曬發酵，再自缸中取自然沉澱的原汁直接入瓶，省略蒸煮、調味等過程，滴滴清澈甘醇，呈琥珀色澤，輕搖會有柔細泡沫。

這款純手工釀造的醬油，製成長達一年，是丸莊品牌旗下的一款季節性限定產品。由於未加糖及蒸煮，為最純正的黑豆原汁，味道鹹，一般人較難入口，較不適合單沾或單拌。適用於烹煮炒煎等調味，食用前，要先煮過，除殺菌外，也有稀釋作用，使用時，只需些許白曝醬油就可勾勒食材鮮味，真摯不浮誇。

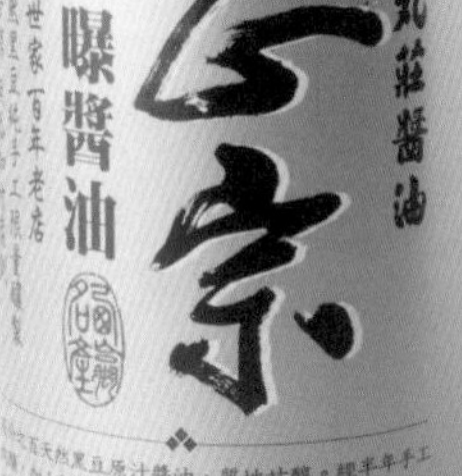

食用筆記

白曝醬油味道飽滿厚實，不少餐廳為了讓食物更有特色，不惜以高成本購入白曝醬油自行調味，白曝原始、道地的粗獷性格，特別適合廚藝精湛或有實驗精神的高手們，將醬汁打造為自己的獨家夢幻口味。不過，由於白曝醬油色澤清淡，請注意用量，以免吃進過多鹽份。

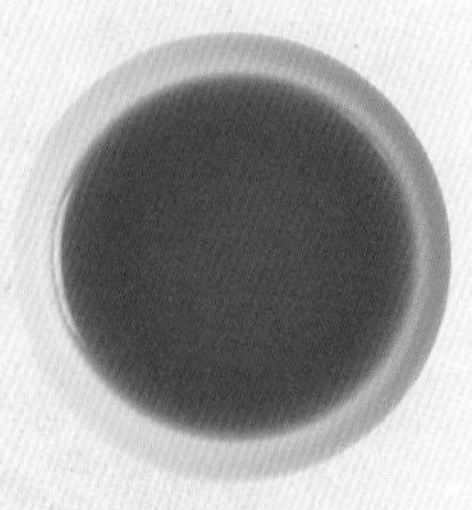

Data

釀造廠所在地：雲林縣 西螺鎮

原料：台灣黑豆（雲林東勢契作）、食鹽、水

建議售價：420 毫升 新台幣 500 元

黑豆

陳源和 生抽壺底油

文／林芳琦

越陳越香的關鍵在於大量的酵素

從甕中直接撈出生醬油過濾，不再烹煮、調製，也不再加入水與糖，即為「生抽」。「生抽」屬活菌醬汁，每罈醬油甕僅能抽出少量原汁。陳源和第四代經營者陳弘昌拿出兩瓶生抽要我們聞聞看：「這瓶聞起來甜甜的，是放了大約半年的生抽，有發酵的甜味；而這瓶後味很香，因為已經放超過五年了，有陳年的香氣。」陳源和生抽至少日曝半年以上，甚至長達八至十個月；陳弘昌建議，生抽含有大量酵素，會持續發酵，買回去後若能妥善保存，則會越陳越香，而瓶內越來越多的沉澱物與漂浮物，是自然的發酵現象。

陳源和眾多產品中，只有生抽壺底油附有說明書，陳弘昌發現，許多人並不清楚如何使用生抽，手邊有這麼好的醬油，卻不會使用，實在可惜，因此他特地印製說明書，載明何謂生抽、如何使用及保存方法等資訊。

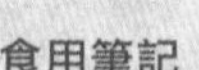

食用筆記

生抽是生醬油原汁，未經稀釋，鹽度高，可直接代替鹽或味素，倒在小湯匙上，一匙一匙慢慢加，不要直接整瓶往鍋裡倒，以免鍋內水氣入侵，使醬油產生變異。生抽未經加工，不建議直接沾食或涼拌，因內含自然植物性胺基酸，味道層次豐富，用在去腥提鮮上效果特別好，例如煮海帶、菇類、苦瓜或熬煮高湯，只要用對比例，就能帶出食材的自然鮮甜。

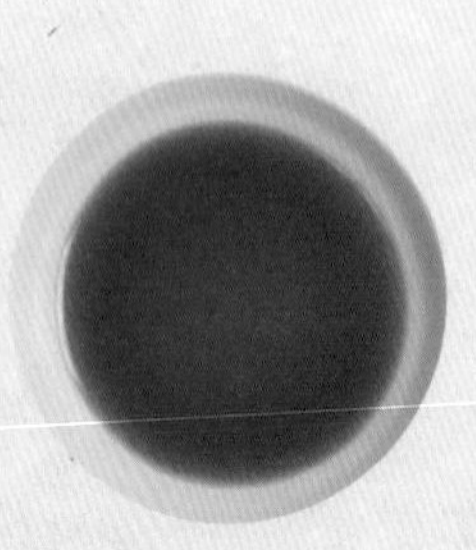

Data

釀造廠所在地：雲林縣 西螺鎮

原料：黑豆、水、鹽

建議售價：420毫升 新台幣285元

黑豆

新芳園 第一道原生蔭油

文／林芳琦

既然要強調無添加，那就連糖都別加

「既然你們想要強調無添加，那就連糖都不要加吧！」新芳園醬油廠的第三代經營者王榮生還在苦惱要推出一款具有怎樣特色的醬油，就有忠實顧客給了這個建議。經過周詳的考慮後，王榮生決定順應民意，二〇一三年，「麴釀」系列壺底油就此誕生。

「第一道原生蔭油」可說是新芳園「麴釀系列」之王，與同系列其他醬油最大的不同之處，在於這是一款純黑豆醬油。「第一道原生蔭油」只取用在甕中釀造熟成一年以上的壺底油，不壓榨，只過濾，整瓶都是以這樣的方式做成，最特別的是，這款醬油沒有經過熬煮的程序，全程只在裝瓶後進行高溫殺菌，因為不採用壓榨的做法，所以在醬油瓶底會看到一層厚厚的沉澱物。這是一款色濃且深、香味非常濃郁的黑豆醬油。

食用筆記

與眾不同的「第一道原生蔭油」味濃厚實且香醇，最適合用來「滷」，不過這款醬油味道偏鹹，宜斟酌減量，若個人口味偏甜，可依喜好加入糖或味醂調味。除了「滷」之外，若要將這款醬油運用在別的烹飪方式上，新芳園第三代老闆娘陳虹蓁建議可省略蒜頭、油蔥等一般常用的辛香料，因為醬油本身已經具備了濃郁的風味。

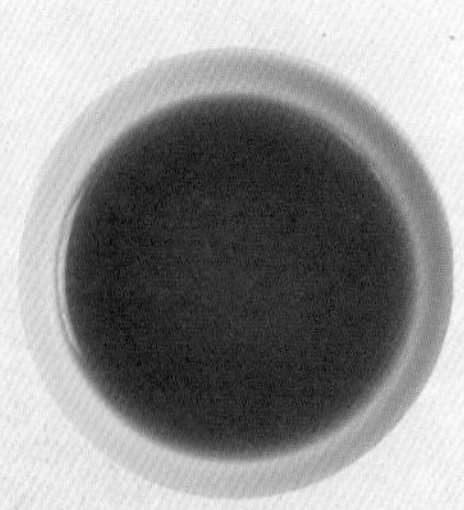

Data

釀造廠所在地：雲林縣 斗南鎮

原料：水、黑豆、食鹽

建議售價：400 毫升 新台幣 480 元

豆麥

金蘭 無添加原味醬油

文／周玲霞

運用柵欄技術隔絕微生物影響，不加糖也能保持鮮甜

在一般醬油的釀造過程中，最後的風味調整，多半會依各家秘方加入添加物，如糖、甘草等，使風味甘甜、增添口感層次。考量到添加物可能對純粹原味產生的破壞，金蘭醬油在二〇一三年時，決心開發一款沒有任何添加物的醬油，但這樣的想法對釀造過程可說是一大挑戰，不添加甘甜風味的食材，很容易出現「死鹹」的狀況，研發團隊經長時間努力，採用獨家釀造技術增進天然風味，並透過「柵欄技術」(註)進行突破，提煉出食材發酵後應有的鮮味。

無添加原味醬油獲得食品業界的肯定，在二〇一五年臺灣食品科學技術學會評比中得到創新產品評鑑褒獎「創新製程技術類金牌獎」，成為市場矚目的焦點。

（註）：「柵欄技術」亦稱為組合式的抑菌技術，是德國肉類研究中心微生物和毒理學研究所所長 Lothar Leistner 於 1990~2000 年間研發而成。這項技術運用在一種以上食材所製成的食品，由於每一種食材的保久時間均不相同，混合時，微生物相互影響，會破壞食品的品質安全與穩定，因此，透過提升每一種食材中保藏因子的方法，可有效抑制微生物的流竄，便能在不添加防腐劑的情況下確保食品不致腐敗。

食用筆記

無添加原味醬油少了「糖」的干擾，讓它多了一項一般醬油沒有的功能：可取代高湯塊。用這款醬油來當作高湯底的調味料，沒有死鹹的口感，更可飄散出類似肉類高湯的香氣。

Data

釀造廠所在地：桃園市 大溪區

原料：水、非基因改造黃豆（高蛋白豆片）、小麥、食鹽

建議售價：500毫升 新台幣150元

得獎紀錄：臺灣食品科學技術學會2015年創新產品評鑑褒獎（食品產業界）新製程

豆麥

萬家香 零添加純釀醬油

文／林國瑛

東風西漸的飲食潮流，無添加醬油受到歐美人士的青睞

這款醬油純粹使用豆麥醬油的四大要素：水、小麥、黃豆、食鹽釀造而成，連糖都不加，回歸醬汁最原始的滋味，強調原料的純粹，符合現代人健康、養生需求。

醬油是東方的產物，西方社會本來沒有使用醬油的習慣，僅用鹽巴調味。不過，醬油獨特風味與營養價值，近年來已漸漸風靡歐美，他們也開始懂得欣賞醬油之美。

萬家香推出的這款無添加醬油，由於未添加糖份，口味單純，因此頗受海外歡迎，現已外銷英國、德國、荷蘭、希臘、俄羅斯、南斯拉夫、保加利亞等國，值得一提的是，這些外銷醬油不僅限於華人活躍的區域販售，而是真真切切地受到當地人的喜愛。歐美人士食用醬油的方式，主要是以醬油取代鹽，融入當地的菜系，調配成符合該民族性的口味。例如荷蘭，就有人拿這款醬油取代鹽巴來醃魚，風味極佳，蔚為流行。

食用筆記

這款醬油豆麥香氣濃郁，風味單純，適合以滷、燉方式來呈現食材原始風味。食材以中大火略煎炒過表面鎖住香氣，加入薑片一起滷或燉，起鍋前放入蔥段提香，就是十分完美的料理。

Data

釀造廠所在地：屏東縣 內埔鄉

原料：水、非基因改造黃豆（高蛋白豆片）、小麥、食鹽

建議售價：450 毫升 新台幣 150 元

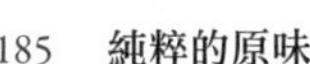

圖鑑三

甘醇的風格

運用天然食材原料釀造和調味的醬油

當充滿濃郁豆香的純釀原汁，遇上各具特色的在地食材，會激起什麼樣的火花？在台灣，有一群絞盡腦汁的醬油職人，或為提升風味、或為健康養生，無論動機為何，他們都不願與人工調味劑妥協，於是，在許多努力與實驗之後，我們看到了仙草、鳳梨、諾麗果⋯等各種天然特產被加進釀造製程中，做出了一瓶瓶風味巧妙絕佳的醬油。

黑豆

竹柏苑 麥芽醬油

文／周玲霞

以天然麥芽膏取代甘草甜味劑

竹柏苑的本業是麥芽膏，在思考如何能推出更多元產品的過程中，老闆王宏健發現曾外祖母以前做過醬油釀造，於是花了許多工夫把差點失傳的自家技法找回來，並實驗著改良配方，用麥芽膏來取代甘草及其他人工調味劑，經過兩、三年的調整，終於確定了最適當的比例。由於麥芽膏的單醣優勢，使得這款醬油鹹中帶甜，品嚐時，第一口感到的是十足的鹹，不久，回甘便自舌根漫出。

加入麥芽膏之後的醬油，透出一絲絲麥芽膏的甘甜味及微酸感，更由於小麥草的酵素特性，使得醬油在烹調時入味速度快。純天然的原料還有一種特性，就是容易清潔，這款醬油即使不小心沾染在白色衣物上，用清水洗滌後，就能快速去除污漬。除了麥芽膏之外，這款醬油在釀造過程中也加入了糯米，濃稠度介於醬油和油膏之間。

食用筆記

在釀造過程中仍加入糯米調整醬汁濃稠度，使用於沾料時不需在稀釋，推薦用於沾白斬雞，可以提出雞肉的鮮味，或用於沾配水餃。而用於滷製時，則推薦可加入麥芽膏，讓醬汁更為濃稠。

Data

釀造廠所在地：新北市 石碇區

原料：黑豆、糯米、鹽、山泉水、純天然麥芽膏

建議售價：500毫升 新台幣300元

關西李記 古早味黑豆蔭油

文／林國瑛

出自對家人關愛的良心醬油

古早味黑豆蔭油釀造過程豆不落地、絕不加任何化學原料，自家親戚也都愛用這款醬油。經營者李日興堅持遵循古法，以粒粒耕耘的態度對待醬油事業，他的用心自選豆開始，與嘉義十甲有機農場合作，黑豆皆送驗確定沒有農藥。相較蒸氣鍋爐，李日興為讓醬汁保有原色，利用蒸籠慢蒸黑豆，不過得蒸兩次才入一缸，花費更多時間。

這款油做工實在，蒸煮後加入麴菌發酵七天，經過層層悉心照護，每顆黑豆發酵充分，長滿菌絲，放在顯微鏡下觀察，菌苞如同盛綻的花朵般動人，這也是醬油甘醇好吃的秘密。為延續古法並保護即將失傳的製缸技藝，李日興特地向銅鑼窯訂製陶甕，豆子入甕後再經過一百八十天日曬發酵及壓榨、過濾、調煮、裝瓶才完成。

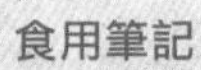

食用筆記

豆腐香煎、洋蔥爆香、熗這款醬油，再加紹興酒一起燒鯧魚。洋蔥煎豆腐燒鯧魚透出醬味芬芳甘甜，鯧魚吸滿鹹香，鮮美可口，配飯的最佳料理！也可煮沸水，放一把全麥麵條煮熟入碗，加入香醋、川味椒麻花椒油、花生醬、烏龍茶油，最後倒入這款醬油拌勻，成就一道簡樸、滋味無窮的人間好味。

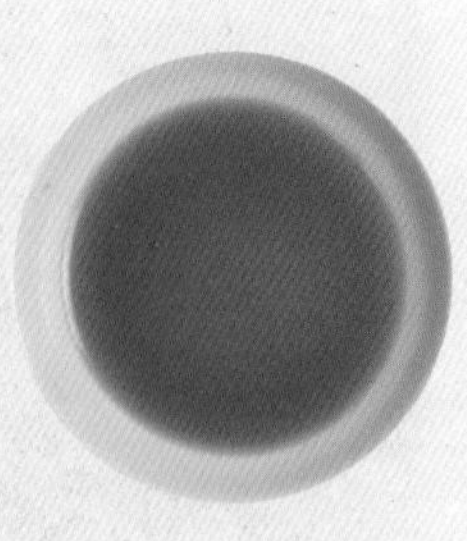

Data

釀造廠所在地：新竹市 東區
原料：山泉水、黑豆、台鹽、台糖、酒
建議售價：500 毫升 新台幣 280 元
得獎紀錄：獲選 2015 年台灣伴手禮

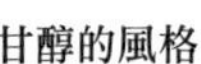

關西李記 黑豆仙草醬油

文／曹仲堯

全世界唯一加入仙草的醬油

關西李記這款全世界唯一加入仙草的醬油，起源於經營者李日興和朋友之間的閒談。台灣不乏堅持古法釀造的醬油作坊及優秀的醬油產品，要如何能做出一款最能彰顯在地特色的醬油呢？使用當地特有的食材會是一個好方法，於是，李日興心生加入仙草的念頭，他說：「因為關西是仙草的故鄉。」

然而，在醬油釀造的過程中，仙草該怎麼加、要在何時加？這個問題，李日興研究了一整年，終於找到最適合的方式。熬煮八到十個小時的仙草汁，先在醬油釀造後期加入缸中與豆麴一起發酵，再於釀造完成後，以仙草汁取代山泉水加入原汁熬煮，製成的仙草醬油具有多層次的口味，入口鮮甜而帶有清香，風味十分清新。

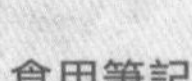

食用筆記

有別於一般醬油滷肉越滷越鹹，使用這款黑豆仙草醬油來滷肉會越滷越淡，仙草本身的甘甜具有提味功效，能增進食材的風味，同時又具有甘草所沒有的鮮美清淡，可降低滷肉的油膩感，口感與滋味都十分微妙。

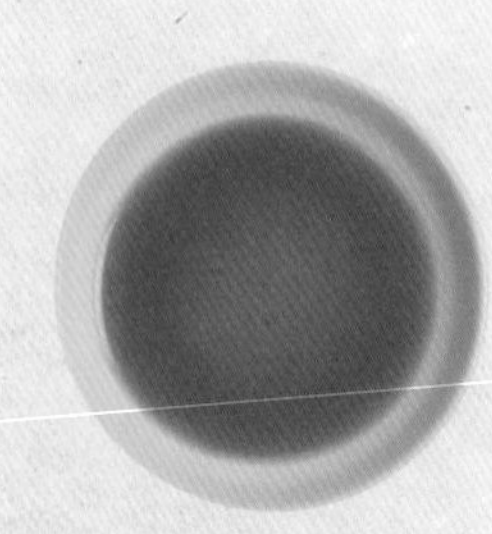

Data

釀造廠所在地：新竹市 東區
原料：黑豆、仙草、鹽、砂糖、酒
建議售價：500毫升 新台幣300元
得獎紀錄：獲選2015年台灣伴手禮

黑豆

味榮 御藏級 有機黑豆壺底蔭油露

文／周玲霞

釀造期程長達一整年

以碾米廠起家的味榮，在日治時代便開始和日本人學習味噌的釀造技術，歷經三代經營至今，舉凡紅麴、酵素、醋或醬油，一切與發酵有關的食品及其釀造技術，都是他們的強項。

這款醬油的前身，是一九八五年推出的「黑豆壺底蔭油露」，與一般傳統釀造醬油不同之處，在於其釀造時間長達三百六十天，將近一整年，而且，在同樣的釀造條件下，這款醬油所使用的黑豆分量也比同業更多。味榮第二代經營者許宗琳相信，必須經過一般觀念中兩到三倍的釀造時間，才能淬鍊出最深厚的風味。到了二〇〇九年，第三代經營者許立昇基於健康飲食推廣的理念，提升了這款醬油的原料選用，全面改以本土及來自中國大陸的有機黑豆釀造，因此，這款產品也更名為「御藏級有機黑豆壺底蔭油露」。

食用筆記

這款醬油味道濃郁香醇，適合紅燒拌炒、麻婆豆腐，亦可拌入辣椒、青龍椒炒入肉類或蔬菜，以醬燒乾炒的方式呈現，例如客家小炒或川式料理手法，別有一番風味，光聞味道就令人垂涎三尺。

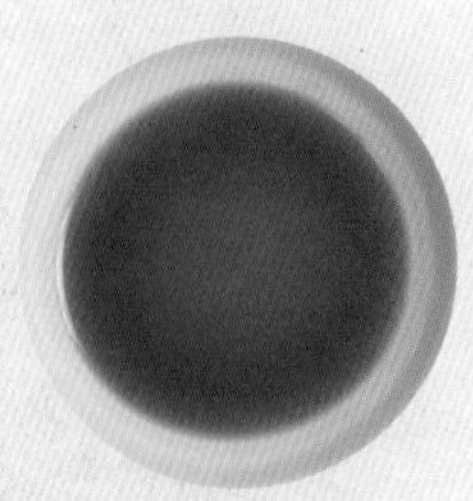

Data

釀造廠所在地：台中市 豐原區

原料： 水、有機黑豆（台灣與中國）、有機蔗糖（巴西）、鹽、甘草

建議售價：450 毫升 新台幣 580 元

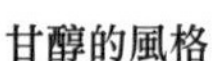

味榮 酵素黑豆醬油

文／周玲霞

重視健康養生的醬油

味榮第三代經營者許立昇十分重視健康養生，他嘗試將備受好評的酵素加入醬油的釀造製程中，試圖提升醬油在健康飲食領域中的地位，歷經十四個月的開發，酵素黑豆醬油在二〇一五年九月正式上市。正因為加入了酵素，這款醬油有著不同於一般醬油的香氣。

遵循古法，採用陶缸日曝一百二十天釀製，酵素黑豆醬油添加台灣屏東種植的天然食材諾麗果（註），這裡的諾麗果經農業改良技術無毒栽培、含有豐富的維生素、礦物質、酵素及微量元素，可抗氧化，有助於調整體質。經國外實驗室調配，以適當比例與黑豆醬油混合，不僅讓諾麗果特殊味道淡化，少去不熟悉的果香味，也很適合老人小孩食用，不會產生不良反應。

（註）：諾麗果是橄樹的果實，這種植物分布於熱帶的海島地區，未經農業改良的原生諾麗果具有強烈的臭味與苦味，民間俗稱「嘔吐果」或「乳酪果」。許多東南亞靠近赤道及大洋洲的海島國家，會在欠收的荒年時將諾麗果當作主食，儘管風味很差，但其營養價值不低。

食用筆記

燉煮煲湯的最後，或藥膳料理烹煮過程中，加入幾匙油露，更能相輔相成，發揮出維持身體機能、平衡體內五行運轉的極大值。

Data

釀造廠所在地：台中市 豐原區

原料：水、黑豆、鹽、糖、甘草、諾麗果酵素

建議售價：新台幣380元

黑豆

高慶泉 醇黑豆蔭油

文／林芳琦

經典暢銷款改良再進化

由於社會大眾越來越重視食安問題，促使高慶泉以「超純釀金級蔭油」為基礎進行配方改良，推出這款「醇黑豆蔭油」。超純釀金級蔭油是高慶泉過去最暢銷的產品，至今已有七十多年歷史，原料與配方從未變動過，長年下來累積非常多愛用者，因此，以這款醬油來做配方改良，對高慶泉來說其實是一項不小的挑戰。

二〇一五年九月，醇黑豆蔭油正式推出，這款醬油特別要求成分單純，採半乾式釀造，時間長達一年以上，只取甕中最底層約全甕十分之一的壺底油製作，以最原始的方式運用紗布過濾，讓味道可以自然展開，且色澤更顯成熟。這款醬油以時間取代添加物，自然且營養，因為產量極少，常常一上市就被搶購一空，因此只能採預購，即便價位較高，仍然供不應求。

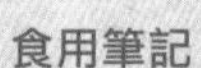

食用筆記

醇黑豆蔭油是一瓶被高志堅董事長譬喻為「鎮店之寶」的黑豆蔭油。只取甕缸中最底層的黑豆油調製而成，更明顯表露黑豆的氣味芳香。這款醬油可用來沾食現撈的生魚片與高檔海鮮料理，在熱騰騰的鐵板上淋上一圈，無論是鐵板頂級牛肉還是新鮮干貝，香氣立刻乘著熱氣直撲而上，令人驚艷不已。

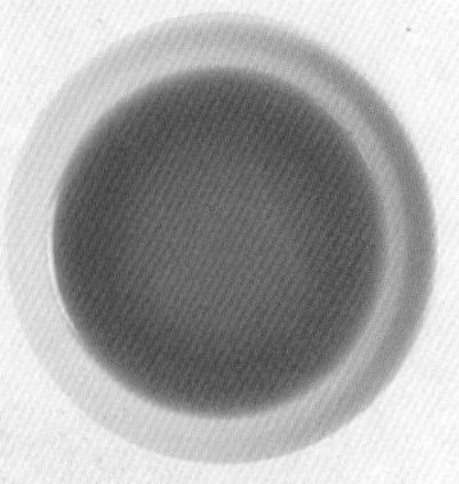

Data

釀造廠所在地：南投縣 南投市

原料：水、黑豆、蔗糖、澳洲純淨海鹽、甘草、天然酵母抽出物

建議售價：410 毫升 新台幣 500 元

黑豆

御鼎興 土旺來黑豆醬油清

文／周玲霞

充滿鳳梨果香與奇妙滋味的醬油

土鳳梨是最能代表熱帶島嶼氣息的水果，南投的土鳳梨滋味酸甜，帶有一種熱情奔放的野性，如果讓酸甜的土鳳梨與味甘性平的黑豆成為一家人，那會是什麼模樣？從澳洲回來的御鼎興第三代釀造師謝宜澂，想到國外有許多水果加工的醬料與醋，而台灣盛產的鳳梨含有許多天然酵素，直覺認為鳳梨對釀造醬油應當會有幫助，於是就把黑豆與土鳳梨一同放入甕缸中發酵，一年之後，土旺來黑豆醬油清就此產生，味道奇佳。

費了許多心力才找到南投山上無農藥殘留的土鳳梨，謝宜澂試著將它們與精選黑豆一同放入甕中，陶甕裡的土鳳梨日漸散發出獨有的酵素，結合發酵的黑豆一起產生化學變化，把一整甕的醬味變得香甜，卻沒有一絲絲土鳳梨的酸氣。鹹中帶甜，甜中帶香，香而回甘，是這款醬油獨有的奇妙滋味。

食用筆記

這是一款帶有淡淡果香的非主流醬油，但食用過的人都紛紛愛上它。由於含有天然果香味，味道特別甘甜，因而特別適合用在涼拌調味上。不妨試試用這款醬油來調製日式沙拉醬，各類蔬果只要沾點調製好的沙拉醬，不需再添加任何香料、果醬，就能感受到豆香與果香不斷在嘴裡交織，是款相當具有本土臺灣味的醬油。

Data

釀造廠所在地：雲林縣 西螺鎮

原料：水、黑豆、土鳳梨、甘草、海鹽、糖

建議售價：420毫升 新台幣250元

黑豆

大同 台灣老醬油

文／林國瑛

回歸純樸的懷舊老滋味

台灣老醬油的「老」字，並不是指醬油放很久，而是強調傳統古法配製。由於醬油的配方會因應世代口味改變，現代的味道跟古早味不盡相同。老配方重現源於有次整理工廠時，意外發現第一代創辦人手稿，師傅按照配方再次熬煮，竟找回懷舊的老滋味，醬油碰觸舌尖剎那，彷彿回到樸實的舊時光。

本款醬油以傳統陶甕手作發酵，採用黑豆製成，口味偏鹹香，因純度高，顏色較深，又加入糖用小火熬煮，在鹹香中帶有些微焦糖味，形成特色。此外，台灣老醬油為高純度的黑豆原汁，具有黑豆獨特香氣，建議可以打開瓶口近距離慢慢聞，層次濃郁具前中後不同韻味，舌尖感受到甜、鹹、鮮，尾韻回甘，猶如好酒一般具有豐富的味覺享受。

食用筆記

味道鹹香、顏色深，用來滷豬腳尤其適合，建議可用水、醬油、醬油膏與豬腳一起滷，加點冰糖，再拿老薑母稍微洗一下，連皮對半或切成四塊，入鍋熬煮，甚至鹽、八角跟香料都不必加，就能嘗到正港的古早香味。另外推薦用作台式料理，例如三杯雞、古早味滷肉，當食材吸收純正黑豆香氣，腦中浮現母親手作便當撲鼻香氣，格外回味無窮。

Data

釀造廠所在地：雲林縣 斗六市

原料：黑豆、水、糖、麥芽糖、食鹽、酵母抽出物

建議售價：400 毫升 新台幣 300 元

黑豆

大同 龍涎清油

文／林國瑛

在陽光燦爛時入甕釀造的醬油

龍涎清油同樣以黑豆為底，在西螺優質的氣溫、水質條件下，以傳統入甕加日曬釀造，可說是台灣老醬油現代版。因台灣老醬油為傳統配方，鹹度較高，現代人開始有養生觀念，不喜歡吃太鹹，如果有人希望保有台灣老醬油這種高等級的醬油風味，卻又想吃得清淡些，就會建議使用龍涎清油調味。為符合現代口感，龍涎清油在調配時，改變糖的比例、改變烹煮參數，相較台灣老醬油，去除焦香味，味道更純粹。

醬油製程屬於高層次加工，管制點極多，每個步驟都得保證到位，醬油規格才會一致，可說「靠天吃飯」。醬油的製程基本上大同小異，若黑豆在入甕時陽光燦爛、溫濕度合宜，那一批醬油的品質就會特別好。

食用筆記

這款醬油的優點在於清香不過鹹，適合拿來炒菜或「嗆鍋」，光是煎一顆荷包蛋，就能享受人間美味。在荷包蛋快熟時，舀一湯匙倒在荷包蛋周邊，使之巧妙吸附醬油香氣，而非直接淋在蛋上喧賓奪主，屬於媽媽的口袋絕技。另外，龍涎清油用來沾蘿蔔糕、生魚片也極美味，有畫龍點睛之效。

Data

釀造廠所在地：雲林縣 斗六市

原料：黑豆、水、糖、食鹽、酵母抽出物

建議售價：400毫升 新台幣300元

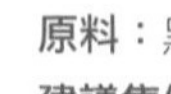

黑豆

新萬豐 萬豐淡定醬油

文／林芳琦

提倡慢補概念的一款養生醬油

為配合現代人注重飲食與養生的趨勢，淡定醬油特地把「養生」概念帶入醬油裡。老闆吳國賓認為，養生應該要「三慢」—慢活、慢食與慢補，並且還要能淡定面對生活中的不如意。吳老闆提到的「慢補」，是指用較和緩的食補來調養身體，淡定醬油就是萬豐慢補系列中的第一款產品。

吳老闆花了三年的時間，才將淡定醬油的配方才完全確定：以萬豐醬油為基底，搭配自家釀製的黑豆酵素與鳳梨酵素，做出這款過程一點也不簡單的淡定醬油。其中，酵素製作法還是吳老闆專程去工研院上課所學來的，學成後，再根據自家醬油需求，自行擬定酵素配方釀製，並與學校合作檢驗自釀酵素確實含有SOD（註）一定比例成分，才讓淡定醬油正式上市。

（註）：SOD是Superoxide dismutase的縮寫，中文名稱為「超氧化物歧化酶」，是一種普遍存在於動、植物及微生物中的抗氧化劑，能消除生物在新陳代謝過程中所產生的有毒物質，對人體有抗衰老、抗輻射、提升免疫力、預防心血管疾病、預防老年性白內障等功效。

食用筆記

淡定醬油鹽度約在11%以下，加入的黑豆酵素使用臺灣黑豆與進口野生甘草，甘味較重。吳老闆提到，會使用黑豆搭配甘草，起因於中國大陸的一款食補方—黑豆甘草飲，主要功能為去濕解毒。鳳梨酵素則使用無毒栽培的臺灣金鑽鳳梨，使醬油多了些果香。這款醬油容量小，適合外食攜帶，當作火鍋料沾醬則別有一番風味。

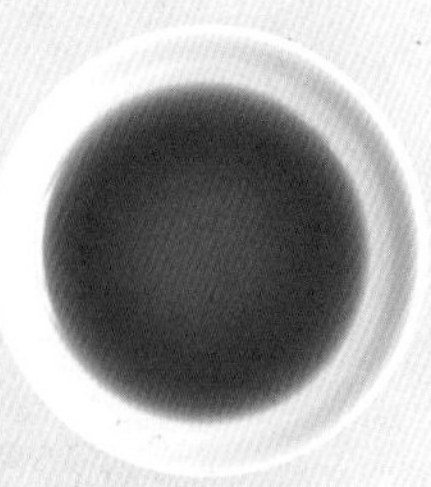

Data

釀造廠所在地：雲林縣 斗六市

原料：臺灣黑豆（臺灣品種，無毒友善栽種）、天然海鹽、糖、水、黑豆酵素（臺灣黑豆、野生甘草、糖）、鳳梨酵素（臺灣鳳梨、糖）

建議售價：250毫升 新台幣230元

黑豆

新萬豐 萬豐古蔭油

文／林芳琦

以天然甘草取代糖的古樸養生醬油

萬豐古蔭油的前身，是來自客戶特別訂製的不加糖醬油，目的是為了用來供養寺廟裡的師父們，接著，陸續又有不同客戶提出類似需求，後來連通路商都有興趣想要上架。然而，當初萬豐的第二代長輩們卻無法接受這件事，他們認為不加糖的原汁只能算半成品，不能稱之為蔭油，令吳老闆感到有些為難，後來有長輩指點，「再怎麼不加糖，至少也要加入甘草。」吳老闆便開始認真探究甘草的特性，他無意間發現食療書籍中提到的「黑豆甘草飲」，主要功能為去濕解毒，這個發現，為新一代的古蔭油的配方立下了更明確的定案，幾經波折，好不容易在國內找到進口未加工處理的野生甘草，正式促成了「萬豐古蔭油」的推出。這款醬油，對有不同養生方式或糖類攝取禁忌的人們來說，是一個不錯的選擇。

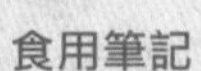

食用筆記

萬豐古蔭油只添加天然野生甘草，不加糖，鹹感略重，適合用在不需太多調味的料理；用來沾食生魚片，可以帶出單純的美味。這款醬油也很適合當作調配醬汁的基底，可根據不同菜色、用料，調出獨特風格的調味料。

Data

釀造廠所在地：雲林縣 斗六市

原料：臺灣黑豆(臺灣品種，無毒友善栽種)、天然海鹽、天然甘草、水

建議售價：250毫升 新台幣230元

黑豆

協美 雙龍黑豆醬油 蔭油

文／林芳琦

講求細節不追求量產的醬油

協美黑豆醬油採用傳統古法釀造，一百八十公斤的黑豆，約僅能做出三百餘瓶四百二十毫升的醬油，不追求產量，協美堅持每個環節一定都要做得到位。

這款醬油的製成過程是：先經過五至六小時的泡豆，豆子泡發後再炊豆，將豆蒸熟，待冷卻；在冷卻後的黑豆中，放入酵母製麴，並將酵母與黑豆拌勻，送至發酵室約發酵一週，發酵完成的黑豆表面會佈滿麴；為了不讓表面多餘的麴影響醬油的口感，須先用清水洗掉，再進行下一步的拌鹽、入缸；而入缸後的黑豆，必須在缸裡經過約四至六個月的釀造，才能取出並將醬油榨出，經由沉澱與過濾去除豆渣，之後裝瓶回蒸以高溫消毒殺菌，最後進行貼標與包裝。

食用筆記

顏色為輕透琥珀色的協美黑豆醬油以純手工製作，為了成就甘醇味美，製作過程需經過充足的陽光曝曬及長時間積累，一打開瓶蓋，就能立刻聞到一股黑豆香氣撲鼻而來，沉穩醇厚的味質，深受許多老饕喜愛，很適合直接當作沾醬使用，用於一般家常烹調使用也相當適宜。

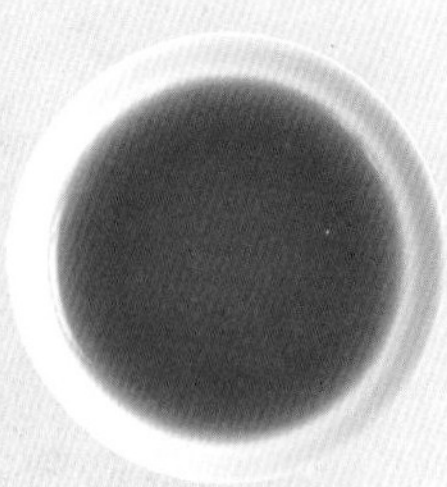

Data

釀造廠所在地：高雄市 鼓山區

原料： 黑豆、酵母、二號砂糖、鹽、水

建議售價：420 毫升 新台幣 180 元

黑豆

結頭份 大樹公手工醬油

文／周玲霞

在蘭陽平原的端午到立秋之間釀造

在農曆節氣「雨水」前必須將黑豆播種，端午節前可收成，端午後進行釀造，洗豆後泡水一晚，隔日清晨煮豆，接著曬豆，再將豆子送進發酵室。養種麴是最困難最令人擔心的步驟，必須在二十四小時內不時觀察豆子顏色的變化，靜置一週後，將發酵的豆子放進甕中，加入鹽和水，再加入糯米粥。接下來，每天清晨都要攪動豆醬，約莫二十天後，開封過濾、壓榨、煮沸、去除雜質、調味，最後入甕靜待醬油熟成，再進行裝瓶。

這套釀造過程，來自當地幾位媽媽數十年來自家釀造的經驗，稍有不慎就可能整甕報銷，宜蘭地區天氣濕冷，只有端午到立秋間適合釀造，因此每年產量不定，也因純手工釀造，每一瓶醬油的味道會有些許差異。

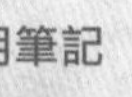

食用筆記

這款醬油有添加糯米粥，使其型態介於醬油與醬油膏之間，因為是手工過濾，所以保留了許多原料殘渣，也因此更添風味，直接沾用會感覺過鹹，但加入蒜泥或調成五味醬，可稱一絕。此外，用這款醬油來滷豬腳，也很合適。

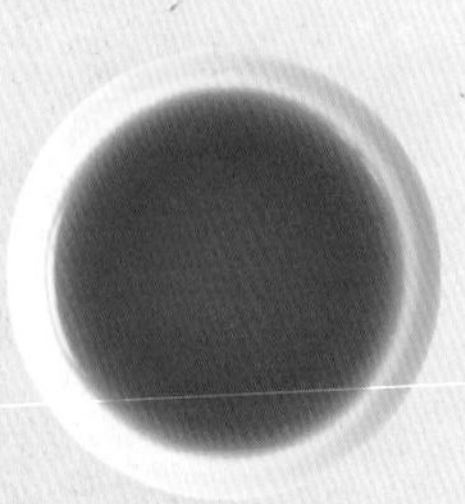

Data

釀造廠所在地：宜蘭縣 員山鄉

原料：黑豆、鹽、圓糯米、甘草片、冰糖、麥芽糖

建議售價：500毫升 新台幣280元

豆麥

高慶泉 非基因改造純釀醬油

文／林芳琦

採用完整非基改黃豆釀造

高慶泉最新推出的「非基因改造純釀醬油」，特別請英國設計師為醬油外包裝做設計，讓一瓶看似簡單的醬油變得不再平凡。醬油標上一顆顆鮮黃的非基改黃豆，以一滴象徵甘醇的醬油圖像來表達內在的單純，但卻格外講究成分的實在，讓人在琳瑯滿目的醬油中，一眼就注意到它。

這款醬油只選用來自印度的非基因改造黃豆，以三日麴豆，再經過一百二十天以上的發酵釀造而成，風味甘醇。台灣市面上所使用的黃豆大多是基因改造，即使目前尚未能明確指出基因改造黃豆對人體是否造成傷害，但高慶泉考量到消費者對基因改造黃豆的疑慮，因而特別推出這款醬油，果然一推出就十分受到消費者青睞，很快就銷售一空。

食用筆記

這款醬油屬於醬油中的基本款，非常適合料理新手使用，無論沾、煮、滷、炒、涼拌都難不倒它，但因為不含焦糖色素，滷製食物不易上色，建議可先簡單炒糖色後，再入鍋滷或燉煮，料理的顏色會更漂亮。

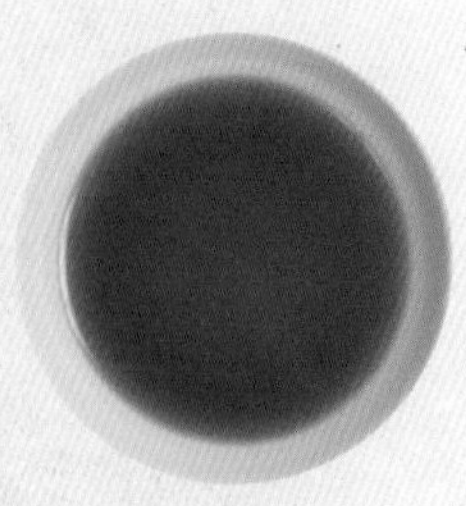

Data

釀造廠所在地：南投縣 南投市

原料： 水、非基因改造黃豆、小麥、糖、鹽、酵母抽出物

建議售價：540 毫升 新台幣 180 元

豆麥

協美 壺底油

文／林芳琦

高雄在地小吃指名使用的醬油

整個製程幾乎完全純手工的協美醬油工廠，同樣以傳統古法來製作協美壺底油，為了減少顧客的購買疑慮，這款醬油堅持採用非基因改造黃豆為原料，製作過程與黑豆醬油幾乎完全相同，只差在這款醬油採用的是濕式釀造法，黃豆在蒸熟後，因為豆子較濕，所以需要加入小麥收乾，以利發酵。當黃豆發酵完成之後，直接倒入調好比例的鹽水入缸釀造。此外，黃豆所需的釀造時間較長，至少約需要六至八個月。

食用筆記

這款醬油的顏色是較深的琥珀色，且不添加任何的化學原料與人工甘味劑，味道甘醇，一點也不死鹹，適用於一般烹調的煎、滷、燉、炒及調配沾醬使用。高雄有許多在地小吃攤和餐廳指名使用協美壺底油，不論是用來做滷肉還是肉燥，即使長時間燉煮，滷出來的肉色都是均勻的褐紅色，色香味美。

Data

釀造廠所在地：高雄市 鼓山區

原料：黃豆、小麥、酵母、二號砂糖、鹽、水

建議售價：420毫升 新台幣120元

豆麥

萬家香 純佳釀醬油

文／林國瑛

簡單搭配就很好吃的一款醬油

以黃豆、小麥為基底，經過蒸煮黃豆、焙炒小麥，將豆麥與麴菌混合均勻後發酵的過程。麴菌是「醬油的心臟」，萬家香堅持在無菌室中培養獨家菌種，避免摻入雜菌突變，造成異樣氣味，每個環節盡心控制，醬汁才能產生香甜氣味。

食安問題頻傳，社會大眾飲食意識抬頭，開始回家做菜，減少外食。這款醬油可說是回應了大眾的需求，不使用人工添加物，同時考慮單身男女或小家庭需求，推出瓶身精緻的小巧包裝，避免醬油用不完而過期壞掉的問題，隱含著「珍惜食物」觀念。純佳釀醬油在市場有著不錯的銷售表現，如好茶般回甘的香氣，用最簡單的方式搭配食材就很美味，淋在熱騰騰的白飯上，就是幸福的好味道。

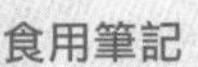

食用筆記

白米洗淨瀝乾後，加入水與純佳釀醬油，放入香菇絲、豆皮、毛豆拌勻，最後擺上臘腸放入電鍋中，外鍋加1杯水按下電源，就是香氣豐富營養又均衡的港式臘味飯。此外，搭配小吃，如水餃、荷包蛋等，也很對味。

Data

釀造廠所在地：屏東縣 內埔鄉

原料： 水、蔗糖轉化液糖、非基因改造黃豆（高蛋白豆片）、小麥、食鹽、酒精、酵母粉

建議售價：450 毫升 新台幣 160 元

豆麥

萬家香 純佳釀淡口醬油

文／林國瑛

深受台灣南部老饕喜愛的醬油

俗話說，北鹹南甜東酸西辣，這也反映在醬油的口味上。純佳釀淡口醬油雖名為「淡口」，顏色也偏淡，但口味卻是偏甜，頗為符合台灣社會大眾的口味，尤其是在嗜甜的台灣南部，更是獲得許多人們的喜愛。製造過程中，砂糖比例偏高，熬煮時間需經嚴謹控制，免得熬煮過久顏色過深。

這款醬油色澤清澈，外觀晶瑩剔透，口感甘醇，沾食、涼拌等方式最能襯托食材真實滋味。不過，由於甜度較高，因此建議有相關病史、不適合攝取過多糖份的人們斟酌使用。

食用筆記

這款醬油用於涼拌苦瓜可降低苦瓜的苦味並提出甘味，顏色清澈凸顯苦瓜青翠色澤，更加賞心悅目，加上苦瓜清火解熱的特色，相當適合夏天食用。

Data

釀造廠所在地：屏東縣 內埔鄉

原料：水、蔗糖轉化液糖、非基因改造黃豆（高蛋白豆片）、小麥、食鹽、酒精、酵母粉

建議售價：450毫升 新台幣150元

豆麥

萬家香 陳年醬油

文／林國瑛

膾炙人口的懷舊滋味

若要說萬家香醬油中最有「故事」的一員，非陳年醬油莫屬。四、五年級生對「一家烤肉，萬家香」這句廣告台詞想必耳熟能詳。由當年一線女星張詠詠代言，並融入文案「一家烤肉萬家香」，掀起台灣人烤肉的喜愛。

陳年醬油為豆麥醬油，經過長時間發酵釀造製成，口感色澤濃郁厚實，適合長時間細火慢燉，剛推出時非常受到歡迎，在念舊的族群中擁有一定市場。陳年醬油屬於萬家香早期推出的產品，常是有人堅持要用的「祖傳傳油」，因此陳年醬油可說具有「阿嬤的味道」。

食用筆記

挑選一塊肥瘦合宜的豬肉，加上這款醬油和紹興酒，以文火細火慢燉，成就一鍋香酥軟嫩，肥而不膩，醬香四溢的美味。油亮多汁，醬香撲鼻的東坡肉。

Data

釀造廠所在地：屏東縣 內埔鄉

原料： 水、非基因改造黃豆（高蛋白豆片）、小麥、蔗糖轉化液糖、食鹽、酒精、酵母粉

建議售價：1000 毫升 新台幣 95 元

圖鑑四

家常好滋味

口感溫潤豐美味道
多元有層次的醬油

在亞洲飲食文化圈中，各地風土、物產發展出不同菜系，為滿足各種考究料理的需求，醬油類型也有多元發展，比方說，粵式的「生抽」就是一般用途醬油，而「老抽」則是專為食材上色用；坊間常見的日式醬油，亦有為不同料理風味而生的鰹魚、柴魚、昆布等不同口味。若想要選一瓶適合所有料理烹飪方式的且物美價廉的萬用款，台灣本土就有許多好選擇。

黑豆

新合順 員寶壺底清油

文／林芳琦

連當地衛生局稽查人員都愛用

員寶壺底清油是新合順現今最暢銷的一款醬油，這款醬油的愛用者中，有許多是經由老顧客的推薦而嘗試使用，之後就深深愛上它，再也離不開它了，結果也成了老主顧。最有趣的是，當地衛生局的工作人員也愛用這款醬油，曾有到新合順稽察後順道買醬油回家，甚至發起同事團購的情形，這些現象不單單顯示這瓶醬油料好實在，品質有保障，更重要的是物美價廉，所以除了受當地居民喜愛外，也有許多來自全省各地的訂單。

新合順只做黑豆甕缸釀造醬油，廠房中可以同時看到乾式與溼式釀造兩種醬油，員寶壺底清油取乾式釀造的生醬油為主，再調和少許溼式釀造的生醬油，所以色澤上較深。

食用筆記

這款醬油用法十分多樣，平常老闆娘最常拿來做湯底，只要在沸水中加入少許醬油，再打顆蛋，灑上蔥花，就是最營養美味的蛋花湯。而老老闆娘的拿手好菜滷鴨子，也是用這款醬油調味，據説做好之後，香味可從一樓竄到三樓！其他如薑母鴨、羊肉爐也都很適合。此外，這瓶醬油不含焦糖色素，不易著色，所以也適合用來蒸魚，不僅可以提鮮，更能讓滋味更回甘。

Data

釀造廠所在地：彰化縣 員林鎮

原料：黑豆、水、砂糖、鹽、甘草酸鈉（甜味劑）、5'-次黃嘌呤核苷磷酸二鈉、5'-鳥嘌呤核甘磷酸二鈉（調味劑）

建議售價：420毫升 新台幣90元

得獎紀錄：榮獲2014中華民國第26屆優良食品評鑑金牌獎

新和春 特級壺底油

文／林芳琦

熱銷六十年的經典款醬油

新和春的醬油，不論是哪一款，一開瓶一定都會聞到一股濃濃的醬油豆香味，這是新和春強調乾式釀造，不開缸、不攪動所呈現出的醬油特色。從第三代張仕明所提供的老照片中不難看出，早年的乾式發酵，還需要經過「封缸」的工序，在兩名孩童的一旁，還有攪拌石灰用的木桶，封缸必須以石灰拌粗糠，攪拌均勻後，塗抹於甕蓋與甕缸之間，直到熟成後，再開缸取出黑豆與豆汁。

「新和春特級壺底油」就是以這樣的古法所釀造的一瓶醬油，至今已銷售超過一甲子，熱賣依舊。

食用筆記

這款醬油因為已經過調味，所以味道與「新和春原味初釀壺底油」相較多了一點甜味，但風味仍然甘醇。老闆娘認為「新和春特級壺底油」對家庭主婦而言是相當好用的一款醬油，不論沾、炒、滷或醃製都很萬用，她建議可用來炒飯、炒筍子、炒肉絲或煎蔥花蛋時，都可加入少許調味，會有如神奇魔法般，讓吃到料理的人都讚不絕口。

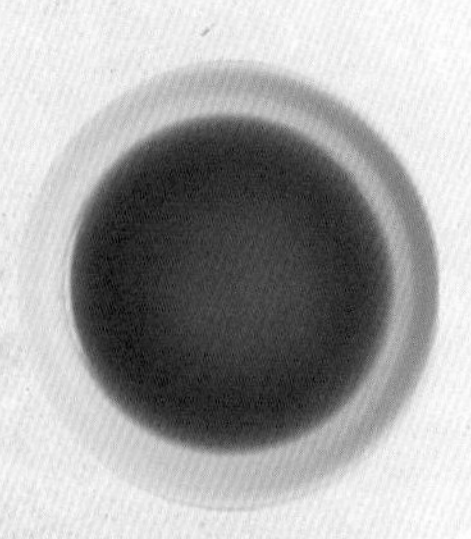

Data

釀造廠所在地：彰化縣 社頭鄉

原料：水、黑豆、鹽、糖、胺基丙酸、5'- 次黃嘌呤核苷磷酸二鈉、5'- 鳥嘌呤核甘磷酸二鈉、琥珀酸二鈉、甘草酸鈉（甜味劑）

建議售價：420 毫升 新台幣 250 元

高慶泉 黑豆白蔭油

文／林芳琦

為滿足醃漬需求的客製化產品

同樣的製麴方式與發酵條件，但運用後端的控制，包含溫度、發酵時間、調煮時間等，就讓醬油所表現出來的顏色大不相同，這款醬油就是一個特殊的例子。高慶泉研發團隊控制醬油製作過程的後端要件，使原本為深琥珀色的蔭油顏色轉而呈現淡琥珀色，因而稱為「黑豆白蔭油」。

這款醬油可說是客製化產品，當初有一群媽媽想找適合醃漬破布子的醬油，但市場上的醬油顏色深且重，在遍尋不著合適的醬油後，便請高慶泉開發淺色醬油，推出後，市場反應良好，除了可用於醃漬各類農產品外，許多海鮮餐廳也喜歡採用這款醬油。

食用筆記

色淺，不易著色，非常適合海鮮料理，如炒花枝、清蒸魚等。當然，原本就是為醃破布子而研發的黑豆白蔭油，用於醃漬農產品再適合不過了，除了破布子外，也可以試試小黃瓜、黑豆等等，不同的農產品經過醃漬加工，風味截然不同，各具特色。

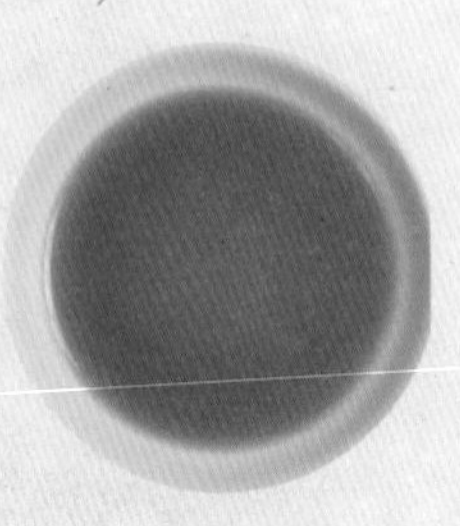

Data

釀造廠所在地：南投縣 南投市

原料：水、黑豆、砂糖、鹽、食用酒精、酵母抽出物、甘草萃（甜味劑）

建議售價：540毫升 新台幣180元

黑豆

高慶泉
純釀造黑豆薄鹽壺底油

文／林芳琦

風味溫和且入喉不刺激

自一九九三年推出減鹽黑豆蔭油後，高慶泉研發團隊就致力於研發各款減鹽醬油，希望能做出少鹽卻不減少美味的醬油。高慶泉的減鹽產品是整體性降低鹽分，而非以減少氯化鈉卻增加氯化鉀的方式製作。

高志堅董事長特別強調，黑豆具有花青素，所以黑豆蔭油是非常健康且營養豐富的調味品，國內法規規定鹽分含量在百分之十二以下即符合薄鹽醬油的條件，不過高慶泉在反覆研究與測試後，目前的技術，最低已能做到鹽分含量僅約百分之九。高慶泉研發減鹽醬油超過二十年，純釀造黑豆薄鹽壺底油推出時間已有十年以上，鹽度約百分之十一，是一般消費大眾普遍最能接受的味道。因為鹽度低，卻又不減黑豆蔭油特有的甘、醇、香，所以甚至有代理商稱這款醬油為「可以直接喝的醬油」。

食用筆記

這款醬油為了健康而研發，味道不鹹，很適合沾食來為食物增鮮，也適合熗鍋與紅燒來為料理提味。

Data

釀造廠所在地：南投縣 南投市

原料： 黑豆、食鹽、砂糖、焦糖色素

建議售價：540 毫升 新台幣 180 元

黑豆

三珍 螺皇壺底蔭油露

文／周玲霞

螺皇這支醬油是在廖美滿手中誕生的，她以在公公時代頂級的「螺珍」醬油為基礎，進行風味上的調整，這麼做是起因於早期醬油調味偏鹹，漸漸與現代人對健康與口味的需求不符之故，因此將口味調整為甜大於鹹，為這款醬油取新名時，廖美滿特定用自己兒子名字中的「鴻」字為諧音，取為「螺皇」。

調整鹽用量以求甘美

西螺地方的醬油都是蔭油，在廖美滿的認知中，蔭油就是用黑豆釀造的醬油，而黑豆的比例，正是西螺各家醬油廠的製作關鍵，三珍以高比例黑豆進行釀造，因此豆香味足。位於台灣中部的西螺，雖然天氣較為炎熱，全年度都可以進行醬油釀造，但是有時不免碰上寒流等溫度不穩定卻要進行發酵的時候，還是得靠經驗幫發麴中的黑豆蓋蓋棉被，增加溫暖，以確保釀造品質。

食用筆記

這款醬油原汁質感偏稀不濃稠，適合用於滷製，依比例加入蔥、水、醬油、酒，不須其他香料及滷包，就能烹調出一鍋美味的滷肉。

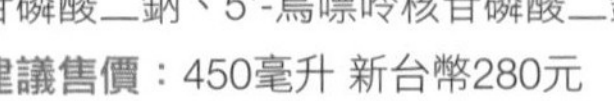

Data

釀造廠所在地：雲林縣 西螺鎮

原料：黑豆、食鹽、砂糖、甘草萃、5'-次黃嘌呤核苷磷酸二鈉、5'-鳥嘌呤核苷磷酸二鈉

建議售價：450毫升 新台幣280元

黑豆

御鼎興
薄鹽清香柴燒壺底油

文／林芳琦

口味清淡而完整保留黑豆香氣

「盆鹽」是指在釀造後，留在陶甕中的結晶鹽。赤褐色的盆鹽特別具有黑豆的香氣，因為量少而彌足珍貴，用在料理上，鮮度優於一般海鹽許多。御鼎興特別蒐集每缸陶甕挖出黑豆與生醬油後所剩下的盆鹽，也因產量相當少，只有很少部分的幸運兒能購得。

「薄鹽清香柴燒壺底油」是為了符合長輩或有慢性病的人的需求所製作的一支醬油。帶著一種背負時代責任的自我期許，御鼎興期望能兼顧傳統與健康，於是開發這款「薄鹽清香柴燒醬油清」，希望能少鈉、低鹽，所以這支醬油的鹽度只有十二到十三度。與其他醬油在製作上最大的不同是，為了降低鹽度，它僅取用甕缸裡中下層的生抽所調煮，味道清淡不鹹，卻仍保有黑豆的香氣。

食用筆記

這款醬油強調少鈉、味道不鹹，用在沾食或涼拌上特別適合。剛煎起的鍋貼、蔥油餅，剛起鍋的水餃，甫出爐的小籠包，只要沾一點，風味上多了豆香味，味道更加分。用這款醬油涼拌皮蛋豆腐也是一絕，減了鹽度的醬油，卻不減醬香味，讓白淨的豆腐宛如披上一層琥珀色絲巾，同是豆製品，卻相得益彰，在搭配上皮蛋，味道突兀卻不衝突。

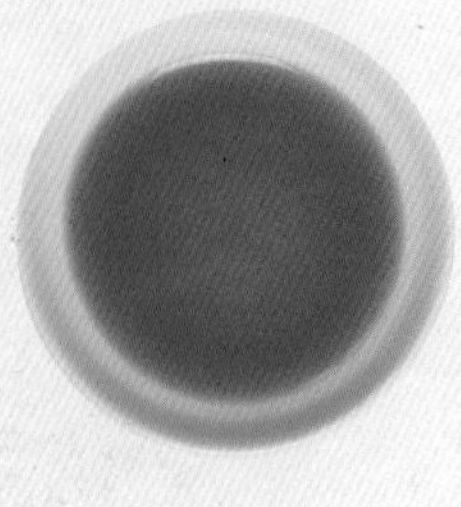

Data

釀造廠所在地：雲林縣 西螺鎮

原料： 水、黑豆、海鹽、糖、5'-次黃嘌呤核苷磷酸二鈉、5'-烏嘌呤核甘磷酸二鈉、胺基丙酸

建議售價：420 毫升 新台幣 150 元

黑豆

華泰 華寶正蔭油

文／林芳琦

以父母照顧幼兒的心情釀造

華泰醬油的老闆林朝輝表示，要做好醬油就要能做好父母，一定要「用心」，因為做醬油就如同做父母對孩子總是事事都上心：在製麴階段，常常冬天時半夜也要起來巡視，怕太冷，就以布袋覆蓋，夏天時怕太熱，要能即時抽風，讓溫度稍涼，無論煮豆、製麴或下缸都要親力親為，勢必要能確保每個環節都被妥善照顧好。華泰有獨家的菌種培養，採用菌種搭配，利用獨家的特殊菌種分解黑豆中的蛋白質，以提升氮含量，再加上六個月以上的日曝熟成，因而華泰醬油的香氣特別與眾不同。

「華寶正蔭油」是華泰的暢銷品，不單單是黑豆原油的含量高，且價格又親民，是小吃攤商與附近居民都很喜愛的一支醬油。

食用筆記

許多愛用華泰醬油的老顧客都很喜歡以這支正蔭油來滷食物，無論是豬腳、三層肉或素菜、素料等，因為這款醬油的高黑豆油比例，使得在烹煮上即使是長時間滷煮醬香氣依舊不減，且滷好的食物色澤漂亮，味道極佳。此外，用於炒菜、爆香也都很適合，是黑豆蔭油愛用者眼中的好選擇。

Data

釀造廠所在地：雲林縣 西螺鎮

原料：黑豆、水、鹽、糖、味醂、5'-次黃嘌呤核苷磷酸二鈉、5'-鳥嘌呤核甘磷酸二鈉、甜味劑（甘草酸鈉）

建議售價：420毫升 新台幣140元

黑豆

瑞春 傳承壺底油

文／周玲霞

祖傳密方調配，每年只產三百五十瓶

祖傳的釀製秘方，僅有當代傳人可習得，這是瑞春的自家堅持。瑞春第四代經營者鍾政衛的祖父，就是以這支醬油來當作他父親的畢業考，因此這款壺底油名為「傳承」，而鍾政衛也在通過父親的畢業考之後，推出這支價格最高的「傳承限量壺底清油」。使用甕釀日曝一百八十天以上百分之百壺底黑豆原汁調製而成，遵循四代家傳古法釀造技術，以最古早手工蒸煮調配，最關鍵的調配過程，是連負責行銷的哥哥鍾政達及「瑞春」三朝元老的老師傅都不能習得的閉門秘技。每次產量約僅三百五十瓶，十分珍貴罕見。

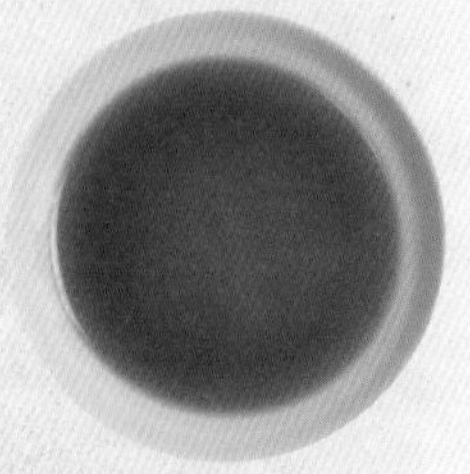

食用筆記

這款醬油入口時，醬油豆香濃郁、口感醇厚。稍有熱氣就可逼出黑豆的原始香氣，用於炒飯起鍋時的最後提香，可讓無味的不及格的炒飯馬上越級滿分。

Data

釀造廠所在地：雲林縣 西螺鎮

原料： 黑豆、食鹽、砂糖、甘草酸鈉、5'- 次黃嘌呤核苷磷酸二鈉、5'- 鳥嘌呤核苷磷酸二鈉

建議售價：420 毫升 新台幣 500 元

黑豆

龍宏 頂級黑豆油

文／林芳琦

用十八個月的光陰淬鍊極致風味

這款醬油的釀造時間長達一年半以上，是目前龍宏釀造時間最久的醬油之一。

龍宏醬油的最大特色是採厭氧封缸發酵，亦即黑豆入甕後到開缸前，一改常見的溼式釀造可以隨時開缸以關注黑豆釀造熟成情形，而採用讓甕缸靜置一年以上，歷經春夏秋冬的四季變化，三百六十五個寒暑才開缸採收黑豆油。而這款「龍宏頂級黑豆油」釀造熟成的時間更久，要讓甕缸裡的黑豆吸收足了十八個月以上的日月精華，才開缸取出黑豆油，所以製作出的醬油味道更濃、醇、香，搖晃瓶身後所產生的醬油泡沫更為細緻，而且久久不易散去，風味格外與眾不同。

食用筆記

這款醬油經歷十八個月完全厭氧甕缸發酵的靜釀熟成，黑豆裡的蛋白質可說已完全被分解轉化為胺基酸，所以色深、味醇，濃厚的黑豆香氣可說是喜愛純釀造黑豆油消費者的最佳選擇。這款醬油因為味道濃郁，用於任何料理都很合適；無論是白斬雞、白切肉的沾食，還是客家小炒或蔥爆牛肉嗆鍋的醬香，都使食物的風味更上一層樓。

Data

釀造廠所在地：雲林縣 林內鄉

原料：水、黑豆、砂糖、食鹽、甘草萃（甜味劑）

建議售價：420毫升 新台幣350元

黑豆

龍宏 御珍黑豆油

文／林芳琦

運用厭氧發酵技術維持高品質

龍宏的每一款醬油均以與空氣隔絕的厭氧甕缸發酵方式釀造，這款也不例外。御真黑豆油的釀造時間至少一年以上，因為平價又味美，而長期在龍宏醬油的銷售榜上獨佔鰲頭。

龍宏的生黑豆油從甕中撈起後，直接壓榨，壓榨後的生豆汁再加水調理；由於龍宏是以厭氧發酵方式製作，釀造的時間長，使得龍宏不論任何一款醬油顏色都深而明亮，所以龍宏從來沒有像有些醬油廠製作豆麥醬油時，會特別以焦糖色素來調色。

龍宏的另一個經營理念是幾乎不做廣告，因為沒有廣告行銷費用，因而價格可以直接回饋給消費者。龍宏的通路多半為一般食材店、傳統市場。

食用筆記

甘醇香的「龍宏御珍黑豆油」是款怎麼煮都好用的百搭醬油，不僅深受消費者愛戴，也是龍宏員工都愛用的一支醬油。由於釀造過程真材實料且遵從古法，使得這款醬油口感絕佳，有員工特別喜歡拿它與自家生產的紫蘇梅做紫蘇梅焢肉，成為特殊的風味料理，或與辣豆瓣醬、辣椒醬一起做熱炒料理，也可以於蒸蛋時倒入一點來提味。

Data

釀造廠所在地：雲林縣 林內鄉

原料： 水、黑豆、砂糖、食鹽、L- 麩酸鈉、DL- 胺基丙酸、多磷酸鈉、5'- 次黃嘌呤核苷磷酸二鈉、5'- 鳥嘌呤核苷磷酸二鈉、甘草萃（甜味劑）

建議售價：420 毫升 新台幣 130 元

黑豆

日新 正蔭油清

雲林土庫當地人從小吃到大的醬油

文／周玲霞

日新招牌產品，維持第一代的老配方，從日治時期不斷延續至今的老麴發酵，經過至少一百二十天的曝曬，日曝熟成，再取出壓榨調味。由於創辦時，仍屬重勞力人口多的年代，以現代人口味而言偏鹹，但卻讓父執輩相當喜愛。蒸煮後的黑豆拌入新麴與一週前的老麴，帶發酵完成後，將洗淨的黑豆置入醬缸中，攪拌海鹽之後，先靜置數天後，待黑豆稍微沉澱，再於最上層封住厚厚的海鹽，確保雜菌不會侵入，在等待熟成的日子中，每隔兩週就要打開觀察，以確保品質，開甕後的黑豆經過壓榨、調味，就是雲林土庫人一嚐便知的日新醬油，包裝至今維持原始樣貌，道地的土庫名產。

食用筆記

黑豆香氣濃郁，用於滷製多油的三層肉或豬腳時，表現特別傑出，香氣逼人。亦可倒在醬油碟內直接沾食白切肉或白斬雞，更能體會原始蔭油韻味。

Data

釀造廠所在地：雲林縣 虎尾鎮

原料：黑豆、水、特級砂糖、天然海鹽、甘草萃、甜菊糖苷、5'-次黃嘌呤核苷磷酸二鈉、5'-鳥嘌呤核苷磷酸二鈉、DL-胺基丙酸、琥珀酸二鈉、L-麩酸鈉、多磷酸鈉

建議售價：420毫升 新台幣200元

三鷹 黑龍壺底油

文／林芳琦

現代化五星級日曝場釀造

一般醬油釀造日曝場都是露天的，但黑龍的日曝場卻是在「室內」，屋頂採用透明的採光罩，光線十分充足，完全不怕風吹雨打，而且還有現代化溫控設備輔助，堪稱五星級日曝場。

另一個與他廠最大不同之處，在於黑龍使用食品級玻璃纖維桶取代傳統甕缸。第三代經營者涂靖岳表示，這些玻璃纖維桶是特別訂做給黑龍釀造黑豆蔭油的容器，之所以這麼做，除了有便利自動化操作的目的外，還看重其易清洗且不易破裂的特質。洗麴後的黑豆，下缸至玻璃纖維桶內，日曝一百二十天以上，靜待黑豆釀造熟成。涂靖岳一再強調，儘管黑龍採用現代化設備，但傳統的工法與精神是不變的。

「黑龍壺底油」是黑龍少數沒有添加焦糖的一款黑豆醬油，它是以溼式釀造且日曝一百二十天以上的生醬汁製作而成，因為不添加焦糖，所以顏色較淺。

食用筆記

這款醬油有濃厚的豆子發酵味，但也因為色淺、不著色，所以性質很接近俗稱的「白蔭油」。既然黑龍壺底油有白蔭油的特質，那麼拿來做湯底絕對是上選，無論是素菜湯、簡單的紫菜蛋花湯，或是香菇雞湯、苦瓜雞湯，只要在水裡先倒一點，就是最好的湯底。此外，用來清蒸海鮮也是好選擇，清蒸鱈魚、鮮蝦、小章魚等，既不搶色，又能提味。

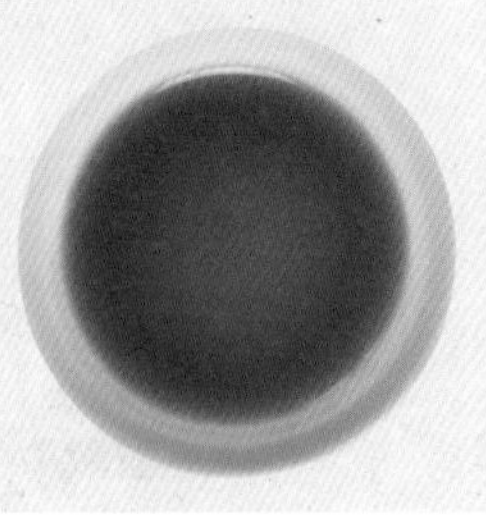

Data

釀造廠所在地：嘉義縣 民雄鄉

原料：黑豆、水、食鹽（天然海鹽）、砂糖、酵母抽出物、乳酸（調味劑）、甘草萃（甜味劑）

建議售價：600 毫升 新台幣 370 元

黑豆

三鷹 黑龍特級黑豆蔭油清

文／林芳琦

精密的半自動製程，確保品質一致

黑龍的蔭油製作流程幾乎已全自動化，用蒸煮釜蒸過的黑豆，豆裡的蛋白質會充分變性，便能與麴菌順利結合發酵，以撥平機整平倒入不鏽鋼簳裡的麴豆，使麴菌能平均生長，接著，一盤盤不鏽鋼簳整齊地堆疊在倉儲貨架上，送進製麴室，室外則可以看到控制溫度與溼度的現代化電腦設備。

製麴前的所有步驟，在黑龍都可用現代化機器設備操作，唯獨製麴僅能以半自動化方式操作，畢竟每一盤不鏽鋼簳裡的溫、溼度仍會因擺放位置高低等而有些微不同，這時就需要人工將簳的高低位置對調交換，盡可能讓所有發酵與菌絲生長狀況都接近，才能做出品質一致的蔭油。

這款醬油就是在這樣的製程下做出來的，因為內含用砂糖調色的焦糖醬色，所以蔭油色澤略深，一開瓶就有濃郁黑豆與焦糖結合的特殊香氣，可說是色、香、味兼具的一瓶蔭油。

食用筆記

這瓶醬油是許多中式料理的最佳配角，可用來沾、拌、烤、煮、滷、炒、煎，樣樣都適合，拿來做素食料理，味道亦是一絕。以「特級黑豆蔭油」做香滷白菜，把泡水後的乾香菇爆香，加入大白菜、金針菇與豆皮等一同熬煮至軟爛，大白菜的鮮甜與香菇來自山中的鮮香味，結合這款醬油的黑豆香氣，簡直就是美味與健康的結合，怎麼吃都沒負擔。

Data

釀造廠所在地：嘉義縣 民雄鄉

原料：黑豆、水、食鹽（天然海鹽）、砂糖、糯米、酵母抽出物、焦糖色素（普通焦糖）、甘草萃（甜味劑）

建議售價：600毫升 新台幣270元

黑豆

三鷹
黑龍春蘭級黑豆蔭油清

文／林芳琦

質純溫和的日常好醬油

春蘭級黑豆蔭油可說是瓶人見人愛的醬油，原本就設定是以「一般家庭」為主要消費對象，價格平易近人，醬油味道單純又帶點甜味，在口中後味很溫潤，無論運用在何種料理，都不會因為味道太明顯而搶了原有食材的鮮味，不突兀的滋味，讓人覺得格外舒服。

春蘭級黑豆蔭油有個好姊妹，就是春蘭級黑豆蔭油膏，是以這款醬油加入當天磨製的糯米漿調製而成，味道同樣溫醇。而春蘭級黑豆蔭油的好兄弟們，分別是夏荷級油膏、秋菊級與冬梅級油膏，秋菊級同樣也有推出清油與油膏。這四款醬油的差別在於等級，也就是生醬油含量比例的多寡，其中以春蘭級的生醬油含量最多。

食用筆記

味道溫柔可人的春蘭級黑豆蔭油，無論煎、煮、炒、沾、滷、紅燒或涼拌，幾乎都可以拿它來調味。簡單的皮蛋豆腐最能感受這樣溫婉的味道，淋上醬油的豆腐，以湯匙舀入嘴中，可以立刻感受到豆腐的細緻透過醬油的滋潤而被突顯出來，再搭配上滑順的皮蛋與柴魚片的香氣，這種單純的美味，卻令人覺得好滿足。

Data

釀造廠所在地：嘉義縣 民雄鄉

原料： 黑豆、水、食鹽（天然海鹽）、砂糖、酵母抽出物、普通焦糖（焦糖色素）、甘草萃（甜味劑）

建議售價：400 毫升 新台幣 130 元

黑豆

成功醬園 真味黑豆蔭油

文／林芳琦

風味清甜適中的萬用醬油

成功醬園第二代經營者鄭國財繼承父親的醬油釀造技術後，又精進加強釀造黑豆醬油，在此之後開始生產更濃厚的黑豆醬油，其中，真味黑豆蔭油就是鄭國財開發出來的一款醬油。黑豆的胺基酸高，不飽和脂肪酸也高，這款醬油，就是看重黑豆的營養價值所開發出的醬油。

儘管現在許多醬油大廠都已採用玻璃纖維桶、室內廠房、恆溫控制等現代化的技術，但成功醬油第三代經營者鄭智元則是將父執輩的祖訓牢記在心，為了讓下一代了解什麼才是真正的傳統釀造，基於這樣的一種使命感，成功醬園堅持繼續以甕缸及天然曝曬方式來釀造醬油。在成功的廠房裡，玻璃瓶裝的高品質蔭油，無論乾式還是濕式，都以甕缸釀造，一排又一排的醬油甕在廠區的空地上整齊的排排站，一同擁抱陽光的燦爛，也接受大地的日月精華。

食用筆記

這是款萬用型醬油，風味特色上較適合台灣中、北部人的偏好，真味黑豆蔭油相當適合久滷，且越滷越香。鄭智元建議可拿這款醬油做冰糖豬腳，由於醬油本身就是以冰糖調味，所以做冰糖豬腳時可減少冰糖的用量。鄭智元說，自己的阿嬤做冰糖豬腳時，都只用這支醬油加上冰糖而已，不用再加鹽，以小火慢滷，約滷一個多小時，豬腳的色澤均勻，豬肉軟爛即可。

Data

釀造廠所在地：台南市 新化區

原料：水、黑豆、食鹽、砂糖、甜味劑（甘草萃、蔗糖素）、酵母抽出物、香菇抽出液

建議售價：430毫升 新台幣110元

黑豆

民生 壺底油精

文／林芳琦

適合簡單料理的質樸古早味

三十多年前，為了提升自家「聖誕老人牌」醬油風味而釀造的黑豆醬油，但當時台灣經濟尚不富裕，消費者多半選擇價格低廉的化學醬油，因而滯銷。為減輕囤貨壓力，一九八三年時，改以「民生」為品牌，推出小瓶裝版的壺底油精，然而，一瓶五十五毫升就要價三十二元，是當時市面上一般醬油二十幾倍的價格，仍是走高單價的路線。民生醬油第二代經營者鄭惠民表示，採用小瓶裝的用意，除了讓單瓶價格不至於太高之外，也考量到醬油用量的問題。醬油開瓶後若不盡快食用，則風味會日漸喪失，小瓶裝可讓消費者總能品嚐到壺底油精最美好的滋味。

這款醬油強調以老阿嬤的傳統工法釀造，將陶甕中日曝四至六個月的壺底油取出後，不經壓榨，而直接在地窖中二次熟成，由於多了這道在地窖熟化的工法，使這款醬油的胺基酸含量更豐富，味道更香醇。

食用筆記

壺底油精適合最自然、簡單的煮食方式：取一把剛從田裡採回的青菜，或許是地瓜葉、菠菜、空心菜，也可能是過貓、龍鬚菜或山蘇，將新鮮蔬菜汆燙，滴上幾滴壺底油精略微攪拌，就是一盤絕美好味的佳餚。除了燙青菜之外，乾拌麵也很能體驗這款醬油青仁黑豆的自然醇香。

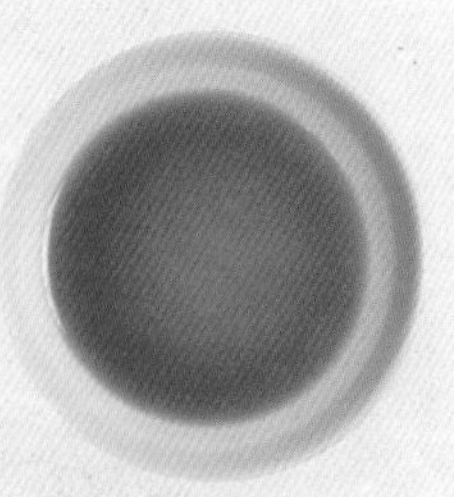

Data

釀造廠所在地：高雄市 三民區

原料： 水、青仁黑豆、食鹽、砂糖、酒精、酵母抽出物、甘草萃

建議售價：小瓶裝 50 毫升 新台幣 40 元，大瓶裝 750 毫升 新台幣 380 元

得獎紀錄：全國評鑑會特優獎、全國評鑑會金牌獎

豆麥

金蘭醬油

文／周玲霞

深深記憶在台灣人味蕾上的經典款醬油

金蘭擁有專業養菌技術，採用強勢菌種的培養方式，以黃豆、小麥和鹽三者進行四到六個月純釀造後，所產生天然飽滿的釀造香氣，就是此一菌種的成果，也是金蘭醬油特殊氣味深深記憶在台灣人味蕾上的原因。

八十年來，以相同菌種風味傳承，並不斷在原料上進行改進，如今採用非基因改造黃豆釀造，並添加天然紅麴，不僅在產品的健康表現上更為加分，在使用時也會發現金蘭醬油的顏色偏紅、色澤則轉亮。金蘭醬油不加任何味精、防腐劑，呈現最佳風味。

有不同容量包裝，提供家庭或業務所需，玻璃瓶與塑膠瓶身產品相同，為考慮到媽媽的手能輕鬆拿取，因此大容量多採塑膠瓶裝。

食用筆記

琥珀色、香度高，在滷製肉類時表現極佳，台灣人對於滷肉的要求，最講究是否入味，金蘭醬油的強勢菌種使得醬油風味能快速進到肉中，用量不需太多，就可以達到入味的效果，且香氣濃郁，不少經營滷味攤的老闆多指名使用。

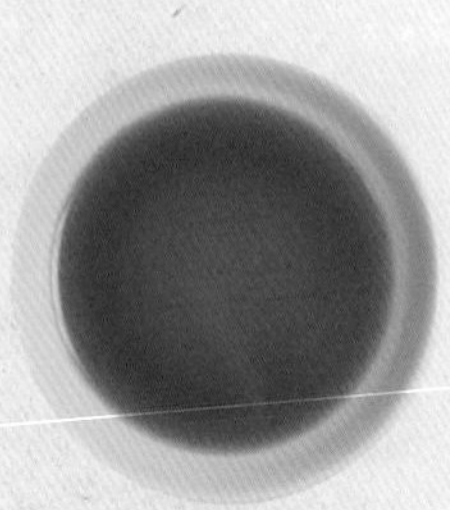

Data

釀造廠所在地：桃園市 大溪區

原料：水、非基因改造黃豆、高蛋白黃豆片、小麥、食鹽、蔗糖轉化液糖、酒精、酵母抽出物、甘草萃、紅麴、DL-蘋果酸

建議售價：1公升 新台幣95元

豆麥

金蘭 鼓舌醬油

運用二重釀高端技術製成的經典款醬油

文／周玲霞

取名「鼓舌」，意指這支醬油的風味會在舌尖、嘴裡彈動，口感回味無窮。

二重釀法是透過兩次重複釀造的方式，在原本的醬油基礎上，創造出再堆疊的天然釀造風味累積，比起一般陳年釀造來說，經過時間淬鍊的鼓舌醬油，豐富層次口感且充滿厚度。二重釀是屬於釀造類高端的技術之一，在日本，只要是二重釀的醬油，售價都會高出許多倍，因為二重釀費時也費工，多出一倍的時間和原料，更考驗著麴菌培養與照顧的繁瑣與細膩，高端的二重釀法可說是醬油公司的最重要的釀造資產，初嚐二重釀時，會在舌尖上產生明顯的反應，正符合「鼓舌」之名，濃郁的鮮味一吃就難忘懷，也因此多次拿下國際大獎。

食用筆記

氣味濃厚，口感有層次、厚度，適合用於味道豐富變化的江浙、湖南、四川等需要強調醬味特性的菜系，不論是紅燒、燉煮、百菜味性、或者江河菜系中勾芡鮮味，使用鼓舌醬油都可以達到更道地的效果。

Data

釀造廠所在地：桃園市 大溪區

原料：水、非基因改造黃豆、高蛋白黃豆片、小麥、食鹽、蔗糖轉化液糖、酒精、酵母抽出物、甘草萃、DL- 蘋果酸

建議售價：590 毫升 新台幣 120 元

得獎紀錄： iTQi 國際風味評鑑 2013-2015 三顆星最高獎、iTQi 2015 水晶獎 (台灣首座)

豆麥

金蘭 薄鹽醬油

文／周玲霞

在二重釀過程中減少鹽用量的健康醬油

民國六〇年代，台灣經濟起飛，社會日漸富裕，民眾對吃的品質及內容物開始重視，更開始注意自己的身體問題，如有高血壓困擾的民眾，對鹽量的攝取就十分小心，為了讓有這方面需求的民眾也能夠有適合食用的醬油，金蘭開始思考如何能夠保有醬油原味，又能夠讓民眾安心的吃。

由於鹽分會造成心血管收縮，不適合高血壓患者，思考如果使用氯化鉀代替氯化鈉，恐怕腎臟疾病者又無法食用，因此最後決定利用二重釀技術，以雙倍的時間和原料，創造所有人都可以食用的健康薄鹽醬油。

二重釀技術是讓醬油進行兩次釀造，第一次釀造時，使用黃豆、小麥與鹽，但在第二次釀造時，則去掉鹽這個原本在釀造中的必要角色，而這樣的二重釀方式，讓薄鹽醬油降低了三到四成的鹽分，加倍的黃豆和小麥，讓薄鹽醬油的豆麥味更為濃厚，並且產生自然的鮮味。

食用筆記

為健康需求而釀造的醬油，味道清淡，豆麥香味十分濃厚，適用於一般烹飪，由於鹽度較一般醬油低，因此也特別適合用來沾、拌食物，運用於各種涼拌小菜，風味清爽。

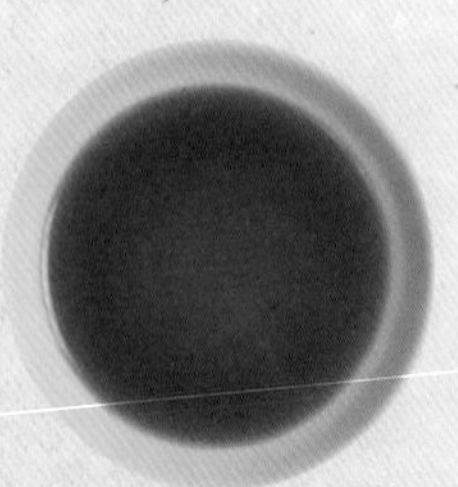

Data

釀造廠所在地：桃園市 大溪區

原料：水、非基因改造黃豆、高蛋白黃豆片、小麥、食鹽、蔗糖轉化液糖、酒精、酵母抽出物、甘草萃、DL-蘋果酸

建議售價：500毫升 新台幣75元

豆麥

丸莊 陳釀醬油

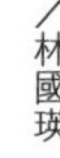
文／林國瑛

市占率極高的熱銷款明星醬油

丸莊陳釀醬油的醬汁濃度高，帶有黃豆清香，主要為一般家庭使用。雖然名為「陳釀」，但實際上，這款醬油在丸莊各品項產品中相對年輕，是近十年來才推出的新品，起源於經銷商向丸莊反映希望有新口味，藉此與其他醬油做區隔。推出後，陳釀醬油銷售口碑長紅，成為超商、大型販售通路的明星商品。同樣採用來自礦物質豐富的天然濁水溪地下水，口感豐富，猶如一杯用山泉水泡的好茶，口感極佳。

食用筆記

原汁濃度高，適合滷和紅燒。做蔥開煨麵也合適，先拿蔥切段，放入油鍋中爆香至焦色，再放入泡過米酒的蝦米爆香，最後加入紹興酒、醬油、鹽、高湯煮滾再放入細麵煮　即可完成，屬於不到一小時就可輕鬆上菜的懶人料理。

Data

釀造廠所在地：雲林縣 西螺鎮

原料：黃豆、小麥、鹽、糖、紅麴、甘草酸鈉、酵母抽出物、琥珀酸二鈉

建議售價：1 公升 新台幣 90 元

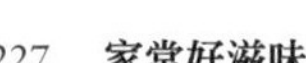

豆麥

味王XO醬油

文／林國瑛

謹守「一麴、二櫂、三火入」的釀造原則

日文對釀造有「一麴、二櫂、三火入」諺語，意即要有好產品，製麴的重要性佔六成，發酵管理佔三成，最後一成為加熱殺菌。味王一百八十天濕式發酵。製作過程延續日本人一絲不苟的態度，水質也十分講究，定期送驗，觀察水質變化，經過精緻處理才用至生產線。

味王XO醬油如其名，使用發酵最好的醬油原液，一般來說，甲級豆麥醬油總氮量每一百毫升一點四公克以上，而味王XO醬油總氮量經常高於一點八公克。剛推出時曾請阿基師鑑定，他經過數天思量，將這款味王XO定位成可單沾生魚片的醬油。從二〇一六年開始此款醬油全面使用來自印度的非基改黃豆，除了進口單位必備檢查證明，生產前也送檢驗，確認非基改黃豆才會使用。

食用筆記

先以味王XO醬油約60公克，加砂糖一匙、香油一匙充份攪均當作調味料。拿萵苣及洋蔥切絲，泡冰水冰鎮後，再加入切成塊的蕃茄、豆腐，最後倒入調味料就是涼爽的日式沙拉。也可拿鮭魚洗淨擦乾，然後取蔥、薑切絲泡在冷開水中，將鮭魚放在平底鍋兩面煎熟，最後放上瀝乾的蔥與薑絲淋上醬油即可。

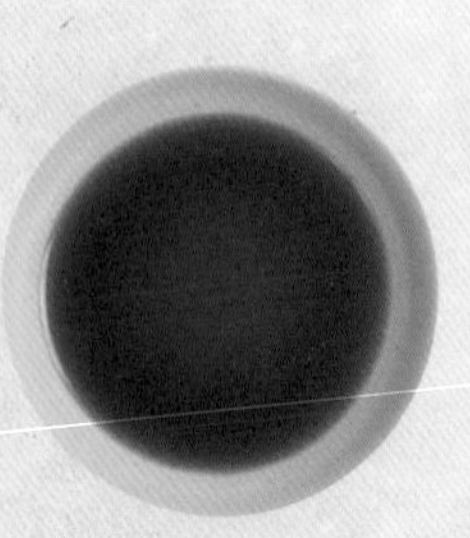

Data

釀造廠所在地：雲林縣 大埤鄉

原料：水、大豆（高蛋白豆片）、小麥、食鹽、砂糖、調味劑（L-麩酸鈉、DL-胺基丙酸、琥珀酸二鈉、5'次黃嘌呤核苷磷酸二鈉）、食用酒精、品質改良劑（偏磷酸鈉、多磷酸鈉）、甜味劑（D-山梨醇液70%、甘草酸鈉）

建議售價：590毫升 新台幣72元

豆麥

三鷹 黑龍日本之味純釀造醬油

文／林芳琦

充滿酒麴濃郁香氣的和式風味

黑龍的廠區中，有一處是專門釀造黃豆醬油的區域，在那個區域裡，可以一直聞到一股濃濃的、近似酒麴的香氣，第三代經營者涂靖岳對我們說：「那可不是製酒，而是製醬油，是黃豆與小麥正在發酵的香氣呢！」這股發酵的香氣，光是用聞的，就令人陶醉了。

黑龍大多以生產黑豆醬油為主，而黑龍純釀醬油的外包裝上寫著「日本之味」，就表示這是一瓶在黑龍很少見的豆麥醬油，吃起來的味道較香甜，口感較甘醇。

這款醬油是由非基改黃豆與小麥經過一百八十天以上所釀造的醬汁所調製，由於口味上仿造日本醬油，所以運用在日式料理上，不論是沾拌壽司、炒烏龍麵，或是生魚片都非常適宜。

食用筆記

將這款醬油加入少許芥末，沾食現撈的生魚片，所有海中鮮味彷彿立刻躍然口中，在嘴裡拍打；也可拿來做日式涼麵的拌醬，將麵條拌入白芝麻與加入「黑龍純釀醬油」所調味的醬汁，接著用力的吸一大口涼麵，「咻」的吃進嘴裡，涼麵在嘴裡混著芝麻與醬油香，是炎炎夏日最簡單卻滿足的好味道。

Data

釀造廠所在地：嘉義縣 民雄鄉

原料： 非基改黃豆、小麥、食鹽、酵母抽出物、甘草萃（甜味劑）

建議售價：500毫升 新台幣70元

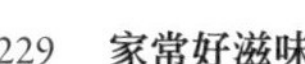

豆麥

成功醬園 真之饌陳年蔭油

文／林芳琦

揚棄速成法，率先採用非基改原料

成功醬油第一代經營者鄭登貴在當學徒時，學的是速釀法——以鹽酸分解榨完大豆油的豆粕，使之變成酸水，再用強鹼融合PH值至5左右的微酸性氨基酸液，也就是化學醬油。鄭登貴認為速成的化學醬油對人體有害，所以從自己出來創設醬油廠時，就決定要改為傳統釀造的古法，堅持以全豆於甕缸釀造。

這款醬油就是以鄭登貴所傳授的釀造法為基礎，提升使用的材料，強調選用加拿大生產的非基因改造黃豆，日曝三百六十天以上釀造熟成，特別之處是運用乾式與濕式兩種豆麥醬油調和而成，且不含防腐劑、焦糖色素、人工香料與味素。這款醬油推出至今已十一年，在市場尚未特別著重非基因改造黃豆使用時，就已率先推出，是當時市面少數以非基因改造黃豆製成的醬油。

食用筆記

這款陳年蔭油味道特別甘醇，是一款萬用型醬油，不論蒸、煮、炒、滷、沾都很適宜，尤其用在沾生魚片、沾水餃，可透過其黃豆的甜味，把食物的鮮味帶出，其中，水餃皮的麵粉味，經由這款蔭油的結合，一入口就會衝出濃濃的麵粉香氣。

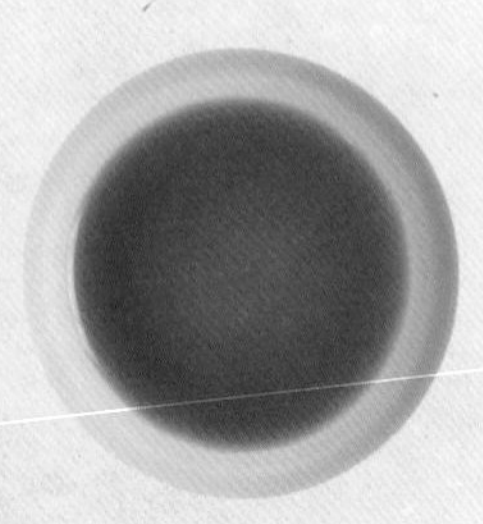

Data

醸造廠所在地：台南市 新化區

原料：水、非基因改造黃豆、小麥、食鹽、砂糖、甜味劑（甘草萃、蔗糖素）、酵母抽出物、香菇抽出液

建議售價：430毫升 新台幣150元

豆麥

萬家香 大吟釀甘露醬油

文／林國瑛

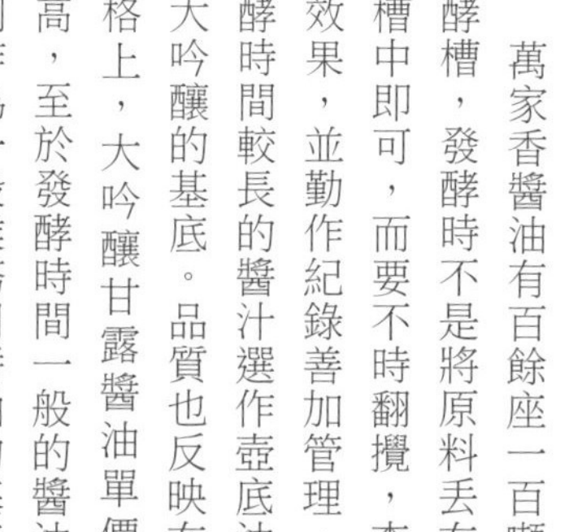

高級發酵品的代名詞

萬家香醬油有百餘座一百噸發酵槽，發酵時不是將原料丟在桶槽中即可，而要不時翻攪，查看效果，並勤作紀錄善加管理，發酵時間較長的醬汁選作壺底油或大吟釀的基底。品質也反映在價格上，大吟釀甘露醬油單價偏高，至於發酵時間一般的醬油，則作為一般業務用醬油的基底，主要賣給食品加工業或餐飲業。

「大吟釀」三字來自日本，為日本最高等級清酒，後衍伸為高級發酵製品的代名詞。萬家香現任董事長吳仁春觀察台灣與日本文化交流頻繁，特地以大吟釀為名，運用大吟釀等級的技術與設備，以豆麥為原料，製出香氣濃郁，色澤呈現深琥珀色，味道甘醇，宛如甘露的醬汁。

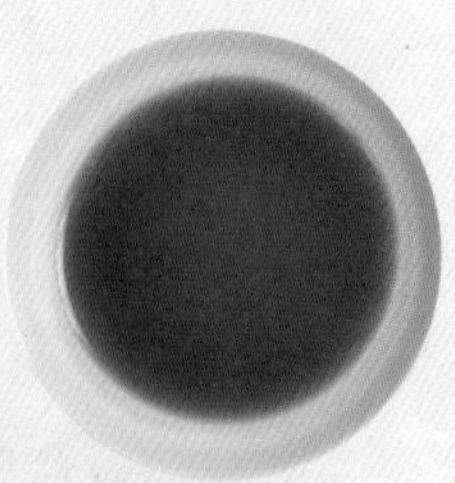

食用筆記

大吟釀甘露醬油適合作為各種料理的基礎調味，尤其適合烹調蔥爆牛柳等中式熱炒。選擇肉質較嫩的牛肉，如菲力或沙朗，再以萬家香大吟釀甘露醬油的甘醇陳香烹煮更增甘甜的滋味。

Data

釀造廠所在地：屏東縣 內埔鄉

原料：水、蔗糖轉化液糖、非基因改造黃豆（高蛋白豆片）、小麥、食鹽、酒精、酵母粉

建議售價：1500 毫升 新台幣 160 元

豆麥

萬家香 大吟釀薄鹽醬油

文／林國瑛

口感純淨，專為健康養生需求釀造

同為豆麥醬油的一種，跟大吟釀甘露醬油一樣屬於高品質醬油，取製麴、發酵狀況最好的醬汁使用。不過，大吟釀薄鹽醬油在發酵過程中減少百分之十五用鹽，沒有傳統醬油的死鹹，雖味道較清淡，風味不減，口感純淨，提供給關注健康養生的人，降低鈉攝取量的選擇。大吟釀薄鹽醬油特別適合作湯底或烹調簡單的蔬食料理。

食用筆記

清新典雅的金針花搭配萬家香大吟釀薄鹽醬油，佐以豆腐就是秋冬最迷人的香。大吟釀薄鹽醬油、米酒加熱攪拌。將豆腐鋪在盤上，放上金針花，再擺上一層豆腐，最後在疊上一層金針花，放入電鍋蒸熟即可。烹煮拉麵時，以大吟釀薄鹽醬油為湯底，拉麵湯頭不似日本重鹹風味，更吻合台灣人口味。

Data

釀造廠所在地：屏東縣 內埔鄉

原料：水、蔗糖轉化液糖、非基因改造黃豆（高蛋白豆片）、小麥、食鹽、酒精、調味劑（乳酸）、酵母粉

建議售價：430毫升 新台幣150元

豆麥

萬家香 壺底油

取大武山脈好水釀造，物美價廉熱銷款

文／林國瑛

這款醬油採用來自美國、印度，具有非基改認證的進口黃豆，以七十年來的製作經驗，加上現代化技術，經過蒸煮、焙炒小麥、製麴、長達半年的發酵熟成工序釀成。

萬家香醬油工廠早期設在台北，後搬至屏東。位於屏東的工廠，綠地大、空氣品質好、沒有工業污染，不含鐵質的大武山水脈好水，適合釀造產業，不只是萬家香，公賣局酒廠、龍泉啤酒兩家國內品牌，也看中屏東的好山好水在附近設廠。

這款油黃豆香味濃，口感鮮甜，外觀呈琥珀色，開蓋有促進食慾的香氣，適合紅燒滷煮。有小吃店以這款醬油做魯肉飯，竟有客人指定要買醬汁回家配菜，這才發現，醬汁與肉汁相互搭配，味道更甚，懂得善加利用滷肉後醬汁，才是真正的老饕。

食用筆記

將壺底油搭配香菇素蠔油就是紅燒的絕佳基底，只要簡單爆香蔥、薑、蒜等香辛料，再加入喜好食材一起燉煮入味即可。或是以香嫩的雞肉絲以萬家香壺底油醃漬後嫩炒，搭配些許青菜，口感清香爽脆。當然也可用來滷肉，建議保留壺底油滷肉的醬汁，淋在青菜或飯上都是一絕。

Data

釀造廠所在地：屏東縣 內埔鄉

原料：水、蔗糖轉化液糖、非基因改造黃豆（高蛋白豆片）、小麥、食鹽、酒精、酵母粉

建議售價：1 公升 新台幣 95 元

圖鑑五

特色原料款

突破以黑豆或豆麥為原料傳統的醬油

在台灣，醬油原料的主流，一是黑豆，另一是黃豆和小麥。事實上，只要能將蛋白質分解成胺基酸，就可以做成醬油，所以，原料的選用並不限定只能使用黑豆、黃豆和小麥。許多醬油職人，為了追求風味的極致、為了健康飲食的動機，甚至是為了在地農特展的製作原料需求，做出了不少有別於傳統的特色醬油，也為台灣的飲食文化增添許多豐富色彩。

美東 陳年黃豆醬油

文／周玲霞

僅用黃豆，有別於傳統豆麥醬油

創辦人傳柏榆在日治時代學習黑豆醬油釀造技術，遷徙至東勢地區後，由於原料取得不易，所以改釀造黃豆醬油，特別的是，一般釀造黃豆醬油都會加入小麥提升甜味並減低成本，也就是市售常見的豆麥醬油，而美東醬油的黃豆醬油，僅有用黃豆和麴菌釀造。黃豆醬油經過長時間曝曬熟成，需一至三年的時間，且僅取第一道原汁，不經過二次壓榨，保留其最原香的部分，烹煮時僅加入糖，不含任何添加物，是陪伴東勢地區人民生活最在地的醬油。近年來，在配方上則有減鹽的調整，慢慢尋找低量鹽分與發酵間的平衡點，老客戶吃了之後也給予好評。

經陳放一年以上的醬油，滋味豐美甘醇，特別適用於客家小炒及燉煮肉燥，蒸騰的熱氣，有助於散發濃郁的豆香味，令人食指大動。

Data

釀造廠所在地：台中市 東勢區

原料：加拿大非基改黃豆、鹽、糖、台中東勢山泉水

建議售價：520毫升 新台幣130元

喜樂之泉 純麥有機白醬油

文／周玲霞

只用小麥，為不能吃傳統醬油的人們著想

對有痛風困擾的人們而言，醬油是不能吃的，正是因為對黃豆造成的影響有所顧慮，喜樂之泉設想到了這一點，於是他們試著捨棄豆麥醬油中的黃豆，僅保留小麥來釀造，結果做出了味道近似清淡的日式醬油。日本醬油中的「白醬油」，通常意指以較高比例七成到八成的小麥進行釀造，不過仍保留了部分黃豆原料，這款醬油在取名上仿照日式醬油稱之為「白醬油」，但是並未放入黃豆。這款以純麥釀造且不含麩質（註）的有機白醬油，可以讓患有痛風的人們無顧慮地食用。倒在碗中觀察醬色，可以感覺到透明清亮感，品聞起來有著淡淡的麥香。

（註）：透過釀造技術，小麥的麩質蛋白亦可被分解為易吸收的蛋白質。

食用筆記

入口醬味清淡卻不失香氣。由於清爽不死鹹，搭配醋、高湯即可混和成和風沙拉醬汁，加入水果口味的醬汁，亦可調出鹹甜口感。用於沾生魚片亦不會搶走魚肉鮮味。

Data

釀造廠所在地：台中市 北區

原料：水、有機小麥（美國）、有機蔗糖（巴西）、cheetham 日曬海鹽（澳洲）

建議售價：420 毫升 新台幣 250 元

得獎紀錄：台中市 2015 年第二屆傑出產品創新獎

黃豆 黑豆

源興 甲等陳年壺底油

文／林芳琦

黑豆與黃豆並用，濃厚醇重的二次釀醬油

不擅長操作各類行銷媒體，僅以口耳相傳與單純電話訂購的源興醬油，是間已祖傳三代的老醬油工廠，十分專精於醬油的二次釀造技術，且只以滴濾，不經壓榨來取出壺底油。

其中，「甲等陳年壺底油」是源興很經典的一款醬油，這款醬油是以黑豆與黑豆混黃豆的壺底油所調和而成，只取用二次釀造熟成的壺底油，所以是一款味道十分濃厚、醇重的醬油，二次釀造意味著須要用兩倍的豆量來釀造醬油。第三代經營者莊順全先生表示，這款醬油之所以成為店內不敗產品，主要是因為醬油的整個製作過程需要有二次發酵熟成，又不經壓榨，所以它的味道濃且重，使用的量不必多，就滋味滿溢，而且為了要取得黑豆的香氣與黃豆的蛋白質營養，這款醬油兩種豆子都有使用。源興所使用的黑豆包含美國與中國大陸，黃豆則以加拿大黃豆為主。

食用筆記

經二次發酵熟成，不經壓榨過程，這款醬油自然風味濃厚陳香，在料理的用量上也不需太多，無論是回鍋或乾煸的大火快炒，或是清蒸、燒滷的小火慢熬，都難不倒這支陳年壺底油。

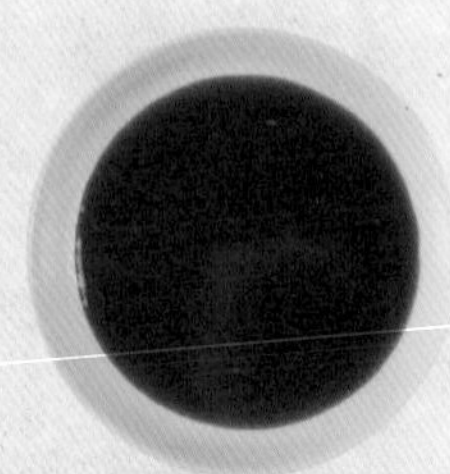

Data

釀造廠所在地：彰化縣 花壇鄉

原料：黑豆、非基因改造黃豆、米、糖、鹽

建議售價：520毫升 新台幣250元

丸莊 丸膳純釀醬油

文／林國瑛

不用小麥，避免麩質過敏

用手工釀造原汁和整顆黃豆發酵的醬汁，以黃金比例做成。開發丸膳醬油的原因，來自黃豆醬油釀造時，多會加入小麥調味，即日本引進的「豆麥醬油」技術，國內大廠多以豆麥醬油為大宗，不過有些人對小麥中的麩質過敏，因此去除小麥的丸膳醬油誕生了，過敏的人可吃得更安心。值得注意的是，黃豆醬油可分黃豆片或整粒黃豆製造，相較黃豆片，整粒黃豆釀造的丸膳醬油成本較高，反映在價位上，丸膳醬油屬於高單價產品。

黃豆醬油與黑豆醬油個性不同，前者清香，後者醇厚，當整粒黃豆與黑豆以黃金比例調和，兼容並蓄另有一番風情。丸膳醬油黑豆醬油厚實的滋味，也是連老師傅都愛的新處方。

食用筆記

黑豆與黃豆釀造的黃金比例，層次豐富。可用在涼拌豆腐、燙青菜、白蘿蔔等，味道簡單的食材、不複雜的烹煮過程，才能細細品味黃豆與黑豆精心調配的芳香。

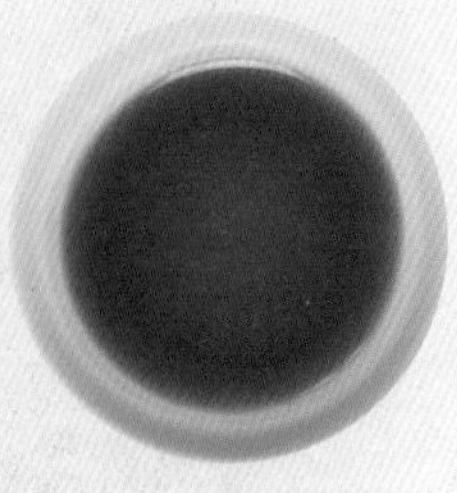

Data

釀造廠所在地：雲林縣 西螺鎮

原料：水、非基因改造黃豆、砂糖、黑豆、食鹽

建議售價：300毫升 新台幣250元

得獎紀錄：82年度榮獲全國金商標推展委員會舉辦「百年基業榮譽商標獎」，為台灣第二家百年企業。

豆麥 黑豆

御鼎興 古早味手工柴燒醬油清

文／林芳琦

自然豆香味十足的傳統好風味

御鼎興最著重的就是堅持傳統釀造工法，僅使用澳洲海鹽與日本麴以控制醬油的品質，因為釀造時間久，即使不加醬色，顏色也能呈現自然的琥珀色，從製麴到落缸管理，乃至整個製醬的過程，任何環節都嚴格把關以維持水準，在在都能看出御鼎興不充量，不希望被訂單壓著跑的想法與用心。

這款醬油可說是御鼎興的人氣商品，也是御鼎興少數含有非基改黃豆的產品，但不論黃豆或黑豆，一定要是全豆，且顆粒大顆，不易脫皮，需要具備上述條件才會被選用，顯示出御鼎興對做醬油的每個關節都萬般挑剔。精選的黃豆為非基改黃豆，古早味系列的黑豆主要為大陸東北或內蒙古所產的青仁黑豆，青仁黑豆的油脂含量較高，釀造出的醬油香氣更濃、更足。

食用筆記

因為豆汁濃度足，豆香味也十足，這款醬油人見人愛，無論煎、煮、炒、醃或涼拌都很合適，選用青仁黑豆釀造，更能在烹調時突顯醬香味。「煎蛋」最能展現醬油香氣，利用手邊現有的食材做個蔥花蛋、茴香煎蛋或香椿蛋，將切碎的蔥末、茴香碎或香椿末打入兩顆蛋，調入適量醬油拌勻，煎熟後所散發出的青菜田園香，和著蛋香與醬香，配飯、配粥都很適宜。

Data

釀造廠所在地：雲林縣 西螺鎮

原料： 水、黑豆、非基改黃豆、非基改小麥、海鹽、糖、天然甘草、5'-次黃嘌呤核苷磷酸二鈉、5'-烏嘌呤核甘磷酸二鈉、胺基丙酸

建議售價：420 毫升 新台幣 150 元

陳源和 醬心獨蔭清油

文／林芳琦

堅持選用無毒有機認證的原料

陳源和「醬心獨蔭系列」在原料的使用上一律要求無毒，且需經過認證，包含黑豆、非基因改造黃豆與糖等，在栽種的過程中都不得使用化學農藥與肥料，希望能藉此提升消費者更健康的飲食觀念，也期望透過無農藥、無化學肥料的產品為永續環境提供心力與實質的支持。

這款醬油除了原料無毒之外，在調製上則使用黑豆與黃豆所釀造的生醬油；陳源和的黃豆醬油製作，和一般常見的黃豆與小麥混合製麴方式不同，而採用與黑豆釀造相同的工法，在釀造過程中不添加小麥，目的是因為要避免小麥的過敏原。第四代經營者陳弘昌表示，未來甚至考慮不以黃豆製造醬油，雖然陳源和醬油的黃豆都選用非基因改造黃豆釀造，但消費者對黃豆常常會有基改的疑慮，為了減少這層顧慮，陳源和將漸漸減少黃豆醬油的釀造。

食用筆記

這款醬油在調製中加入黃豆，是要取黃豆的甜味，以黃豆原味的甜為取代添加物，因此醬油不那麼鹹，這是陳源和醬油在調製上的另一層功夫。光聞味道，醬心獨蔭清油就是款好聞的醬油，沒有濃厚的刺鼻味。現撈上岸的生魚片相當適合搭配這款醬油，夾起一片生魚片，沾上一抹拌入新鮮芥茉的醬油，會有種大海正在嘴裡翻騰的澎湃感。

Data

釀造廠所在地：雲林縣 西螺鎮

原料：水、黑豆、黃豆（非基改）、砂糖、鹽（黑豆、非基改黃豆、糖原料栽種過程不使用農藥、化學肥料）

建議售價：420毫升 新台幣185元

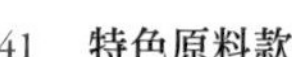

黃豆 黑豆

新芳園 麴釀壺底油（園級）

文／林芳琦

為推廣醬油原始味道而生

新芳園的「麴釀」系列，起源於第三代的經營者王榮生想做出一瓶不同於市面上一般常見的醬油，並將這一系列醬油取名為「麴釀」，主要是因為新芳園的醬油不論黃、黑豆，都是製麴後下缸釀造。他特別賦予這一系列的醬油不同於以往所製作的醬油新的使命，這個使命叫做「推廣醬油原始的味道」。

光是用看的，就會覺得這款醬油真的和別家的不同，最底下是一層有點像拿鐵的淺咖啡色沉澱物，這是純釀醬油才獨有的沉澱物，但最上層的醬油色，是幾乎清澈可透光的琥珀色，如此透明也是其他醬油廠所罕見。

這款醬油採黑豆與非基改黃豆共同調製而成，且只取釀造期超過十個月以上的壺底油製作，同為麴釀系列的「芳級」則為釀造八個月以上，「新級」為釀造六個月以上。這一系列的醬油，原料十分單純，除了黑豆、非基改黃豆、水、鹽以外，連糖都不添加，所以在使用這款醬油時，可再依個人喜好調味。

食用筆記

因為這款醬油沒加糖，所以味道較鹹，不建議直接沾食，但除了沾以外，這是一款非常容易上手的醬油，不論炒、滷、紅燒、涼拌，只要加上些許糖調味，就可引領出料理的美味。這款醬油很適合三杯類料理，以麻油、醬油、米酒，1：0.5：1 的比例，在起鍋放入砂鍋後，加入九層塔，蓋上鍋蓋；當端上桌打開鍋蓋時，那股混著麻油、醬油、薑與九層塔的香氣，足以令人口水直流。

Data

釀造廠所在地：雲林縣 斗南鎮

原料：水、黑豆、黃豆（非基改）、食鹽

建議售價：400毫升 新台幣380元

成功醬園 白曝蔭油

文／林芳琦

以純粹樸實的用料釀造令人安心的醬油

這支醬油相當特殊，與一般我們所認知黃豆通常會與小麥一同製麴釀造的情形完全不同，而是以黑豆加小麥一同釀造、黃豆單獨釀造的方式，最後再調和比例製成。

之所以會開發這支醬油，還是起因於食安問題，成功醬油的第三代經營者鄭智元說：「因為食安問題，政府規定醬油使用的所有原料與添加物都要標明，但許多消費者看到不清楚或陌生的成分就會產生恐懼，於是我們就想要生產一瓶最單純的醬油，單純到只有黑豆、小麥、黃豆與鹽和糖，這些成分每個人都認識，大家使用上就不會擔憂。」

「白曝蔭油」的黃豆與黑豆皆採乾式發酵，萃取發酵熟成一年至一年半的生醬汁，濃度較高，所以味道偏甘鹹，比較特別的是，過去這款醬油使用的是冰糖與果糖，不過，許多消費者對於果糖有疑慮，因此，現在這支醬油已全部改為使用蔗糖轉化液糖，也就是液態糖，目的就是為了讓消費者能安心。

食用筆記

一打開瓶蓋就忍不住讚揚這瓶醬油的香氣，先是沉厚的豆香味，接著是回甘的甜味，嚐起來的味道稍鹹，尾韻有小麥香氣，料理時只要加一般醬油使用量的一半就很夠味了！這支醬油畢竟口味上稍甘鹹，直接沾食容易搶了原本食物的風味，但如果用在蔥爆、爆香、滷製滷肉、滷蛋，則香氣滿溢。

Data

釀造廠所在地：台南市 新化區

原料：水、黑豆、非基改黃豆、小麥、食鹽、蔗糖

建議售價：430毫升 新台幣200元

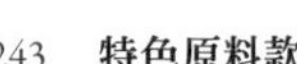

成功醬園 純釀造白蔭油

文／林芳琦

為了讓醃漬食材保留原色而生的醬油

這款醬油採用濕式釀造，是黃豆醬油與黑豆醬油所調配而成，但黑豆醬油佔比較少。由於黑豆與小麥所佔量少，使得這款醬油色淺，而黃豆甜味濃厚。

生產這款醬油的原由相當特殊，在新化附近的左鎮、玉井一帶，都是破布子的產區，每年收成期時產量相當大，許多當地農民以醃漬破布子為農特產品來銷售，醃漬破布子若用傳統黑醬油會因著色深而賣相不佳，於是，為了滿足農民讓醃漬破布子呈現原有黃綠色的需求，所以開發了這款「純釀白蔭油」。

這款醬油也被許多人拿來浸漬鳳梨、白蘿蔔、苦瓜、筍乾、薑等農產品，因為不易著色，既不影響食材的原色，又能提升特色與風味，所以在市場的銷售成績相當好。

食用筆記

日曝一百八十天的白蔭油，顏色淡，可透光，鄭老闆特別建議，用來蒸魚是不錯的方式，不過多數人都拿這支醬油用在「漬物」上，可醃製的農產品十分廣泛，在新化當地最大宗的醃漬物是破布子，然而，舉凡鳳梨、白蘿蔔、大黃瓜、生薑、冬瓜、苦瓜，都是很適合的食材。醃漬後的鳳梨，可拿來作鳳梨苦瓜雞或鳳梨蒸魚，其他如生薑，與壽司、肉燥飯可都是好搭檔呢！

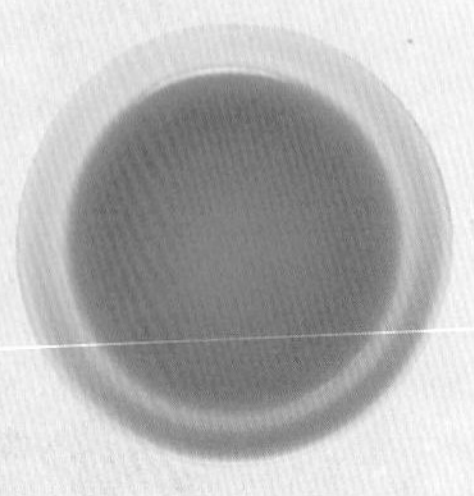

Data

釀造廠所在地：台南市 新化區

原料：水、黑豆、非基因改造黃豆、小麥、食鹽、砂糖、甜味劑（甘草萃、蔗糖素）、調味劑（5'-次黃嘌呤核苷磷酸二鈉、5'-鳥嘌呤核甘磷酸二鈉）

建議售價：430毫升 新台幣80元

黃豆

青井 黃豆露

文／林芳琦

運用味醂做出的溫順甘甜

青井黃豆露只採用加拿大的非基改黃豆，在甕缸中日曝一百八十天以上，與自家以米及砂糖所釀造的純味醂製作而成，成分相當單純，因為每個月只產一噸，約一千公升的醬油，產量少，而更顯珍貴。

這款醬油的研發，最初是陳維青先生為了尋找記憶中孩提時醬油味道，而以印象中媽媽醃鹹魚的方式請醬油釀造師傅協助釀造而成，經過一次又一次的改良，才有現今黃豆露的溫順甘甜。

這款醬油的獨特之處，在於為了克服不在醬油中加入甜味劑，而改用味醂取代味精以提高醬油的鮮甜味，並利用製作味醂過程中所產生的酒精以防腐。另一個特色是，這款醬油加熱後所呈現的味道與原來的味道完全不同，許多顧客一使用就喜歡上，成為老主顧，其中還包含許多老總舖師，主因是料理後醬油中的豆香味就被明顯地引領出來，讓眾多老主廚們愛不釋手。

食用筆記

經營者陳峰松表示，許多顧客反映這款醬油蒸魚效果非常棒，此外，用來熗鍋，講求食物加熱後的醬香味，也都可嘗試使用「青井黃豆露」，如炒麵、炒飯，只要於起鍋前，在鍋內淋上一圈，就可聞到醬油與食材結合後的醬香氣，濃郁醬香中夾雜著淡淡黃豆香，而醬油本身因色淡而不搶食物的原色，可以取代鹽來使用。

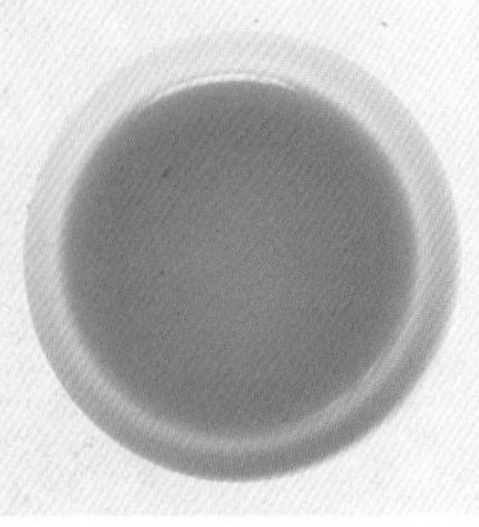

Data

釀造廠所在地：台南市 仁德區

原料： 非基因改造黃豆、鹽、純釀味醂 (米、砂糖)、甘草

建議售價：500 毫升 新台幣 230 元

黑豆 黃豆 小麥

新高 滋養醬油

文／林芳琦

越滷越香，呈色自然的醬油

以一層豆子、一層鹽巴，反覆堆疊方式製作醬油的新高，黃豆與黑豆釀造過程中最大的差別，在於黃豆的最上一層為小麥，黑豆則不再添加小麥，兩者都是美國進口豆子，黃豆在地窖以濕式發酵，發酵期約要十一個月以上，黑豆採甕缸濕式發酵，日曝釀造六個月以上。

第二代經營者黃四山表示，新高是以黃豆醬油為主力，因為黃豆蛋白質高，營養價值也高，但黑豆具有香氣，所以滋養油是以黃豆與黑豆醬油調配而成。

新高滋養油的香味沉厚，非常踏實，吃起來是南部人偏愛的甜味，媒體曾報導鍾楚紅來台灣必買醬油，就是這款新高滋養油。

新高滋養油是以黃豆與黑豆的純釀造醬油調和而成，適合重複燉滷食物，即使久滷，顏色也不會變深，而且越滷越香。

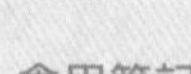

食用筆記

這是一款百搭型醬油，無論煮、炒、沾、滷、醃，樣樣都適合，但因為口味上偏台南人習慣的甜味，因此，第一次使用者需特別留意料理的味道，不喜甜味者，可斟酌減少糖量的使用，如多數人在滷或紅燒食物時，會習慣性加些糖或冰糖，使用新高滋養油料理食物時，糖的使用就可減量。

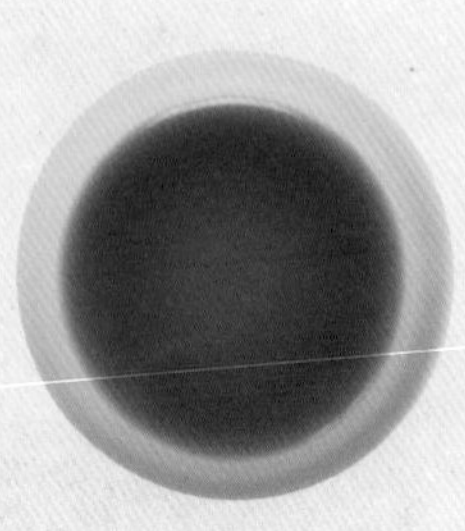

Data

釀造廠所在地：高雄市 東區

原料：黃豆、黑豆、麥、鹽、糖、紅麴精、調味料、甘草萃（甜味劑）、對羥苯甲酸丁脂（防腐劑）

建議售價：500毫升 新台幣80元

新高 雙龍牌 白蔭油

文／林芳琦

日式風格，適合醃漬各種食材的醬油

搖晃這款醬油之後，對著光線照，瓶內小氣泡不斷往上竄生，看起來像極了沙士，新高雙龍牌白蔭油就是這麼一瓶色淺卻讓人覺得興奮且期待的醬油。

不同於一般中南部工廠多半以製作黑豆醬油為主，新高醬油因為走日式醬料路線，反而使用較多黃豆，而且以地窖釀造，釀造期長達至少十一個月，以一層豆子一層鹽巴、一層豆子一層鹽巴的方式堆疊了十層，最後覆上小麥及厚厚一層鹽巴，在發酵期中會打入空氣，透過空氣的流動，讓麴菌在地窖內也能活潑的到處活動，藉此讓麴菌與黃豆能均勻發酵。

食用筆記

老闆娘說，這款醬油用在「蒸魚」是最適合不過了，因為色淺，所以蒸煮後魚肉也不會上色，卻又能帶出魚的鮮味，只要魚夠新鮮，簡單的加上薑絲、蔥絲就很美味。因為是白蔭油，不會搶了原本食材的顏色，當地居民喜愛用它來醃製破布子、醃製苦瓜、大黃瓜等醬瓜類食物，醃製好的醬料味道甘甜鮮美，把它們拿來配稀飯也是絕配。

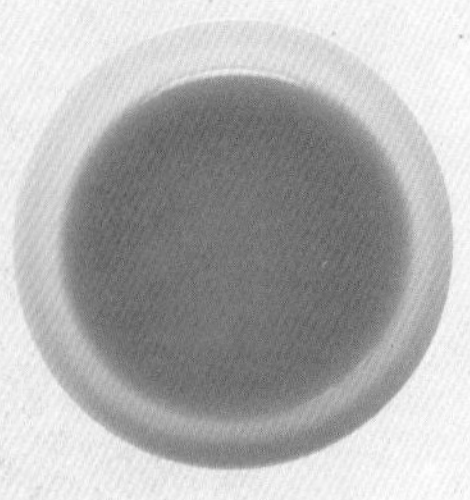

Data

釀造廠所在地：高雄市 東區

原料：黃豆、黑豆、麥、鹽、糖、醬色

建議售價：520毫升 新台幣100元

屏大 薄鹽醬油

文／林芳琦

質純味美的熱門團購醬油

深具天然甘醇香味的屏大薄鹽醬油，是許多消費者的最愛，過去在屏科大合作社，常見顧客將醬油一箱一箱搬走的景象，為了讓大家都能買到，限制購買數量也成了不得不採用的制度。

這款醬油的前身是屏東農專的「學府牌醬油」，在一九六〇到七〇年代，許多屏東農專的學生返家，都不忘帶上半打。後來市場風向轉變，學府牌銷量跌落谷底。直到一九九五年，謝寶全博士返回屏東農專任教，看著滿架子銷不出去的醬油，決定調整製程和配方，讓母校醬油東山再起。他發現過去配方鹽度高達百分之二十一，且焦糖色素含量高，於是捨棄焦糖色素，減少鹽用量，改變原有發酵技術，並在醬油中添加紅麴。

屏東農專改制為屏東科技大學，學府牌也變身為屏大。二〇〇五年，屏科大將醬油製作技術轉移給屏大生物科技有限公司，但每一批醬油仍須交由謝寶全實驗室驗證才可出貨。

食用筆記

因為薄鹽，所以鹹度較低，但一點也不減少醬油的甘甜度，是習慣食用清淡的消費者會深深愛上的醬油，無論用來醃製、沾、炒、滷等都十分合用。

Data

釀造廠所在地：屏東縣內埔鄉

原料：醬汁（水、非基因改造黃豆、小麥、食鹽）、水、黑豆、小麥、食鹽、砂糖

建議售價：560毫升 新台幣230元；710毫升 新台幣290元

圖鑑六

細膩又豐潤

甜鹹適中口感綿長的醬油膏與素蠔油

沾醬在台灣的飲食文化中佔有很重要的一席之地，醬油膏更是這其中的重要角色，膏狀的濃稠，帶給我們溫潤綿密的口感，除了鮮美的滋味之外，也讓我們的味蕾體驗到醇厚的觸感。一般醬油膏是以醬油和澱粉調製而成，最主流的澱粉來源是糯米，若要講究起這原料的選用，舉凡產地、品種、品質、黏性乃至於風味，無一不是學問。

黑豆

味榮 紅麴蔭油膏

文／周玲霞

這款油膏採用的紅麴，亦是味榮自家釀造。紅麴是最天然的色素，隱藏在醬味中的紅麴，可替料理色澤加分。這款油膏適合用來滷燉肉類，尤其是容易吃色的豬腳肉，在長時間燉煮中，紅麴會深深吃進肉紋裡，使豬腳呈現出亮艷肥美的色澤，去除豬腳的死鹹味香氣醇厚，令人不禁食指大動。

Data ....

釀造廠所在地：

台中市 豐原區

原料：黑豆、鹽、糖、糯米、甘草、紅麴

建議售價：

450毫升 新台幣205元

黑豆

味榮 有機黑豆蔭油膏

文／周玲霞

黑豆醬油加入特選一年期台南11號圓糯米，此品種糯米腹白，營養價值高，磨成米漿打入醬油，調煮時可完全保留自然濃醇味。適用於滷與蒸煮各式蔬菜，可與味醂並用，取代鹽跟味精，置入冬菜、香菇、木耳、包心菜，放入陶鍋慢火熬煮，逼出蔬菜鮮甜味，湯汁甘醇、喉間滑過陣陣黑豆飄香。

Data ....

釀造廠所在地：

台中市 豐原區

原料：有機黑豆（中國）、鹽、有機糖（巴西）、糯米、甘草

建議售價：

320毫升 新台幣195元

黑豆

新合順 員寶壺底油膏

文／林芳琦

因為擔心現成糯米粉會有不明添加物，所以新合順使用自家磨製的糯米漿來調和油膏。這款油膏使用溼式釀造為主、乾式釀造為輔的醬油調製，由於是以溼式釀造為主，因此油膏顏色較淺。第三代經營者陳錦興建議用這款油膏來做麻婆豆腐，豆腐入味後又香又辣，又帶點黑豆與糯米夾雜的甘甜味，十分下飯。

Data ……………………

釀造廠所在地：

彰化縣 員林鎮

原料：黑豆、水、砂糖、鹽、糯米、甘草酸鈉（甜味劑）、5'-次黃嘌呤核苷磷酸二鈉、5'-鳥嘌呤核甘磷酸二鈉（調味劑）

建議售價：

420毫升 新台幣90元

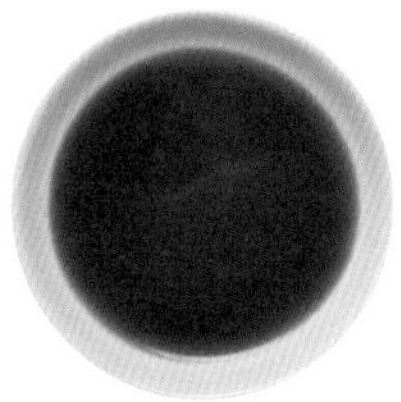

新合順 陳年壺底油膏

文／林芳琦

這款油膏，是以乾式釀造為主、溼式釀造為輔的黑豆醬油加入糯米漿調製而成，所以色澤明顯比「員寶壺底油膏」深許多。糯米漿賦予油膏淡淡米香味，芬芳馥郁，沾食最為實用，粽子、鹹粿、水餃都是很對味的選擇。而白斬雞、三層肉等，更可透過油膏提出肉的鮮甜，後味中蘊含著豆香回甘，滋味十分引人入勝。

Data ……………………

釀造廠所在地：

彰化縣 員林鎮

原料：黑豆、水、砂糖、鹽、糯米、玉米糖膠、甘草酸鈉（甜味劑）、5'-次黃嘌呤核苷磷酸二鈉、5'-鳥嘌呤核甘磷酸二鈉（調味劑）

建議售價：

420毫升 新台幣140元

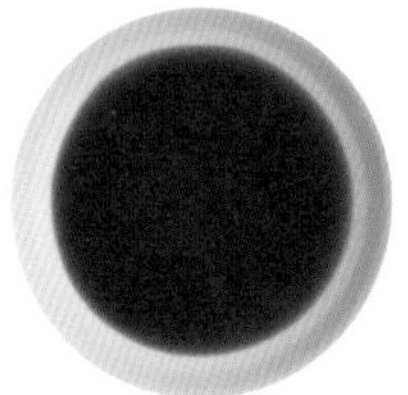

黑豆

三珍 黑豆蔭油 日級油膏

文／周玲霞

三珍的醬油等級，從最頂級依序為螺珍、螺皇、日、月、星、財、寶，每款醬油基底均相同，不同之處在於原汁濃度，為配合不同價格需求而定，這款日級油膏屬於中高價位，廣受一般消費者喜愛。日級油膏特地使用隔年糯米調製，是因為新糯米黏性不足，唯有老米才可以讓醬油膏維持最適切的濃稠度。

Data

釀造廠所在地：
雲林縣 西螺鎮

原料：黑豆、水、砂糖、鹽、糯米、甘草萃（甜味劑）、5'-次黃嘌呤核苷磷酸二鈉、5'-鳥嘌呤核甘磷酸二鈉（調味劑）

建議售價：
450毫升 新台幣150元

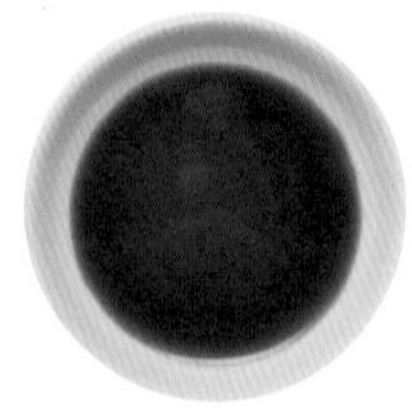

黑豆

三珍 螺珍壺底蔭油膏

文／周玲霞

這款油膏在三珍列為「螺珍」級，原意指「在西螺的三珍醬油」，掛上自家名號，強調在地古早風味，深受許多當地民眾喜愛，亦有許多外地觀光客慕名而來。螺珍級黑豆原汁比例最高，豆香十分濃郁，屬於高價位產品，最普遍的食用方式是直接沾食，或是搭配各種辛香料製成各式沾醬，此外，用蔭油膏來做滷味或是炒菜，也十分適合。

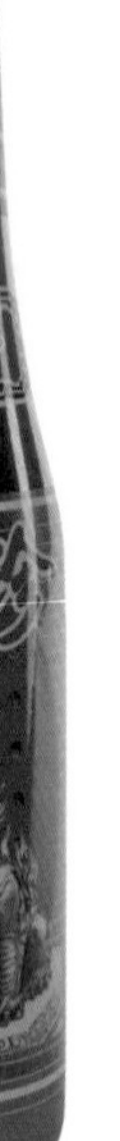

Data

釀造廠所在地：
雲林縣 西螺鎮

原料：黑豆、水、砂糖、鹽、糯米、甘草萃（甜味劑）、5'-次黃嘌呤核苷磷酸二鈉、5'-鳥嘌呤核甘磷酸二鈉（調味劑）

建議售價：
450毫升 新台幣280元

丸莊 螺光黑豆原汁蔭油膏

文／林國瑛

丸莊的螺光定位在高檔價位，形塑「精品」質感。油膏中的糯米漿會沖淡鹽味，因此口感較油清甜，黏稠的特性適合沾食。喜愛日式輕食的人，可試試鮭魚頭豆腐料理——鮭魚頭以味醂去腥味，打上少許麵粉，接著豆腐切塊，加麵粉乾煎，接著鍋中爆香蒜頭及薑片混合醬油，倒入高湯滾煮已煎好的鮭魚頭及豆腐，最後灑上蔥，放上柚子皮，即完成。

Data

釀造廠所在地：
彰化縣 員林鎮
原料：黑豆、水、砂糖、食鹽、糯米
建議售價：
500毫升 新台幣350元

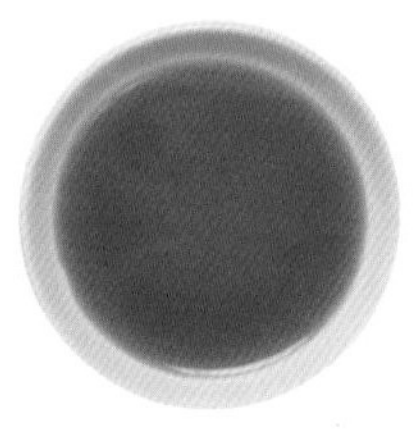

御鼎興 古早味手工柴燒醬油膏

文／林芳琦

這款油膏沿用傳統做法，將壓榨、過濾後的黑豆醬油加入糯米粉慢慢熬煮成膏狀，是在地西螺人最愛用的調味品。御鼎興老闆謝裕讀説，西螺、彰化一帶，無論沾、煮、滷、炒，都會用醬油膏，這是地方性飲食文化，反倒台灣其他地方，做菜就較少用醬油膏。可試試用這支油膏來做滷味。各種肉類、豆製品、海帶或菇類全丟入鍋中，讓油膏與鍋內的鑊氣去結合，熬煮時間越久，食材就越入味。

Data

釀造廠所在地：
彰化縣 員林鎮
原料：水、黑豆、糯米、海鹽、糖、天然甘草、 5'-次黃嘌呤核苷磷酸二鈉、5'-鳥嘌呤核甘磷酸二鈉、玉米糖膠、胺基丙酸
建議售價：
420毫升 新台幣150元

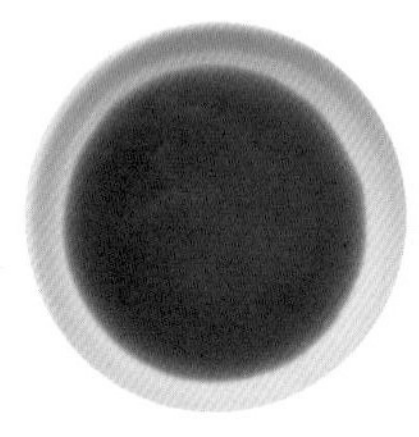

黑豆

陳源和 本土黑豆油膏

文／林芳琦

無論沾、煮、滷、拌、炒都適宜，這款本土黑豆油膏，是以使用較多「滿州種」黑豆釀造的原汁來調製的，濃郁的豆香可增添食物的香氣。用這款油膏來炒米粉是很好的選擇，熱鍋後，將紅蔥頭、香菇、蝦米等放入爆香，炒出香氣後，再將備好的青菜、肉絲、海鮮加入，待炒至八分熟後放入米粉，最後加入黑豆油膏拌炒至熟，就是一鍋香氣四溢的晚餐。

Data

釀造廠所在地：
雲林縣 西螺鎮

原料：水、本土黑豆、砂糖、鹽、糯米、甘草粉（本土黑豆、砂糖、糯米原料栽種過程不使用農藥、化學肥料）

建議售價：
420毫升 新台幣180元

黑豆

陳源和 醬心獨蔭油膏

文／林芳琦

醬心獨蔭油膏如同蔭清油，皆以選用無毒原料釀造為主要訴求，以蔭清油加入糯米漿慢慢調煮成稠狀，糯米漿選用花蓮有機銀川糯米自行磨製。越簡單的麵點，越需要好醬油來提味，舉凡蔥油餅、烙餅或蛋餅，沾上醬心獨蔭油膏就都很美味，透過油膏的豆香味帶出麵粉的香氣，大口咬下就很滿足，包餡料的麵點也很適合，比如小籠包，沾佐加入薑絲的油膏，鮮甜可口極了。

Data

釀造廠所在地：
雲林縣 西螺鎮

原料：水、黑豆、砂糖、鹽、糯米、甘草粉（黑豆、砂糖、糯米原料栽種過程不使用農藥、化學肥料）

建議售價：
420毫升 新台幣185元

黑豆

華泰 螺香原汁壺底蔭油膏

文／林芳琦

這是華泰特別精心製作的頂級油膏，黑豆原汁濃度比例高，風味特別甘醇，有濃厚的黑豆與糯米香氣，煮出的料理風味更是一流。炒飯時加入一些油膏拌炒、在荷包蛋上淋上少許提味，或是沾水餃、燙青菜，都很合味。無論選用怎樣的食材來調理，都能將這款蔭油膏的特質散發出來。

Data

釀造廠所在地：
雲林縣 西螺鎮

原料：黑豆、水、鹽、糖、糯米、味霖、5'-次黃嘌呤核苷磷酸二鈉、5'-鳥嘌呤核甘磷酸二鈉、甜味劑（甘草酸鈉）

建議售價：
420毫升 新台幣280元

瑞春 香菇風味素蠔油

文／周玲霞

一般市面上常見的香菇素蠔油，都是以豆麥醬油調製而成，因為黑豆的氣味比較濃郁，要抓到黑豆與香菇之間風味的微妙契合，並不是一件容易的事，因此，開發黑豆香菇素蠔油，是一項高難度的挑戰，瑞春花了不少工夫，終於成功推出這款油膏，風味頗受好評，用於煎、炒或蒸食皆宜。

Data

釀造廠所在地：
雲林縣 西螺鎮

原料：黑豆、水、砂糖、食鹽、糯米、調味劑（5'- 次黃嘌呤核苷磷酸二鈉、5'- 鳥嘌呤核苷磷酸二鈉）、焦糖色素、甜味劑（甘草酸鈉）、香菇萃取物、蠔油香料

建議售價：
420毫升 新台幣130元

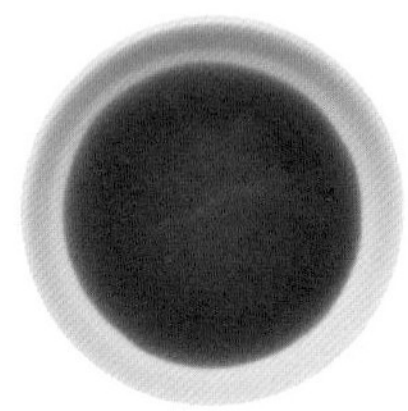

瑞春 螺王正蔭油膏

文／周玲霞

使用在地食材，鄰近濁水溪流域出產的糯米，將糯米打成米漿後，再加入醬油中攪拌數小時，才能完成這款油膏的調製。瑞春拒絕使用修飾澱粉，以踏實的調製工法，讓糯米漿慢慢與原汁融合，這讓名字顯得霸氣的「螺王」有著細緻的後味，品嚐時，會感覺到淡淡的米香，傳統精釀手法，讓香醇的後韻能保留於舌尖。用於德國豬腳的沾料，可讓焦香味更形提升，酥烤後的肉質得到溫潤的調節，入口更為香滑。

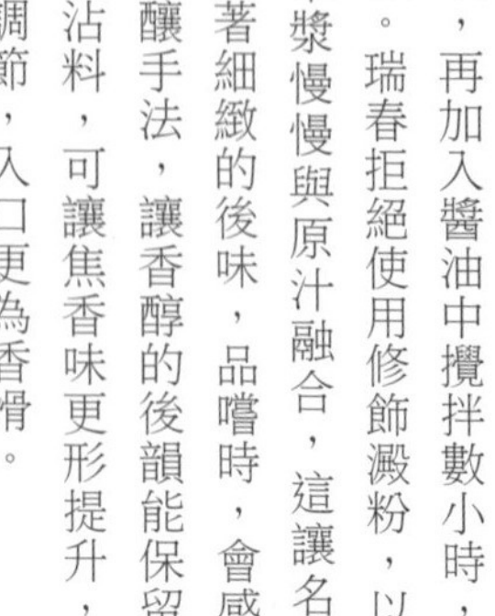

Data ……………………

醸造廠所在地：

雲林縣 西螺鎮

原料：黑豆、砂糖、食鹽、糯米、甘草萃（甜味劑）、焦糖

建議售價：

500毫升 新台幣300元

大同 台灣老醬油膏

文／林國瑛

這款台灣老醬油膏，是老醬油的「姐妹作」。同樣採用祖傳配方，僅透過單次壓榨取汁，不做二抽，以維持原汁品質，因此成本較高。相較於台灣老醬油，這款油膏其實更接近古早味，這和早先食用肉圓所搭配的「米漿」有關，米漿是醬油加上煮成漿的糯米及其他原料熬煮而成，散發清甜天然米香，吃起來不會覺得死鹹，而改變米漿的調配比例，就成了我們現在吃的醬油膏。

Data ……………………

釀造廠所在地：

雲林縣 斗六市

原料：黑豆、糖、水、糯米、果糖、食鹽、酵母抽出物、甘草粉

建議售價：

400毫升 新台幣300元

黑豆

大同 黃金蜆醬油

文／林國瑛

大同醬油因應北中南口味不同，產品多達數十種，又因力求創新並與國際接軌，新產品接應而生，以花蓮壽豐鄉的黃金蜆磨製而成的蜆醬油，曾獲2013國家創新研究獎。基於花蓮空氣清新、水質極佳，出產的黃金蜆口味鮮美，具高蛋白營養價值。乾燥後磨成粉，再以獨家工法與甕釀黑豆醬油完美搭配，呈現黑豆沉穩個性及黃金蜆的鮮味。

Data

釀造廠所在地：
雲林縣 斗六市

原料：黑豆、食鹽、糖、蜆抽出物、大蒜萃取物、薑萃取物

建議售價：
200毫升 新台幣150元

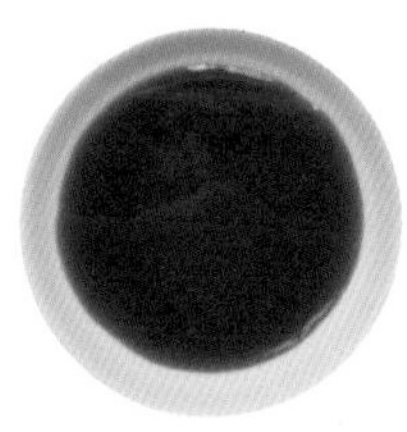

新芳園 麴釀壺底油膏 蓁級

文／林芳琦

乍見這款油膏，會以為是不是錯拿成桔醬了？第三代老闆娘陳虹蓁無奈地笑說，初見「麴釀」的人都會這麼困惑，甚至還有網購顧客在收到產品後打電話來問油膏是不是壞了。事實上，真正純釀醬油製成的油膏，就應該是這種近似於「味噌」的橘、褐色。陳虹蓁最愛用這款油膏醃肉，取一些雞丁或豬肉片，加入少許糖、蒜頭，倒入適量油膏，徒手將醃料與肉抓拌均勻，放進冰箱入味。醃過的肉，味道被油膏包覆，無論烤、炸、炒等，都很受歡迎。

Data

釀造廠所在地：
雲林縣 斗南鎮

原料：水、黑豆、黃豆（非基改）、米、食鹽、糖

建議售價：
400毫升 新台幣280元

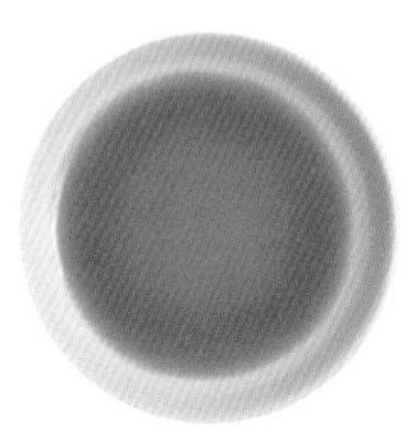

黑豆

三鷹 特級黑龍黑豆蔭油膏

文／林芳琦

特級黑龍黑豆蔭油膏，堪稱是黑龍各類油膏產品中的「油膏之王」，它是以壓榨的黑豆生油加入水與糯米後調煮而成，但顏色比「特級黑豆蔭油」稍淺。無論滷肉、滷蛋或是滷素料，只要把蔭油與蔭油膏以一比一比例一同放入鍋中，用中小火慢滷，滷湯可用來拌飯、拌麵，滷好的滷味則充滿被油膏包覆的香氣；因做法簡單，但滋味豐富，是料理新手也能立即上手的好料理。

Data

釀造廠所在地：
嘉義縣 民雄鄉

原料：黑豆、水、食鹽（天然海鹽）、砂糖、糯米、酵母抽出物、甘草萃（甜味劑）

建議售價：
600毫升 新台幣370元

黑豆

三鷹 黑龍老滷醬

文／林芳琦

現代人工作繁忙，為了滿足便利做菜調味的需求，三鷹研發了這款黑龍老滷醬。仔細看包裝上的原料成分，就不難發現，其實這就是一款很適合用來「滷」的「醬油膏」。老滷醬使用的是經一百二十天釀造熟成的黑豆醬油，顏色較一般油膏稍深，內含糯米可將滷食的味道包覆，所以食材越滷越香，料理後的顏色也很漂亮。

Data

釀造廠所在地：
嘉義縣 民雄鄉

原料：黑豆、水、食鹽（天然海鹽）、砂糖、糯米、酵母抽出物、普通焦糖（焦糖色素）、甘草萃（甜味劑）

建議售價：
300毫升 新台幣135元

黑豆

成功醬園 香菇素蠔油

文／林芳琦

這是成功醬園唯一的一款膏狀醬油，適合用來沾粿、沾粽子，也可當作蔥油雞的沾醬，或是涼拌皮蛋豆腐、沾筍、蒜泥白肉等。此外，做一道簡單的古早味番茄切盤也是很不錯的選擇，傳統習慣以「黑柿」品種的番茄當作番茄切盤的主角，沾醬的製作，以醬油膏配上薑泥、甘草粉、細砂糖，拌勻這些配料後，以番茄沾取配料，是一種懷舊的好滋味。

Data

釀造廠所在地：
台南市 新化區

原料：水、黑豆、糯米粉、黏稠劑（玉米糖膠、乙醯化己二酸二澱粉）、食鹽、著色劑（焦糖色素）、甜味劑（甘草萃、蔗糖素）、酵母抽出物、香菇抽出液

建議售價：
430毫升 新台幣80元

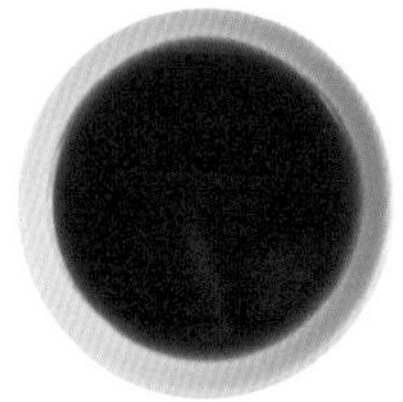

黑豆

民生 壺底油膏

文／林芳琦

採用自家壺底油精加入澱粉熬煮製成的民生壺底油膏，絕對是白斬雞與白切肉的好朋友。將整隻土雞或三層肉汆燙至熟後取出，切塊或切片，沾點油膏，立刻把土雞肉或三層肉的鮮味提升到更高的境界。「醃」也是這款油膏的拿手絕活，不妨試試用這款油膏做一道古早味醃鹹蜆仔，醃過的蜆仔味道不僅不死鹹，還會帶著一股淡淡的青仁黑豆香。

Data

釀造廠所在地：
高雄市 三民區

原料：水、青仁黑豆、食鹽、砂糖、酒精、酵母抽出物、甘草萃（甜味劑）、乙醯化己二酸二澱粉（黏稠劑）、糯米醋、玉米糖膠（黏稠劑）、甜菊醣苷（甜味劑）

建議售價：
160毫升 新台幣70元

豆麥

屏大 薄鹽醬油膏

文／林芳琦

這款醬油膏是以生醬汁加入義大利進口玉米澱粉調製而成，屏科大謝寶全博士表示，台灣一般常見油膏多半加入糯米粉，但因氣候濕熱，糯米粉很容易發霉，這是他所不樂見的，因此選用國外進口的玉米澱粉。

這醬油膏非常適合拌食，可用麻油、蒜碎和這款醬油膏做成乾拌麻油麵線，也可用來當作調製涼麵醬料的基底。此外，簡單燙些地瓜葉、青花菜、過貓等，沾佐這款醬油膏，也是很適合的吃法。

Data

釀造廠所在地：
屏東縣 內埔鄉

原料：醬汁（水、非基因改造黃豆、小麥、食鹽）、水、食鹽、砂糖、黏稠劑（乙醯化己二酸二澱粉）

建議售價：
300毫升 新台幣150元

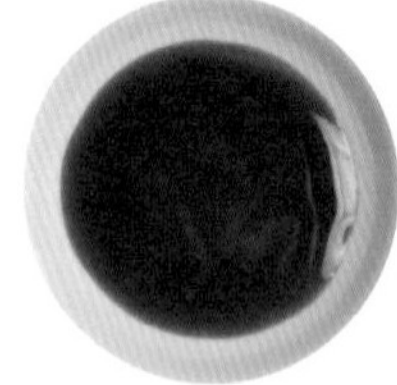

豆麥

萬家香 純佳釀香菇素蠔油

文／林芳琦

有人可能會問，既然叫蠔油，怎麼會是「素」的呢？看到香港蠔油以膏狀質地、甜鮮口味征服許多食客的心，萬家香董事長吳仁春以此為靈感，將台灣日常食用的醬油膏，加入研磨成粉的香菇取代海味濃厚的蠔水，獨門調配出香菇素蠔油。研發過程中，曾試過香菇香料或萃取液調配，後來發現還是天然的味道最實在，因此全面改用研磨香菇粉。純佳釀香菇素蠔油採玻璃罐裝，利用熱充填高溫殺菌，不加防腐劑也可發揮保鮮效果。

Data

釀造廠所在地：
屏東縣 內埔鄉

原料：水、蔗糖轉化液糖、非基因改造黃豆（高蛋白豆片）、小麥、食鹽、黏稠劑（玉米糖膠、乙醯化己二酸二澱粉）、純釀造醋、酵母粉、香菇粉

建議售價：
510毫升 新台幣165元

〈肆〉

名廚美味演出

50道醬油料理＋20款經典醬料

文／張雅琳　攝影／王勝原

示範名廚（依姓名筆劃排列）

蔡萬利
啟英高中餐飲科技術教師

林勃攸
明新科技大學旅館事業管理系助理教授

炭烤綜合鮮蔬沙拉 示範 / 林勃攸

本食譜示範用醬油：萬家香純佳釀香菇素蠔油

炭烤蔬菜是常見的西式料理，發揮創意，以香菇素蠔油或醬油膏當作沙拉醬的基底，能為鮮甜的蔬菜增添溫潤口感。

食材（4 人份）

茭白筍 … 1 支
帶皮玉米筍 … 1 支
小洋芋 … 1 粒
紅、黃甜椒 … 各 1/2 顆
大蒜 … 帶皮整粒 1 球
什錦香料 … 5 克
橄欖油 … 30 毫升

A
香菇素蠔油或醬油膏 … 10 毫升
義式陳年醋 … 30 毫升
鹽 … 適量
白胡椒粉 … 適量

做法

1 全部蔬菜洗淨，茭白筍、帶皮玉米筍、小洋芋一開二，紅黃甜椒切成三角形塊狀。
2 全部蔬菜和帶皮蒜加鹽、白胡椒粉、什錦香料，拌橄欖油，分批進烤箱。
3 將 **A** 混合均勻和烤熟的蔬菜拌在一起，放涼擺盤即可。

洋芋乳酪煎餅襯沙拉 示範 / 林勃攸

本食譜示範用醬油：瑞春香菇風味素蠔油

這道西式料理可當作前菜或輕食，香菇素蠔油或醬油膏當作醬料的基底，淋在煎餅上，口感濃香滑順，滋味豐富有層次。

食材（4 人份）

洋芋 … 240 克
洋蔥絲 … 80 克
帕馬森起司粉 … 30 克
披薩用起司 … 100 克
什錦生菜 … 60 克
乾蔥碎 … 5 克
橄欖油 … 80 毫升
無鹽奶油 … 30 克

A
香菇素蠔油或醬油膏 … 5 毫升
紅酒醋 … 20 毫升
鹽、白胡椒粉 … 各適量

做法

1 洋芋帶皮用水煮軟，去皮，搗成泥狀。洋蔥絲用少許橄欖油炒至略上色。洋芋泥、洋蔥絲和披薩用起司、帕馬森起司粉拌在一起，加鹽、白胡椒粉調味。
2 將 **A** 和乾蔥碎攪拌均勻，加入橄欖油 60 毫升混合即可。
3 平底鍋放入無鹽奶油加熱，再加入 1 拌好的洋芋，用鏟子輕輕混拌、壓平，待背面煎成金黃色後再翻面，兩面煎成金黃色即完成。
4 把什錦生菜放在洋芋乳酪煎餅上，淋上 2 的醬汁即可。

骰子沙拉 示範 / 林勃攸

本食譜示範用醬油：陳源和本土黑豆油膏

切成骰子狀的食材，或清脆多汁，或酥脆爽口，淋上以醬油膏為基底的醬汁，既可增添綿密濃郁口感，亦可提升食物的鮮甜香氣。

食材（4 人份）

甜菜根、水煮蛋、洋芋、蘋果、小黃瓜、吐司麵包、火腿、乳酪 … 各 80 克
橄欖油 … 5 毫升

A
醬油膏 … 5 毫升
酸奶油 … 50 毫升
甜椒粉 … 3 克

做法

1 甜菜根、洋芋煮熟。
2 將吐司麵包烤至酥脆。
3 所有食材都切成 1 公分大小的丁狀排盤。
4 將 **A** 和橄欖油混合成沾醬即可。

碧綠雙蔬 示範 / 蔡萬利

本食譜示範用醬油：瑞春台灣好醬 與 瑞春香菇風味素蠔油

瑞春台灣好醬的滋味清甜不死鹹，應用性高，在小火慢燒的過程中，可提升香菇與筍子的鮮甜，素蠔油的主要功能是讓燴醬濃稠，兼有輔助風味之效。

食材（4 人份）

沙拉筍 … 1 包（約 250g）
乾香菇 … 12 朵
青花椰菜 … 半棵
薑片 … 2 片

A
醬油、素蠔油 … 各 1 大匙
水 … 2 杯（400 毫升）
糖 … 1 茶匙

B
太白粉水 … 適量
香油 … 適量

做法

1 乾香菇泡軟洗淨瀝乾，大朵斜切兩片。
2 沙拉筍切滾刀狀。青花椰菜切小朵，燙熟備用。
3 鍋中入 1 大匙油爆香薑片，續入沙拉筍、香菇片和 **A** 煮滾，轉小火燒 10 分鐘入味。
4 放入 **B**：先以太白粉水勾芡，再滴入香油拌勻。青花椰菜瀝乾圍邊擺盤，再將紅燒双蔬盛於盤中央即可。

醬燒杏鮑菇 示範 / 蔡萬利

本食譜示範用醬油：永興蕙質濃色白曝蔭油

這款醬油很適合用於肉質厚實的菇類料理，除了能提升食材的自然鮮甜外，亦有增添琥珀色澤的效果。

食材（4 人份）

粗大杏鮑菇 … 3 根
小黃瓜 … 1 條
七味辣椒粉 … 少許

A
- 醬油 … 1 大匙
- 鰹魚粉 … 1/2 茶匙
- 味醂 … 1 大匙
- 香油 … 1/2 茶匙

做法

1 沖洗杏鮑菇，擦乾水分，橫切 3 公分段，在切割面上劃交叉刀。
2 不沾鍋不放油，放入杏鮑菇段呈站立狀，蓋上鍋蓋烘烤至水分釋出。
3 將 **A** 攪勻，倒入鍋中燒製杏鮑菇，待湯汁收乾盛出。
4 小黃瓜刨成薄片、排於盤底，再放上醬燒杏鮑菇，撒上七味辣椒粉即可。

醍醐味大根 示範 / 蔡萬利

本食譜示範用醬油：黑龍日本之味純釀造醬油

這道和式的醍醐味大根，非常適合使用甘醇的黑龍日本之味純釀造醬油來燉煮，若不介意添加物，亦可用柴魚醬油、鰹魚露等替代，滋味更鮮甜。

食材（4 人份）

白蘿蔔 … 1 條
海帶結 … 150 克
杏鮑菇小根 … 6 根

A
- 醬油 … 3 大匙
- 味醂 … 2 大匙
- 高湯 … 400 毫升
- 沙拉油 … 1 大匙

做法

1 白蘿蔔洗淨削皮（同一個地方要削 3 次），或用刀直接切除表面硬皮。
2 白蘿蔔橫切為 5 公分段。海帶結、小杏鮑菇洗淨。
3 取深鍋，放入白蘿蔔段、海帶結和 **A** 煮滾，轉小火燉煮約 30 分鐘。
4 再放入小杏鮑菇續燉 10 分鐘熄火，燜 20 分鐘入味。取出蘿蔔段、杏鮑菇、海帶結擺盤，適量淋上鍋中滷汁即可食用。

綜合烤番茄襯特調陳年醋

示範 / 林勃攸

本食譜示範用醬油：陳源和醬心獨蔭油膏

適合沾佐傳統中式麵點類的陳源和醬心獨蔭油膏，在西式料理的醬料調製上意外的對味，這道料理就是最好的例子。

食材（4 人份）

綜合番茄 … 120 克
乾蔥碎 … 3 克
橄欖油 … 80 毫升

A
- 醬油膏 … 5 毫升
- 義式陳年醋 … 15 毫升、
- 鹽 … 適量
- 白胡椒粉 … 適量

做法

1 乾蔥碎加 **A** 放入碗裡混合均勻，放置 30 分鐘。
2 番茄洗淨，烘烤。
3 再把 1 的醬汁淋在 2 的番茄上即可。

美人茶香蔬食義大利麵

示範 / 林勃攸

本食譜示範用醬油：關西李記古早味黑豆蔭油

原本適合用於中式麵條烹煮的關西李記古早味黑豆蔭油，在融入東方色彩的義大利麵料理中當作基礎醬汁，十分稱職。

食材（4 人份）

義大利麵 … 160 克
東方美人茶汁 … 15 毫升
新鮮香菇、杏鮑菇、紅甜椒、小番茄 … 各 30 克
嫩薑 … 5 克
小黃瓜 … 20 克
水 … 1.2 公升
橄欖油 … 60 毫升

A
- 醬油 … 5 毫升
- 鹽 … 適量
- 白胡椒粉 … 適量

做法

1 鍋中加水，放入適量的鹽、橄欖油，煮滾後放入義大利麵，7 ～ 9 分鐘後撈起瀝乾，拌少許橄欖油放涼。
2 洗淨食材，香菇去蒂，杏鮑菇切片，紅甜椒、嫩薑切絲，小黃瓜斜切成片狀，小番茄對切備用。
3 起鍋加入橄欖油，先炒香菇類，出水後再放入嫩薑絲、紅甜椒絲及東方美人茶汁，煮滾後加入義大利麵拌勻。
4 用 **A** 調味，再放入小番茄、小黃瓜拌炒約 2 分鐘，最後淋上少許橄欖油即可。

古早味豆腐 示範 / 蔡萬利

本食譜示範用醬油：大同台灣老醬油

正港古早味的料理，最適合使用像大同台灣老醬油這類風味甘甜的醬油來烹煮，對提升雞蛋豆腐的滋味有很大的幫助。

食材（4 人份）

雞蛋豆腐 … 1 盒
蔥 … 2 根
蒜頭 … 2 粒

A
- 醬油 … 1 大匙
- 水 … 100 毫升
- 糖 … 1/2 茶匙
- 白胡椒粉 … 1/6 茶匙
- 香油 … 1/2 茶匙

做法

1 撕除豆腐盒上膠膜，翻面放在砧板上，盒子一角切小洞再往上提，取出豆腐。
2 豆腐等分切成 12 片，再蓋上盒子用水洗一下瀝水備用。
3 鍋中入一大匙油，將豆腐倒扣放入，以大火煎至兩面金黃酥脆，移至鍋邊。
4 同鍋留一空間放入蔥段、蒜片，以少許油爆香，再加入 **A** 燒約 2 分鐘入味即可。

蜜汁豆乾 示範 / 蔡萬利

本食譜示範用醬油：金蘭無添加原味醬油

這道豆乾雖名為蜜汁，但反而最適合使用未加糖的金蘭無添加原味醬油來烹煮，因為蜜汁豆乾需要使用冰糖來提升食材的質地，糖的用量已經足夠。

食材（4 人份）

非基改小正方形豆乾 … 1.5 公斤
八角 … 4 粒
桂皮 … 3 克
辣椒 … 2 根

A
- 醬油 … 100 毫升
- 沙拉油 … 80 毫升
- 冰糖 … 100 克

做法

1 豆乾用水浸泡 10 分鐘洗淨，撈起瀝乾水分。
2 取一深炒鍋放入豆乾及其他食材，再將 **A** 逐一倒入，開火煮滾，蓋上鍋蓋持續滾沸 5 分鐘轉小火。
3 每隔 5 分鐘開蓋，翻炒均勻，重複此動作持續約 50 分鐘，直至湯汁變稠、顏色變深且發亮。
4 最後打開鍋蓋炒乾水分，讓醬汁均勻附著在豆乾上即完成，可撒些白芝麻點綴。

故鄉家傳滷肉 示範／蔡萬利

本食譜示範用醬油：丸莊黑豆螺寶蔭油清

螺寶蔭油清可非常適合用來滷肉，由於醬油未添加色素，所以滷肉顏色不會太紅潤，醬汁香氣與食材得以充分融合，風味極有層次。

食材（4 人份）

帶皮五花肉 … 1公斤
蔥段 … 20克
薑片 … 2片
蒜頭 … 6粒
辣椒 … 2根

A
五香豆乾 … 10片
白煮蛋 … 6顆
八角 … 3個
桂皮 … 5克
白胡椒粉 …1/3茶匙

B
醬油 … 1/3杯
冰糖 … 60克
米酒 … 半瓶

香菜 … 10克

做法

1 辣椒去籽、切成兩段，蔥切段，薑和蒜頭切片，豆乾洗淨、切成三角形備用。
2 五花肉切約 4 ～ 5 公分塊狀，下鍋煸炒 3 分鐘備用。
3 鍋中接著倒入適量油，爆香蔥、薑、蒜頭和辣椒，將五花肉塊煸香，再放入 **B** 略煮。
4 再放入 **A**，加水淹過食材，煮滾轉小火滷約 1 小時至全部食材入味，放上香菜點綴即可享用。

芋頭扣肉 示範／蔡萬利

本食譜示範用醬油：丸莊黑豆螺寶蔭油清

螺寶蔭油清色澤較淡，用途廣泛，和五花肉以及芋頭的風味融合都很適切，十分適合用來做這道扣肉料理。

食材（4 人份）

五花肉 … 1 塊（長 10 公分、寬 8 公分）
芋頭 … 1/2 顆
八角 … 2 粒
蔥段 … 10 克
薑片 … 2 片

A
醬油 … 2 大匙
高湯 … 2 大匙
米酒、香油 … 各 1 茶匙
糖 … 1/3 茶匙
白胡椒粉 … 1/6 茶匙

做法

1 五花肉煮熟後表面抹醬油，鍋中加 1/2 杯油，加熱放入五花肉，蓋上鍋蓋以中火煎至表面金黃酥脆，取出切成厚 1 公分的塊狀。
2 芋頭切成厚 1 公分塊狀，與五花肉交錯排列於碗中。
3 將 **A** 調勻淋在芋頭扣肉上方，放入八角、蔥段、薑片。
4 電鍋外鍋水加 1 又 1/2 杯，蒸約 30 分鐘後取出扣於盤中即可，可再撒上香菜點綴。

馬鈴薯燉肉 示範／蔡萬利

本食譜示範用醬油：青井黃豆露

風格與日系醬油近似的青井黃豆露，適合用於日式家常料理，既可提升肉片的鮮味，也能增進馬鈴薯的濃郁香氣。

食材（4 人份）

小馬鈴薯 … 10 顆
火鍋豬肉片 … 1 盒（或絞肉、牛肉片、梅花肉）
洋蔥 … 1/2 顆
小番茄 … 10 顆
青花椰菜 … 100 克

A
醬油 … 2 大匙
高湯 … 200c.c.
水 … 400c.c.
糖 … 2 茶匙
味醂 … 1 大匙
白胡椒粉 … 1/6 茶匙

做法

1 小馬鈴薯切除頭尾，順著弧度去皮，泡於水中防止褐化。洋蔥切成 1 公分直條狀。
2 鍋中倒入 2 大匙油，以中火炒香洋蔥，接著放入小馬鈴薯、豬肉片及 **A**，煮滾後轉小火燉約 20 分鐘。
3 加入小番茄續燉 10 分鐘，直至馬鈴薯入味熟透即可。
4 青花椰菜切小朵洗淨，燙熟後盛盤裝飾即可。

花雕燒排骨 示範／蔡萬利

本食譜示範用醬油：新和春原味初釀壺底油

香氣十足的新和春原味初釀壺底油，很適合做紅燒、燉煮類料理，像這道花雕燒排骨，壺底油和花雕酒與冰糖合作無間，讓排骨十分入味。

食材（4 人份）

有肉肋排 … 600 克（可用雞腿或梅花肉替代）
蒜頭 … 10 顆
蔥段 … 10 克

A
薑片 … 2 片
醬油 … 1 又 1/2 大匙
花雕酒 … 1 杯
高湯 … 1 碗
水 … 200c.c
冰糖 … 1 茶匙
太白粉水、香油 … 各少許

做法

1 將每根約 8 ～ 10 公分的排骨洗淨瀝乾，不沾鍋中加 2 大匙油，將排骨煎至表面金黃酥脆，倒出鍋中多餘的油。
2 蒜頭切片，和蔥段、薑片一起入鍋爆香。
3 放入 **A** 煮滾後，轉小火加蓋燉約 30 分鐘至排骨軟嫩。倒入太白粉水煮至收汁，淋入香油拌勻後取出擺盤，可
4 用綠色蔬菜盤飾。

砂鍋獅子頭 示範 / 蔡萬利

本食譜示範用醬油：公園牌老甕精釀黑豆釀造手工醬油

這款古早味淡口醬油，風味與豬肉油脂十分契合，適合做成肉丸或餡料，油香與豆香彼此帶動，相得益彰。

食材（4 人份）

豬絞肉 … 600克
板豆腐 … 200克
馬蹄 … 100克
山東大白菜 … 6片
香菜、蒜角 … 各少許

A
- 醬油 … 1大匙
- 白胡椒粉 … 1/6茶匙
- 中筋麵粉、蔥薑汁 … 各3大匙

B
- 醬油 … 2大匙
- 高湯 … 200毫升
- 水 … 400毫升
- 糖 … 1/2匙
- 香油 … 1茶匙

做法

1 板豆腐切除上下較硬部分後壓成泥狀，豬絞肉剁細，馬蹄切碎擠乾水分備用。

2 豬絞肉及 **A** 的醬油依同方向攪拌至有黏性，再加入剩餘的 **A** 及板豆腐泥、馬蹄碎，繼續拌勻至結實，冷藏 30 分鐘後，整形為 6 到 8 個獅子頭。

3 放入砂鍋，加適量油以中火煎至兩面金黃定形。

4 鍋中續放入 **B** 及山東大白菜，煮滾後用小火細燉 50 分鐘入味。最後加香菜、蒜角增香即可。

冰糖豬腳 示範 / 蔡萬利

本食譜示範用醬油：桃米泉頂級有機蔭油

桃米泉頂級有機蔭油在滷或紅燒方面的風味表現特別突出，尤其是富含膠質的食材，比如豬腳、牛筋、烏參等等。

食材（4 人份）

豬腳肉 … 1 公斤
八角 … 2 粒
桂皮 … 5 克
蔥段 … 20 克
薑片 … 10 克
蔥花、香菜 … 各少許

A
- 醬油 … 3 大匙
- 米酒 … 1 杯
- 冰糖 … 2 大匙
- 白胡椒粉 … 1/6 茶匙
- 水 … 600 毫升（淹過豬腳）

做法

1 豬腳塊放入滾水中汆燙 3 分鐘，撈出用冷水降溫洗淨並拔除豬毛。

2 取一深鍋或砂鍋，放入 2 大匙油及冰糖，以小火煮至融化，並呈現金黃色且具有香味（炒出糖色）關火。

3 加入適量水，煮開，再將剩餘的食材、**A** 放入鍋中，煮滾後用小火細燉約 50 分鐘。

4 用筷子輕戳豬腳，能輕鬆插入代表熟透，即可關火。盛盤後可另撒些蔥花、香菜點綴。

茄子肥腸煲 示範 / 蔡萬利

本食譜示範用醬油：萬家香純佳釀醬油

這道料理茄子需要入味，肥腸需要提味，萬家香純佳釀醬油在慢火拌炒的過程中，充分滿足了這兩種食材的風味需求。

食材（4 人份）

滷大腸頭 … 1 條
茄子 … 2 條
辣椒 … 1 根
蒜頭 … 3 粒
蔥 … 1 根

A
- 辣豆瓣醬、米酒 … 各 1 茶匙
- 醬油 … 1 大匙
- 高湯 … 3 大匙
- 糖、香油 … 各 1/2 茶匙
- 白胡椒粉 … 1/6 茶匙

做法

1. 大腸頭切厚片，茄子切滾刀後泡水（防止氧化），辣椒切片，蒜頭切片，蔥切段。
2. 茄子瀝乾，放入 160 度鍋油炸約 1 分鐘，撈出瀝油備用。
3. 放入 1 大匙油爆香辣椒、蒜頭和蔥，續入辣豆瓣醬炒香。
4. 再放入肥腸、茄子及剩餘 **A** 炒至入味，盛於加熱的砂鍋中即可。

豬肉

豬肉

薑汁燒肉 示範 / 蔡萬利

本食譜示範用醬油：金蘭無添加原味醬油

這道薑汁燒肉採用米酥和細糖來提升肉片的甘甜，所以不需要風味太甘甜的醬油，金蘭無添加原味醬油不含糖，十分適合用在這道料理。

食材（4 人份）

梅花火鍋肉片 … 300 克
生菜 … 200 克
嫩薑 … 30 克
熟芝麻 … 適量

A
- 醬油、米酥 … 各 1 大匙
- 細糖 … 1/2 茶匙
- 香油 … 1/3 茶匙

做法

1. 嫩薑洗淨，用磨泥板磨成泥狀。生菜用礦泉水洗淨備用。
2. 鍋中加 1 大匙油燒熱，放入肉片攤開煎熟。
3. 原鍋放入薑泥及 **A** 煮勻。
4. 將肉片拌炒至入味及上色，撒上熟白芝麻。將生菜堆疊盤邊，與肉片搭配食用。

客家雙封 示範／蔡萬利

本食譜示範用醬油：關西李記古早味黑豆蔭油

客家封菜的「封」在客家話有燉煮、滷的意思，既然是客家菜，那麼使用客家風味的醬油，最適合不過了。

食材（4 人份）

冬瓜 1 塊 … 300 克
高麗菜 … 1/4 顆
五花肉 … 200 克
蔥 … 1 根
薑 … 3 片
香菜 … 少許

A
- 醬油 … 1/3 杯
- 高湯 … 1000 毫升
- 冰糖 … 1 茶匙
- 白胡椒粉 … 1/6 茶匙

做法

1 冬瓜切除外皮及囊籽，高麗菜留蒂頭不要剝開、用水浸泡洗淨。五花肉下滾水鍋略為汆燙洗淨去血水。
2 取一砂鍋或深鍋，將冬瓜、高麗菜、五花肉、蔥段、薑片排入鍋底。
3 加入 **A** 淹過食材，煮滾後轉小火細燉約 50 分鐘至食材軟爛入味。
4 取出冬瓜、高麗菜、五花肉切塊擺盤，淋上適量滷汁，再以香菜點綴。

東北鍋包肉 示範／蔡萬利

本食譜示範用醬油：萬家香零添加純釀醬油

這款醬油很適合當作醃料，醃過的肉片下鍋油炸或油煎，食材表面醃料的香氣會被牢牢鎖住。

食材（4 人份）

豬里肌肉 … 200 克
蔥、辣椒 … 各1根
嫩薑 … 20 克
蒜頭 … 3 粒
中筋麵粉 … 少許

麵糊
- 酥脆粉 … 適量
- 水 … 70 毫升
- 油 … 10 毫升

A
- 醬油、米酒 … 各 1 茶匙
- 白胡椒粉 … 1/6 茶匙
- 蛋白 … 1 個

B
- 醬油、糖、白醋 … 各 1 茶匙
- 番茄醬 … 1 大匙
- 太白粉水 … 水、粉 2:1 茶匙先調勻

做法

1 里肌肉切 4×6 公分片狀，用刀稍微拍平，以 **A** 醃拌 10 分鐘。蔥、薑、辣椒切絲，蒜頭切末備用。
2 將麵糊材料放入大碗中調勻。
3 醃過的里肌肉片先沾一層薄薄的中筋麵粉再沾麵糊，放入 160 度油中炸至金黃酥脆，撈出瀝油。
4 鍋中留少許炸油炒蔥絲、薑絲、辣椒絲及蒜末，放入炸好的肉片，將調勻的 **B** 均勻倒入，快炒 5 秒鐘即可盛盤。

什錦蹄筋煲 示範 / 蔡萬利

本食譜示範用醬油：
萬家香零添加純釀醬油 與 香菇素蠔油

傳統上來講，這道料理用的是蠔油，基於健康考量，改以素蠔油來代替，呈現出另一種濃郁鮮美的風味。

食材（4 人份）

豬肉片、荷蘭豆、筍片各 … 50 克
鵪蛋 … 100 克
紅蘿蔔 … 30 克
蹄筋 … 200 克
蔥 … 1 根
薑 … 2 片
蒜頭 … 6 粒

A
素蠔油 … 1 茶匙
高湯 … 100 毫升
醬油、酒 … 各 1 大匙
糖 … 1/2 茶匙

B
白胡椒粉 … 1/6 茶匙
太白粉、香油 … 各適量

做法

1 蹄筋切成兩段，筍和紅蘿蔔切片，荷蘭豆撕除邊莖。蔥切段，薑和蒜頭切片。
2 鍋中入 1 大匙油爆香蔥蒜和薑片，放入豬肉片拌炒。
3 接著放入 **A** 及蹄筋、鵪蛋、筍片和紅蘿蔔片，以大火燒約 5 分鐘。
4 接著放入 **B** 煮至收汁，最後放入荷蘭豆拌熟即可。

啤酒燉豬肉 示範 / 林勃攸

本食譜示範用醬油：新和春原味初釀壺底油

這道料理需要將豬五花本身的鮮甜提出，因此適合不含糖的新和春原味初釀壺底油。

食材（4 人份）

豬五花肉 … 200 克
洋蔥塊 … 80 克
洋芋塊、紅蘿蔔塊 … 各 60 克
啤酒 … 250 毫升
水 … 150 毫升

A
醬油 … 15 毫升
黑胡椒碎、粉紅胡椒碎、鹽 … 各適量

糖 … 5 克
無鹽奶油 … 15 克
玉米粉水 … 10 毫升
橄欖油 … 20 毫升

做法

1 豬五花去皮切塊，加醬油、黑胡椒碎和粉紅胡椒碎。
2 倒入橄欖油加熱，放入豬五花煎至兩面呈金黃色拿起。原鍋放入洋蔥塊、洋芋塊和紅蘿蔔塊，煎炒上色拿起。
3 另備湯鍋，放入豬五花、啤酒和水，以大火煮沸後轉中火，加蓋熬煮約 45 分鐘後放入洋蔥塊、紅蘿蔔塊。
4 待紅蘿蔔快熟時再放入洋芋，加糖，等全部食材都煮熟後再用玉米粉水勾芡，最後加入無鹽奶油攪拌均勻。

燒烤豬肉片沙拉佐海膽美乃滋 示範 / 林勃攸

本食譜示範用醬油：民生壺底油膏

擁有自然清淡黑豆香的民生壺底油膏，很適合拿來當作醃料，尤其是海鮮類與肉類，這款油膏很擅長將食材的鮮味提升到更豐富的境界。

食材（3～4人份）

- 豬里肌片 … 120克
- 無鹽奶油 … 15克
- 什錦生菜 … 60克

A
- 醬油膏 … 5毫升
- 白胡椒粉 … 適量
- 甜椒粉、黃芥末、什錦香料 … 各5克

B
- 美乃滋 … 60克
- 瓶裝海膽醬 … 20克
- 鮮奶油 … 20毫升
- 檸檬汁 … 5毫升

做法

1. 豬里肌片用 **A** 拌勻，醃製 20 分鐘。
2. 起鍋放入無鹽奶油，以中火煎熟豬里肌片。
3. 將 **B** 拌勻。淋在豬肉片上，再放上什錦生菜即可。

糖醋紅棗豬五花 示範 / 林勃攸

本食譜示範用醬油：新萬豐萬豐醬油

萬豐醬油鹽度低，與其他調味料混合煮成的醬汁，鹹度適中，口感清爽，適合用來烹調油脂較豐厚肉品。

食材（3～4人份）

- 豬五花肉切塊 … 160 克
- 洋蔥絲 … 100 克
- 紅棗 … 6 粒
- 葡萄乾 … 15 克
- 小茴香籽、香菜籽、荷蘭芹碎 … 各 3 克
- 橄欖油 … 10 毫升
- 中筋麵粉 … 10 克

A
- 水 … 500 毫升
- 醬油 … 15 毫升
- 義式陳年醋 … 30 毫升
- 紅酒醋 … 20 毫升
- 糖 … 10 克

- 白胡椒粉 … 適量

做法

1. 起鍋加熱不放油，把豬五花肉塊煎上色後取出。
2. 原鍋放入橄欖油加熱，放入洋蔥絲炒至金黃色，加入中筋麵粉混合均勻，再加入小茴香籽、香菜籽炒出味道。
3. 鍋中續入 **A** 煮滾。再放入 1 的豬五花肉和紅棗、葡萄乾，加蓋燜煮約 45 分鐘直到肉變軟，再以白胡椒粉調味，盛盤後撒上荷蘭芹碎即可。

風味烤豬排 示範 / 林勃攸

本食譜示範用醬油：
新芳園麴釀壺底油園級 與 麴釀壺底油膏蓁級

風味純粹的新芳園壺底油沒有加糖，壺底油膏自然豆香氣濃郁，兩者混合之後，非常適合當作肉片的醃料，能夠將食材的原味牢牢鎖住。

食材（3～4人份）

帶骨豬排骨 … 350 克
洋蔥碎、紅蘿蔔碎 … 各 30 克
西芹碎、蒜苗碎 … 各 20 克
月桂葉 … 1 片
嫩薑碎、大蒜碎 … 各 5 克
青蔥碎 … 10 克

A
醬油、醬油膏 … 各 50 毫升
番茄醬 … 80 克
砂糖 … 20 克
蜂蜜 … 20 毫升
白胡椒粉 … 適量

做法

1 帶骨豬排骨先用水沖洗過，濾乾水分。
2 全部的食材和 **A** 混合在一起，將帶骨豬排醃約 30 分鐘。
3 烤箱以 200 度預熱 20 分鐘後，放入醃好的帶骨豬排烤 30 分鐘上色即完成。

紅燒牛腩 示範 / 蔡萬利

本食譜示範用醬油：永興蕙質濃色白曝蔭油

味道豐富有層次、呈色深厚的永興蕙質濃色白曝蔭油，在燉、滷、紅燒方面的表現都相當傑出，很適合用在肉類的上色與風味提升。

食材（4人份）

牛肋條 … 1 公斤
白蘿蔔 … 300 克
紅蘿蔔 … 200 克
蔥 … 2 根
薑 … 5 片
蒜頭 … 10 顆
辣椒 … 1 根
萬用小滷包 … 1 包

A
香油 … 1 茶匙
醬油、番茄醬 … 各 2 大匙
辣豆瓣醬、糖 … 各 1 大匙
米酒 … 200 毫升
白胡椒粉 … 1/6 茶匙

做法

1 牛肋條切 6 公分長段，汆燙 3 分鐘，撈出洗淨。
2 紅、白蘿蔔去皮切塊狀，蔥切段，薑和蒜頭切片，辣椒去籽切成兩半。
3 鍋中入 2 大匙油爆香蔥段、薑片、蒜片和辣椒，加入辣豆瓣醬炒香，再放入汆燙過的牛肋條拌炒均勻，加入 **A**、滷包和適量的水，小火燉煮 40 分鐘。
4 再將紅、白蘿蔔塊加入，續燉 30 分鐘，待全部食材均入味且軟爛即可。

香滷牛雙寶 示範 / 蔡萬利

本食譜示範用醬油：土生土長原生種黑豆濃色蔭油

這款醬油適合用來紅燒、燉、滷富含膠質與油脂的肉品，尤其是牛腱與牛肚這類可以同鍋共滷的食材，風味極佳。

食材（4 人份）

牛腱 … 1 個（300 克）
牛肚 … 300 克
蔥花、香菜 … 各少許
萬用小滷包 … 1 包
爆香料：
蔥 … 2 根
薑 … 3 片
蒜頭 … 1 小球
辣椒 … 1 根
洋蔥 … 1/4 顆

A
醬油、米酒 … 各 1/3 杯
冰糖 … 1/4 杯
雞粉 … 1 茶匙
白胡椒粉 … 1/6 茶匙

香油 … 少許

做法

1 牛腱用鐵叉子先戳洞，與牛肚放入滾水中汆燙 5 分鐘撈出，沖冷水降溫並洗淨血水。
2 爆香料切片，鍋中加 2 大匙油，將上述食材放入爆香。
3 接著放入 **A** 先煮 30 秒，讓醬油香氣釋放出來。
4 將汆燙過的牛肚、牛腱和滷包放入，加入適量的水（淹過食材）以小火細滷約 60 分鐘，關火再浸泡 1 小時至食材入味、軟硬適中後即可取出，抹少許香油放涼，切片擺盤，淋上少許滷汁，撒上蔥花、香菜即可。

香味肉丸佐辛味番茄醬

示範 / 林勃攸

本食譜示範用醬油：喜樂之泉有機醬油

百搭的喜樂之泉有機醬油，能夠提升肉類的溫潤香氣，很適合與絞肉充分攪拌，做成肉丸、肉餅或各種麵食類的餡料。

食材（4 人份）

A
牛絞肉 … 300 克
洋蔥碎 … 75 克
大蒜碎 … 8 克

麵包粉 … 50 克
雞蛋 … 1/2 顆
中筋麵粉 … 50 克
罐頭番茄碎 … 250 克
洋蔥碎 … 60 克
橄欖油 … 30 毫升
水 … 100 毫升

B
醬油 … 20 毫升
迷迭香碎 … 2 克
甜椒粉、小茴香粉、辣椒粉 … 各 3 克
白酒 … 80 毫升

C
醬油 … 15 毫升
迷迭香碎 … 2 克
甜椒粉、辣椒粉 … 各 3 克
糖 … 10 克

鹽 … 適量

做法

1 **A** 放入鋼盆中，用手攪拌後再放入麵包粉、雞蛋。
2 接著放入 **B** 抓勻，捏成圓球狀，沾一層薄薄的麵粉，放入烤箱以 200 度烤約 15 分鐘。
3 平底鍋倒橄欖油炒香洋蔥碎，加入罐頭番茄碎和 **C**，加水煮開後轉小火煮約 10 分鐘，再放鹽。
4 將烤好的肉丸放入醬汁裡燴煮約 10 分鐘即可盛盤。

果醬燉牛肉 示範 / 林勃攸

本食譜示範用醬油：丸莊黑豆螺寶蔭油清

適合燉煮肉類食材的丸莊黑豆螺寶蔭油清，鹹淡適中，清新甘醇，雖然醬色較淡，但香氣濃郁，風味極有層次。

食材（3～4人份）

牛肩胛肉塊 … 160 克
無鹽奶油 … 30 克
橄欖油 … 20 毫升
大蒜碎 … 10 克
新鮮百里香 … 1 支
洋蔥碎 … 60 克
九層塔碎 … 5 克
香菜碎 … 10 克

A
- 番茄碎（罐）… 200 克
- 芒果醬 … 80 克
- 醬油 … 10 毫升
- 鹽 … 適量
- 糖 … 15 克

水 … 250 毫升

B
- 鹽、研磨黑胡椒 … 各適量
- 大蒜碎 … 10 克

做法

1 牛肩胛肉加入 **B** 略醃 15 分鐘，用無鹽奶油煎上色備用。
2 另起一鍋，放入橄欖油炒香剩下的大蒜碎、新鮮百里香、洋蔥碎。再放入 **A** 同煮。
3 放入水、牛肩胛肉塊，煮滾後再轉小火至肉熟，最後加入九層塔碎、香菜碎即可。

醬燒牛排襯野菜 示範 / 林勃攸

本食譜示範用醬油：新芳園第一道原生蔭油

好牛排不需要太複雜的調味，用料簡單的新芳園第一道原生蔭油，最適合用來提出鮮嫩牛肉濃厚又有層次的肉質香氣。

食材（3～4人份）

無骨牛小排 … 180 克
乾蔥碎 … 5 克

A
- 蘆筍、玉米筍、青花椰菜 … 各 30 克
- 小番茄 … 15 克

無鹽奶油 … 20 克
橄欖油 … 15 毫升
醬油 … 10 毫升
米酒 … 50 毫升
鹽、研磨黑胡椒 … 各適量

做法

1 乾蔥碎和醬油、米酒混合，放入無骨牛小排醃 20 分鐘。
2 蘆筍、玉米筍切段，青花椰菜切小朵洗淨，皆用熱水燙過再泡冷水、瀝乾水分。小番茄一開二。
3 **A** 下鍋用橄欖油拌炒，加入鹽、研磨黑胡椒拌勻。
4 另起一鍋，放入無鹽奶油加熱，將醃好的無骨牛小排兩面煎上色，再放入預熱至攝氏 250 度的烤箱烤 6 分鐘後拿起，和 3 的野菜盛盤即可。

照燒雞腿 示範 / 蔡萬利

本食譜示範用醬油：青井黃豆露

青井黃豆露的風味與日系醬油十分接近，用來烹煮和食類料理，諸如馬鈴薯燉肉、照燒醬搭配各種肉類等，特別對味。

食材（4 人份）

去骨肉雞腿 … 2 支
青花椰菜 … 100 克
熟芝麻 … 適量

A
- 醬油 … 4 大匙
- 味醂、米酒、糖 … 各 2 大匙

做法

1 雞腿內側肉厚部位用刀劃開斷筋。花椰菜切成小朵，入滾水燙熟撈出。
2 鍋中倒入少許油，將雞皮朝下煎至皮酥脆，翻面續煎至熟取出。
3 鍋中留少許油，倒入 **A**，以中小火慢慢煮約 2 分鐘至濃稠且顏色變深。
4 放入煎熟的雞腿，略燒 10 秒讓兩面附著醬汁。取出盛盤，撒上熟芝麻，旁邊以花椰菜點綴即可。

經典三杯雞 示範 / 蔡萬利

本食譜示範用醬油：御鼎興古早味手工柴燒醬油膏

除了沾食之外，這款擁有濃郁豆香和米香醬油膏，也適合用來燉煮或拌炒，特別是肉類料理，濃稠湯汁配上鮮嫩肉質，堪稱絕配。

食材（4 人份）

雞棒棒腿 … 4 支
中薑 … 50 克
蒜頭 … 30 克
辣椒 … 1 根
九層塔 … 60 克

醬油膏 … 2 大匙

A
- 黑麻油、米酒 … 各 2 大匙
- 冰糖 … 適量
- 高湯 … 100 毫升
- 白胡椒粉 … 1/6 茶匙

做法

1 中薑洗淨外皮、斜切薄片，辣椒去籽切段，九層摘除硬梗洗淨備用。
2 棒棒腿每支剁成 4 到 5 塊。中薑切片。蒜頭切片。
3 鍋中加黑麻油，用小火炒香薑片炒至微縮撈出，放入雞腿塊煸炒至呈金黃色且酥脆約 7 分熟，接著放入蒜片、辣椒、薑片爆香。
4 再將醬油膏倒入略炒，續入 **A**。待煮至湯汁濃稠、附在雞腿塊上時，九層塔入鍋翻炒至充分受熱即可。

嘟嘟雞煲 示範 / 蔡萬利

本食譜示範用醬油：永興精純釀白曝蔭油

無論是當作醃料還是燴料，永興精純釀白曝蔭油都很適合，尤其是肉類料理，特別是雞肉。

食材（4 人份）

仿土雞腿 … 1 支
紫色小洋蔥 … 1 顆
甜椒 … 100 克
蔥 … 2 根
薑 … 6 片
蒜頭 … 6 粒

A 醬油、米酒、太白粉 … 各 1 大匙

B 醬油、米酒 … 各 1 大匙
蠔油 … 1 茶匙
糖 … 1/2 茶匙
白胡椒粉 … 1/6 茶匙
高湯 … 100 毫升
香油 … 1/2 茶匙

做法

1 洋蔥切塊狀，甜椒去籽、切塊，蔥切段，薑和蒜頭切片。
2 仿土雞腿剁塊，用 **A** 醃製 10 分鐘。
3 砂鍋放入 1 大匙油爆香蔥、薑、蒜和洋蔥，待香味出來續入雞腿塊，慢慢煸炒至外表金黃焦香、約 8 分熟。
4 再將 **B** 加入，蓋上鍋蓋燜煮約 3 分鐘至雞肉熟，湯汁收乾後放入甜椒拌炒至熟即可。

梅子蒸雞 示範 / 蔡萬利

本食譜示範用醬油：大同台灣老醬油

這款甜、鹹、鮮味均衡適中的醬油，用在肉類料理的燉煮或熱炒，特別能凸顯出肉質原始的鮮甜，尤其是雞肉料理。

食材（4 人份）

骨仿土雞腿 … 1 支
紫蘇梅 … 12 粒
薑 … 2 片
蒜頭 … 3 粒
蔥、辣椒 … 各 1 根

A 醬油 … 1/2 大匙
梅汁 … 1 大匙
酒 … 1 茶匙
白胡椒粉 … 1/6 茶匙

B 太白粉 … 1 茶匙
香油 … 1/2 茶匙

做法

1 仿土雞腿切成 3 公分大小的塊狀。
2 用 **A** 醃拌 15 分鐘，再加入 **B** 拌勻。
3 蔥切 2 公分段，薑、蒜頭、辣椒均切片。將雞腿肉平鋪於盤子上，再將紫蘇梅及上述辛香料放入略拌勻。
4 入蒸鍋蒸約 10 至 12 分鐘至熟。若用電鍋，外鍋加一杯水蒸熟即可。

嫩雞包心肉卷 示範 / 林勃攸

本食譜示範用醬油：金蘭無添加原味醬油

這道料理口感清爽，不需要太濃厚的調味，以用料簡單的金蘭無添加原味醬油為基底來醃漬雞腿，風味極佳。

食材（3～4 人份）

- 雞腿去骨 … 180 克
- A
  - 高麗菜 … 3 大片
  - 菠菜葉 … 12 片
  - 綠蘆筍 … 6 支
  - 四季豆、玉米筍 … 各 3 根
- 小番茄 … 3 粒
- 水 … 500 毫升
- 無鹽奶油 … 30 克
- 高湯 … 適量
- B
  - 醬油 … 15 毫升
  - 檸檬汁 … 10 毫升
  - 白胡椒粉 … 適量
- 鹽 … 適量

做法

1. 雞腿劃刀，用肉槌打平，以 **B** 醃約 15 分鐘再切片。
2. 鍋中放入水，加鹽煮開後，分別放入 **A**，汆燙後撈起泡冰水，瀝乾水分。
3. 鋁箔紙塗上無鹽奶油，撒鹽，放上高麗菜、雞肉片、菠菜和綠蘆筍捲緊。用 2 煮蔬菜的水煮雞肉卷，煮約 12 分鐘即可。將雞肉卷斜切成半，剝掉鋁箔紙盛盤。
4. 另起鍋，放入無鹽奶油，拌炒小番茄和燙過的四季豆、玉米筍，放入適量高湯、鹽、白胡椒粉調味做為配菜。

辣味雞腿襯茄香洋芋 示範 / 林勃攸

本食譜示範用醬油：龍宏頂級黑豆油

這款醬油用在西式創意料理上很巧妙，以龍宏頂級黑豆油為基底醃漬的雞腿，十分鮮甜可口。

食材（3～4 人份）

- 雞腿去骨 … 250 克
- A
  - 洋蔥碎 … 15 克
  - 乾蔥碎、紅辣椒碎 … 各 10 克
- 馬鈴薯 … 120 克
- 小番茄 … 6 粒
- 荷蘭芹碎 … 3 克
- 無鹽奶油 … 30
- 橄欖油 … 60 毫升
- B
  - 醬油 … 20 毫升
  - 糖、研磨黑胡椒 … 各 5 克
  - 水 … 適量
- C
  - 鹽、白胡椒粉 … 各適量
- 新鮮百里香 … 1 束

做法

1. 雞腿劃刀，用肉槌打平。**A** 和 **B** 混合均勻，放入雞腿醃製 20 分鐘
2. 馬鈴薯切成約 2cm 小丁。起鍋先放入一半的橄欖油和一半的無鹽奶油，以中火煎馬鈴薯丁慢慢煎上色至熟。
3. 放進小番茄拌炒，以 **C** 調味，放入荷蘭芹碎拌炒均勻。
4. 另起鍋，放入另一半的橄欖油和無鹽奶油，放入雞腿，雞皮朝下先煎脆，翻面再以中火煎至熟。雞腿切塊，和 3 的茄香洋芋擺在一起，再放上新鮮百里香裝飾即可。

斯德洛格諾夫式雞肉 示範／林勃攸

本食譜示範用醬油：新和春原味初釀壺底油

這款帶有濃郁奶香的雞肉料理，不需要太強烈的氣味來干擾，因此選取用料單純的新和春原味初釀壺底油來拌炒，著重在風味提升。

食材（3～4人份）

雞胸…180克
洋蔥碎…50克
蘑菇片…80克
無鹽奶油…30克
中筋麵粉…20克

A
醬油…5毫升
番茄糊…20克
豆蔻粉3克

鮮奶油…150毫升

B
白酒…20毫升
鹽、白胡椒粉…各適量

酸奶油…15克

做法

1 雞胸切粗絲，加 **B** 醃 15 分鐘，沾裹中筋麵粉，用一半的無鹽奶油煎上色。
2 平底鍋放入無鹽奶油，炒香洋蔥碎、蘑菇片。
3 鍋中續倒入 **A** 拌炒，再放入鮮奶油煮開。
4 接著放入 1 的雞胸肉，以鹽、白胡椒粉調味，煮至濃稠即可盛盤，再放上酸奶油即可。

西湖醋魚 示範／蔡萬利

本食譜示範用醬油：御鼎興手工柴燒黑豆醬油原汁壺底

這款醬油對海鮮食材有很明顯地去腥功效，用以烹調魚類，對滋味與口感都有很大的幫助。

食材（4人份）

草魚中段…1片（約250克）
蔥…2根
嫩薑…50克
香菜…少許

A
米酒…2大匙
薑…3片

B
醬油、鎮江醋…各2大匙（可用糯米醋替代）
細糖…1大匙
水…200毫升
米酒…1/2茶匙

做法

1 蔥切 10 公分長段，嫩薑切薑絲泡水備用。
2 草魚刮淨魚鱗，在表面劃數刀。
3 鍋中加入 1000 毫升的水，放入蔥段及 **A**，煮滾後放入草魚滾約 2 分鐘熄火，燜泡 10 分鐘至熟撈起。
4 **B** 鍋煮滾，用太白粉水勾芡淋後入攪勻淋在魚上，再以香菜和薑絲點綴即可。

醬燜虱目魚 示範 / 蔡萬利

本食譜示範用醬油：喜樂之泉有機黑豆醬油

這款醬油最養生的吃法，就是搭配新鮮的魚肉，無論是清蒸或醬燒，都能大幅提升魚類食材最原味、天然的鮮美。

食材（4 人份）

無刺虱目魚肚 … 1 片
鳳梨豆豉醬 … 2 大匙
蔥 … 2 根
薑 … 20 克

A
醬油、米酒 … 各 1 大匙
白胡椒粉 … 1/6 茶匙
鰹魚粉 … 1/2 茶匙

做法

1 無刺虱目魚肚洗淨略微切開腹部呈平狀。蔥各取一半切成段和蔥絲。薑取一半切片，另一半切細絲泡水。
2 將蔥段鋪在鍋底，淋上 **A** 及鳳梨豆豉醬。
3 平放上虱目魚肚，加水微淹過魚肚。
4 煮滾後轉小火燜煮 10 分鐘至熟，取出魚肚盛盤，適量淋上鍋中剩餘醬汁，再撒上蔥絲、薑絲、辣椒絲（分量外）即可。

蒜燒黃魚 示範 / 蔡萬利

本食譜示範用醬油：新和春原味初釀壺底油

香氣十足的新和春原味初釀壺底油，滋味甘醇可口，提味功效佳，很適合用來做各式各樣的魚料理。

食材（4 人份）

黃魚 … 1 尾（約 500 克）
蔥 … 2 根
薑 … 10 克
蒜頭 … 20 粒

A
醬油 … 1.5 大匙
米酒 … 1 大匙
高湯 … 200 毫升
糖 … 1 茶匙
白胡椒粉 … 1/6 茶匙

香油 … 1 茶匙

做法

1 撕除魚背鰭和魚頭兩片外皮。
2 魚身斜劃 3 ～ 4 刀。蔥洗淨切 6 公分段，薑切菱形片，蒜頭切除頭尾。
3 不沾鍋中入 3 大匙油略微加熱，放入擦乾水分的黃魚煎至底部金黃酥脆後翻面煎，也將蒜頭放入一起煎上色，再將蒜頭先撈起。
4 蔥、薑下鍋爆香，續入 **A** 燒約 3 分鐘至熟及入味，滴入香油即可起鍋盛盤。

醬燒白酒酸豆蛤蜊 示範 / 林勃攸

本食譜示範用醬油：陳源和本土黑豆油膏

適合用來炒各種料理的陳源和本土黑豆油膏，豆香濃郁，提味效果強，很適合與貝類食材做搭配，滋味特別鮮甜。

食材（3～4人份）

蛤蜊 … 160克
小番茄 … 20克
酸豆 … 5克
蒜末、洋蔥末 … 各10克
羅勒葉 … 適量
醬油膏、白酒、橄欖油、番茄醬 … 各20毫升
什錦綜合香料、研磨黑胡椒碎 … 各3克

做法

1. 蛤蜊泡水中吐沙。小番茄剖半對切備用。
2. 平底鍋倒入橄欖油加熱，放入蒜末、洋蔥末炒香，再加入酸豆、小番茄拌炒，接著將蛤蜊、什錦綜合香料下鍋
3. 拌炒。
4. 倒入白酒、醬油膏和番茄醬，煮至蛤蜊開殼。
最後加入研磨黑胡椒碎和羅勒葉點綴即可。

蔬菜醬香石狗公魚 示範 / 林勃攸

本食譜示範用醬油：陳源和生抽壺底油

陳源和生抽壺底油味道層次豐富，去腥提鮮效果極佳，適合用在海帶、魚類等料理的烹飪上，只要用對比例，就能帶出食材的自然鮮甜。

食材（3～4人份）

石狗公魚 … 300 克
紅、黃甜椒、青花椰菜、小番茄、黑橄欖 … 各 20 克
酸豆 … 15 克
荷蘭芹 … 5 克
水 … 200 毫升
橄欖油 … 30 毫升
醬油 … 20 毫升
鹽、白胡椒 … 各適量

做法

1. 石狗公魚去鱗、內臟和鰓洗淨，在魚身劃刀，撒上鹽、白胡椒粉。
2. 花椰菜和紅黃甜椒切成一口大小，小番茄、黑橄欖對半切，荷蘭芹切碎。
3. 平底鍋倒入橄欖油加熱，放入石狗公魚煎至兩面上色。
4. 倒入醬油、酸豆、黑橄欖，加水煮沸。接著放入花椰菜和紅黃甜椒，大火煮，反覆將湯汁淋在魚身上至濃縮成高湯。最後放入小番茄和荷蘭芹碎。

什蔬香草燴章魚 示範 / 林勃攸

本食譜示範用醬油：三鷹黑龍壺底油

這款醬油色淺，性質很近俗稱的「白蔭油」，用來烹調海鮮類食材是很好的選擇，諸如鱈魚、鮮蝦、小章魚等，既不搶色，又能提味。

食材（3～4人份）

小章魚…120克
大蒜片…10克
紅蘿蔔丁片…20克
西芹丁片…30克
小番茄…10粒
百里香葉、九層塔碎、荷蘭芹碎…各3克
橄欖油…20毫升
A 醬油…5毫升
白酒…50毫升
辣椒粉…3克
鹽、白胡椒粉…各適量

做法

1 起鍋放入橄欖油炒香蒜片、紅蘿蔔丁片、西芹丁片，再放入小章魚。
2 鍋中依序加入 **A** 拌勻。
3 最後再把小番茄、百里香葉、九層塔碎、荷蘭芹碎加入，拌炒至香氣出來即可。

香蒜蝶荳鮮蝦 示範 / 林勃攸

本食譜示範用醬油：桃米泉頂級有機蔭油

這道鮮蝦料理的蒜香味十足，因此選用味道較清淡的桃米泉頂級有機蔭油來拌炒，主要功能在於提升濃郁口感，並增進風味的層次。

食材（3～4人份）

白蝦…12尾
無鹽奶油…15克
大蒜碎…10克
什錦香料、乾燥蝶豆花…各5克
九層塔碎、荷蘭芹碎…各3克
新鮮蝶豆花…3朵
A 醬油…5毫升
白酒…20毫升
鹽、研磨黑胡椒…各適量

做法

1 白蝦去殼，留頭尾部。用刀子劃開背部，取出腸泥。
2 起鍋放入無鹽奶油，以中火煎白蝦至兩面上色，加入大蒜碎、什錦香料、乾燥蝶豆花（用溫水泡軟），輕輕拌勻。再加入 **A** 拌炒至收乾。
3 最後放入九層塔碎、荷蘭芹碎拌炒均勻，再放入新鮮蝶豆花即可。

茄汁鰈魚洋芋酥 示範／林勃攸

本食譜示範用醬油：瑞春原味古早醬油

洋蔥或大蒜爆香時，淋上一些瑞春原味古早醬油，很能熗出其濃厚風味，雖然是西式料理，但與台灣的古早味並無衝突。

食材（3～4人份）

- 鰈魚肉 … 120 克
- 洋芋絲 … 100 克
- 橄欖油 … 15 毫升
- 大蒜碎 … 10 克
- 洋蔥碎 … 60 克
- A
  - 番茄碎罐 … 120 克
  - 鹽、白胡椒粉 … 各適量
  - 九層塔碎 … 5 克
  - 水 … 80 毫升
- 無鹽奶油 … 15 克
- 醬油 … 5 毫升

做法

1. 鰈魚肉切成每片 40 克的塊狀，用鹽、白胡椒粉調味。洋芋絲加鹽抓軟，包住鰈魚肉兩面。
2. 起鍋倒入橄欖油，炒香大蒜碎、洋蔥碎，加入醬油熗出味道。再放入 **A**，煮開即可。
3. 另起一鍋放入無鹽奶油，將鰈魚煎至兩面上色金黃，放入烤箱以 200 度烤 12 分鐘。盛盤時將 2 的醬汁鋪底，再放上鰈魚洋芋酥即完成。

辣味西瓜蝦仁盅 示範／林勃攸

本食譜示範用醬油：御鼎興手工柴燒黑豆醬油原汁壺底

這款醬油不僅對海鮮有明顯去腥功效，在這道料理中，與清甜的西瓜泥搭配更是絕妙，呈現出十分宜人的清爽甘甜。

食材（3～4人份）

- 蝦仁 … 9 隻
- 西瓜汁 … 120 毫升
- 紅甜椒泥 … 80 克
- 紫色洋蔥絲 … 20 克
- 綠辣椒 … 5 克
- 薄荷葉 … 3 克
- 醬油 … 5 毫升
- 義式陳年醋 … 10 毫升
- 鹽、研磨黑胡椒 … 各適量

做法

1. 蝦仁留尾燙熟。綠辣椒去籽，切小丁。
2. 紅甜椒以 200 度烤 20 分鐘後去皮去籽，和西瓜汁打成泥，再和義式陳年醋和醬油混合拌勻。
3. 接著放入紫色洋蔥絲、綠辣椒丁和蝦仁，加入鹽、研磨黑胡椒醃約 20 分鐘，最後放入薄荷葉裝飾即完成。

煎旗魚佐綠橄欖滋味醬

示範 / 林勃攸

本食譜示範用醬油：永興御釀白曝蔭油

這款醬油味道溫潤，適合用來當沾醬的基底，能夠加強食物的特質，炒、煮、清蒸、熗鍋或者做成湯底，都很合用。

食材（3～4人份）

- 旗魚片 … 180克
- A
  - 紅甜椒小丁 … 30克
  - 綠橄欖片、黑橄欖片 … 各10克
  - 大蒜碎 … 5克
  - 薄荷葉碎 … 3克
  - 檸檬汁 … 20毫升
- 橄欖油 … 30毫升
- 醬油 … 15毫升
- 鹽、研磨黑胡椒 … 各適量

做法

1 旗魚片用醬油醃製 15 分鐘。

2 將 **A**、一半橄欖油，和鹽、研磨黑胡椒拌勻。

3 起鍋倒入另一半橄欖油，以中火煎旗魚片至兩面上色，轉小火再煎 5 分鐘。

4 最後將 2 拌勻的料，淋在魚片上即可。

貽貝襯香茅

示範 / 林勃攸

本食譜示範用醬油：陳源和本土黑豆油膏

適合用來炒各種料理的陳源和本土黑豆油膏，豆香濃郁，提味效果強，很適合與貝類食材做搭配，滋味特別鮮甜。

食材（3～4人份）

- 貽貝（孔雀蛤、淡菜）… 300 克
- 大蒜碎、乾蔥碎、嫩薑碎、九層塔葉 … 各 5 克
- 香茅碎 … 15 克
- 紅辣椒碎、香菜碎 … 各 10 克
- 蔬菜油 … 20 毫升
- A
  - 醬油膏 … 5 毫升
  - 椰奶 … 220 毫升
  - 魚露 … 適量

做法

1 鍋中倒入蔬菜油，將大蒜碎、乾蔥碎、嫩薑碎、香茅碎和紅辣椒碎下鍋拌炒。

2 1 炒出香氣後，再放入貽貝拌炒。加入 **A**，炒至汁變少。

3 最後再把香菜碎、九層塔葉放入拌炒 30 秒即完成。

洋蔥甜菜根湯 示範 / 林勃攸

本食譜示範用醬油：御鼎興濁水琥珀原鹽

味道厚實的御鼎興濁水琥珀原鹽堪稱原汁原味的黑豆醬油，鹽度重，豆汁濃度高，適合用來清蒸或做湯頭。

食材（3～4人份）

洋蔥絲 … 120 克
大蒜碎 … 5 克
甜菜根丁 … 50 克
煮熟通心麵 … 20 克
原味優格 … 10 毫升
荷蘭芹碎 … 3 克
橄欖油 … 15 毫升
水 … 350 毫升
醬油 … 5 毫升
紅酒醋 … 10 毫升
鹽、白胡椒粉 … 各適量

做法

1 起鍋放入橄欖油，加入洋蔥絲炒成金黃色，再加入大蒜碎略炒香。
2 加入紅酒醋、醬油同炒至洋蔥變軟，加水煮滾。
3 加入甜菜根丁、鹽、白胡椒粉調味，再放入煮熟通心麵，煮滾即可。
4 最後再放上原味優格、荷蘭芹碎即可。

花椰棒果濃湯 示範 / 林勃攸

本食譜示範用醬油：瑞春螺王正蔭油膏

不只可以用於食物沾佐，瑞春螺王正蔭油膏也可以淋在西式濃湯上，用甘醇的米香和豆香來增進湯汁風味的層次。

食材（3～4人份）

無鹽奶油 … 15 克
洋蔥丁 … 20 克
青蒜丁（綠色部分）… 10 克
洋芋丁、青花椰菜各 … 80 克
水 … 150 毫升
鮮奶 … 200 毫升
榛果碎 … 30 克
打發鮮奶油 … 50 毫升
醬油膏 … 3 毫升
鹽、白胡椒粉 … 各適量

做法

1 起鍋放入無鹽奶油炒香洋蔥丁、青蒜丁，再把洋芋丁、花椰菜加入略炒。
2 再加入水、鮮奶和一半的榛果碎，煮至蔬菜軟，放冷卻用果汁機打成泥後再倒回鍋內。
3 加鹽、白胡椒粉調味，和一半的打發鮮奶油拌勻。
4 放上剩下的打發鮮奶油，淋上醬油膏和榛果碎即可。

切片番茄沾醬

示範／蔡萬利

食材 醬油膏 3 大匙、薑泥 1 大匙、甘草粉 1/2 茶匙、果糖 1 大匙、冷開水 1 大匙

做法 將所有材料放入醬料碗中混合均勻即可沾食。

海山醬

示範／蔡萬利

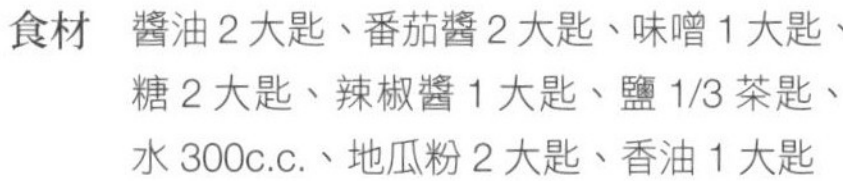

食材 醬油 2 大匙、番茄醬 2 大匙、味噌 1 大匙、糖 2 大匙、辣椒醬 1 大匙、鹽 1/3 茶匙、水 300c.c.、地瓜粉 2 大匙、香油 1 大匙

做法 將材料入鍋小火煮滾，再用地瓜粉稀釋少許水勾芡續煮1分鐘，滴入香油拌勻，冷卻即可。

紅油抄手醬

示範／蔡萬利

食材 甜味醬油 3 大匙、蒜泥 1 大匙、花椒油 1/3 茶匙、辣椒渣 1 大匙、辣油 1/2 茶匙、白醋 1 茶匙

做法 將所有材料調勻置於碗中即可。

怪味醬

示範／蔡萬利

食材 醬油 2 大匙、薑泥 1/2 大匙、蒜泥 1 大匙、芝麻醬 1 大匙、細糖 1 大匙、香油 1/3 茶匙、辣油 1 茶匙、花椒油 1 茶匙

做法 將芝麻醬先用冷開水調開調勻，再續入其餘調味料調勻即可。

日式天婦羅沾醬　示範／蔡萬利

食材　柴魚醬油 3 大匙、白蘿蔔泥 2 大匙、七味辣椒粉 1/6 茶匙、蔥花少許

做法　將白羅蔔泥擠乾水分，放置醬料碗，再淋入柴魚醬油，淋上七味粉即可。

水餃沾醬　示範／蔡萬利

食材　醬油 3 大匙，白醋 1 大匙、香油 1/2 大匙

做法　將所有材料放入醬料碗中混合均勻即可。

萬用海鮮沾醬　示範／蔡萬利

食材　醬油膏 3 大匙、細糖 2 大匙、白醋 1 茶匙、蒜泥 1 大匙、冷開水 2 大匙、香油 1 茶匙

做法　將所有材料放入醬料碗中混合均勻即可。

香茅沾醬　示範／蔡萬利

食材　淡色醬油 2 大匙、魚露 1 大匙、新鮮香茅泥 2 大池、檸檬汁 1 茶匙、果糖 1 大匙

做法　將所有材料放入醬料碗中混合均勻即可。

五柳魚醬

示範／蔡萬利

食材 醬油 3 大匙、烏醋 2 大匙、糖 2 大匙、番茄醬 2 大匙、水 250c.c.、香油 1 茶匙、太白粉水 2 大匙

做法 將將由、烏醋、糖、番茄醬和水入鍋中煮滾，再用太白粉水勾芡，淋香油拌勻即可。

柚子涼拌醬

示範／蔡萬利

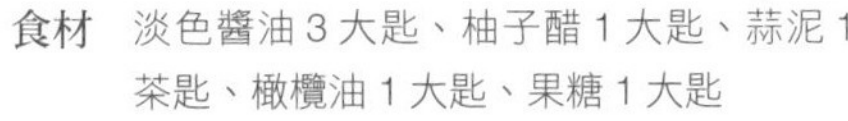

食材 淡色醬油 3 大匙、柚子醋 1 大匙、蒜泥 1 茶匙、橄欖油 1 大匙、果糖 1 大匙

做法 將所有材料混合攪拌均勻即可。

綜合奶油

示範／林勃攸

食材 無鹽奶油（軟）200 克、什錦香料碎 5 克、荷蘭芹碎 5 克、醬油 5 毫升、紅椒粉 5 克、鹽適量、白胡椒粉適量

做法 材料混合攪拌均勻。用保鮮膜包起，滾成圓筒柱狀，放入冰箱冰硬後切成適當大小。

適用 海鮮、牛排料理

番茄莎莎醬

示範／林勃攸

食材 番茄去籽去皮切丁 200 克、大蒜碎 5 克、洋蔥碎 20 克、紅辣椒碎 10 克、香菜碎 5 克、檸檬皮碎 3 克、醬油 5 毫升、檸檬汁 20 毫升、鹽適量、白胡椒粉適量

做法 材料混合攪拌均勻，放置半小時即可。

適用 烤海鮮、魚料理

C 番茄醬汁

示範 / 林勃攸

食材 番茄碎罐頭 200 克、大蒜碎 15 克、洋蔥碎 50 克、奧勒岡葉 3 克、月桂葉 1 片、羅勒葉 3 克、橄欖油 15 毫升、醬油膏 10 毫升、鹽適量、白胡椒粉適量

做法 起鍋放入橄欖油，將大蒜碎、洋蔥碎炒香。再把番茄碎和其餘材料加入煮 15 分鐘。

適用 炒義大利麵

D 橙汁醬汁

示範 / 林勃攸

食材 橙汁 200 毫升、橙肉 50 克、橙皮 5 克、玉米粉水 10 毫升、醬油膏 5 毫升、糖 30 克、肉桂粉 3 克

做法 將所有材料（除玉米粉水外）放入鍋中煮，煮約 15 分鐘後以玉米粉水勾芡即可。

適用 鴨肉、雞肉、火雞料理

A BBQ醬汁

示範 / 林勃攸

食材 大蒜碎 15 克、紅辣椒碎 10 克、醬油 30 毫升、番茄醬 200 克、辣醬油 5 毫升、紅酒醋 60 毫升、紅糖 30 克、辣椒水 5 毫升、紅辣椒粉、黃芥末粉、香蒜粉各 5 克

做法 將所有材料放入醬料碗中混合均勻即可。

適用 豬肋排或雞翅料理

B 紅糖巴沙米可醬

示範 / 林勃攸

食材 義式陳年醋 80 毫升、醬油 20 毫升、紅酒 20 毫升、無鹽奶油 5 克、紅糖 15 克

做法 鍋中放入義式陳年醋、醬油和紅酒，煮至 1/2 分量。再加入紅糖用小火煮至濃稠，起鍋前加入無鹽奶油讓醬汁更濃亮。

適用 羊肉或雞肉料理

G 百香果優格醬

示範／林勃攸

食材 優格 80 毫升、美乃滋 20 克、新鮮百香果籽 20 克、醬油 5 毫升

做法 將所有材料放入醬料碗中混合均勻即可沾食。

適用 沙拉醬、水果沙拉用

H 鳳梨醬

示範／林勃攸

食材 鳳梨丁200克、大蒜碎10克、洋蔥碎25克、紅辣椒碎5克、嫩薑碎5克、葡萄乾20克、無鹽奶油10克、醬油5毫升、白醋80毫升、紅糖50克、鹽與白胡椒粉適量

做法 無鹽奶油炒香大蒜碎、洋蔥碎、紅辣椒碎和嫩薑碎，再加入鳳梨丁、紅糖、白醋、醬油和葡萄乾，煮至軟。最後加入適量鹽、白胡椒粉調味。

適用 雞、鴨、豬肉的料理

E 咖哩美乃滋

示範／林勃攸

食材 美乃滋 100 克、優格 10 毫升、嫩薑碎 5 克、咖哩粉 10 克、醬油 5 毫升

做法 將所有材料混合攪拌均勻即可。

適用 沙拉醬，拌沙拉用

F 酪梨醬

示範／林勃攸

食材 酪梨熟肉 200 克、洋蔥碎 20 克、紅辣椒碎 5 克、香菜碎 5 克、大蒜碎 5 克、去皮番茄碎 10 克、醬油膏 5 毫升、檸檬汁 20 毫升、鹽適量

做法 將所有材料混合攪拌均勻即可。

適用 炸物及雞肉料理

本書刊載頁數	品項	廠址	原料			添加物					
						調味劑					
			黑豆	鹽	糖	甜味劑	酵母粉、酵母抽出物	5'-次黃嘌呤核苷磷酸二鈉	5'-鳥嘌呤核苷磷酸二鈉	DL-胺基丙酸	其他
190	竹柏苑 麥芽醬油	新北石碇	●	●	麥芽糖						糯米
191	關西李記 古早味黑豆蔭油	新竹	●	●	●						酒
192	關西李記 黑豆仙草醬油	新竹	●	●	●						酒、仙草
156	美東 黑豆醬油	台中東勢	苗栗後龍	●	●						
193	味榮 御藏級有機黑豆壺底油露	台中豐原	中國有機	●	巴西有機	甘草					
194	味榮 酵素黑豆醬油	台中豐原	●	●	●	甘草					諾麗果酵素(台灣屏東自產諾麗果)
157	喜樂之泉 有機黑豆醬油	台中	中國	澳洲海鹽	巴西有機						
158	公園牌 老甕精釀黑豆釀造手工醬油	台中	●	●	●						
210	新合順 員寶壺底清油	彰化員林	●	●	●	甘草酸鈉		●	●		
182	新和春 原味初釀壺底油	彰化社頭	台灣自產	天然海鹽							
211	新和春 特級壺底油	彰化社頭	●	●	●	甘草酸鈉		●	●	●	
159	桃米泉 頂級有機蔭油	南投	中國、美國	澳洲海鹽	巴西有機						
195	高慶泉 醇黑豆蔭油	南投	●	澳洲海鹽	●	甘草	●				琥珀酸二鈉
212	高慶泉 黑豆白蔭油	南投	●	●	●	甘草萃	●				
213	高慶泉 純釀造黑豆薄鹽壺底油	南投	●	●	●						
214	三珍 螺皇壺底蔭油露	雲林西螺	●	●	●	甘草萃		●	●		食用酒精
160	丸莊 螺寶	雲林西螺	台灣自產	●	●						
183	丸莊 正宗白曝醬油	雲林西螺	台灣自產	●							
162	御鼎興 濁水琥珀 原鹽	雲林西螺	●	海鹽	●						
163	御鼎興 濁水琥珀 常鹽	雲林西螺	●	海鹽	●						
164	御鼎興手工柴燒黑豆醬油 原汁壺底	雲林西螺	●	海鹽	●						
196	御鼎興 土旺來黑豆醬油清	雲林西螺	●	海鹽	●	甘草					土鳳梨
215	御鼎興手工柴燒黑豆醬油 薄鹽清香	雲林西螺	●	海鹽	●			●	●	●	
184	陳源和 生抽壺底油	雲林西螺	●	●							
161	陳源和 黑豆清油	雲林西螺	台灣自產	●	●						
216	華泰 華寶正蔭油	雲林西螺	●	●	●	甘草酸鈉		●	●		味醂
165	瑞春 台灣好醬 164	雲林西螺	台灣自產	●	●						

本表依產地，由北至南，由西向東排列。同縣市則一筆劃順序排列。

附錄一：本書收錄黑豆醬油原料添加物一覽表

本書刊載頁數	品項	廠址	原料			添加物					
						調味劑					
			黑豆	鹽	糖	甜味劑	酵母粉、酵母抽出物	5'-次黃嘌呤核苷磷酸二鈉	5'-鳥嘌呤核苷磷酸二鈉	DL-胺基丙酸	其他
217	瑞春 傳承壺底油	雲林西螺	●	●	●	甘草酸鈉		●	●		
166	龍宏 無添加物黑豆油	雲林林內	●	●	●						
218	龍宏 御珍黑豆油	雲林林內	●	●	●	甘草萃		●	●	●	L-麩酸鈉、多磷酸鈉
219	龍宏 頂級黑豆油	雲林林內	●	●	●	甘草萃					
220	日新 正蔭油清	雲林虎尾	●	天然海鹽	●	甘草萃 甜菊糖苷		●	●	●	琥珀酸二鈉 L-麩酸鈉
197	大同 台灣老醬油	雲林斗六	●	●	糖/麥芽糖		●				
198	大同 龍涎醬油	雲林斗六	●	●	糖/麥芽糖		●				
167	新萬豐 萬豐醬油	雲林斗六	台灣自產	天然海鹽	●						
168	新萬豐 萬豐黑豆壺底油	雲林斗六	台灣自產	天然海鹽	●						
169	新萬豐 傳家釀黑豆蔭油	雲林斗六	台灣自產	天然海鹽	●						
170	新萬豐 萬豐玫瑰壺底油	雲林斗六	台灣自產	玫瑰鹽	●						
185	新芳園 第一道原生蔭油	雲林斗南	●	●		甘草					
200	新萬豐 萬豐古蔭油	高雄鳳山	台灣自產	●							
199	新萬豐 萬豐淡定醬油	高雄鳳山	台灣自產	天然海鹽	●	甘草萃					黑豆酵素 鳳梨酵素
221	黑龍壺底油	嘉義民雄	●	天然海鹽	●	甘草萃	●				
222	黑龍特級黑豆蔭油清	嘉義民雄	●	天然海鹽	●	甘草萃	●				焦糖色素
223	黑龍春蘭級黑豆蔭油清	嘉義民雄	●	天然海鹽	●		●				焦糖色素
171	土生土長 濃色蔭油	台南後壁	台灣自產	天然海鹽	●						
172	永興 御釀白曝蔭油	台南後壁	台灣自產	天然海鹽	●						
173	永興 蕙質白曝蔭油	台南後壁	台灣自產	天然海鹽	●						
174	永興 蕙質濃色白曝蔭油	台南後壁	台灣自產	天然海鹽	●						
175	永興 精純釀白曝蔭油	台南後壁	台灣自產	天然海鹽	●						
224	成功醬園 真味黑豆蔭油	台南新化	●	●	●	甘草萃 蔗糖素	●				香菇抽出物
225	民生 壺底油精	高雄	●	●	●	甘草萃	●				食用酒精
201	協美 雙龍黑豆醬油（蔭油）	高雄	●	●	粗糖 （二砂糖）		●				
202	結頭份 大樹公手工醬油	宜蘭員山	●	●	冰糖 麥芽糖	甘草片					圓糯米
176	阿勇手釀	宜蘭羅東	●	●	麥芽糖						

本表依產地，由北至南，由西向東排列。同縣市則一筆劃順序排列。

附錄二：本書收錄豆麥醬油原料添加物一覽表

本書刊載頁數	品項	廠址	原料				添加物					
										調味劑		
			黃豆	小麥	鹽	糖	酒精	紅麴色素	甜味劑	酵母、酵母粉、酵母抽出物	DL-蘋果酸	其他
186	金蘭無添加原味醬油	桃園大溪	非基改 高蛋白黃豆片	●	●							
177	金蘭有機醬油	桃園大溪	美國有機	澳洲有機	●	巴西有機						
227	金蘭鼓舌醬油	桃園大溪	非基改 高蛋白 黃豆片	●	●	●	●		甘草萃	●	●	
228	金蘭薄鹽醬油	桃園大溪		●	●	●	●		甘草萃	●	●	
226	金蘭醬油	桃園大溪		●	●	●	●	●	甘草萃	●	●	
178	喜樂之泉有機醬油	台中	美國有機	美國有機	澳洲海鹽	巴西有機						
203	高慶泉純釀醬油	南投	非基改	●	●	●				●		
179	瑞春原味古早醬油	雲林西螺	非基改	●	●	●						
229	丸莊陳釀醬油	雲林西螺	●	●	●	●		●	甘草酸鈉	●		琥珀酸二鈉
230	味王 XO 醬油	雲林大埤		●	●	●	●		甘草酸鈉	●		
231	黑龍日本之味純釀造醬油	嘉義	非基改	●	●	●			甘草萃	●		
232	成功醬園真之饌陳年蔭油	台南新化	非基改	●	●	●			甘草萃 蔗糖素	●		香菇抽出物
204	協美壺底油	高雄鼓山	●	●	●	●				●		
205	萬家香純佳釀醬油	屏東內埔	非基改 高蛋白 黃豆片	●	●	●	●			●		
206	萬家香純佳釀淡口醬油	屏東內埔		●	●	●	●			●		
233	萬家香大吟釀甘露醬油	屏東內埔		●	●	●	●			●		
207	萬家香陳年醬油	屏東內埔		●	●	●	●			●		
235	萬家香壺底油	屏東內埔		●	●	●	●		蔗糖素	●		
234	萬家香大吟釀薄鹽醬油	屏東內埔		●	●	●	●			●		乳酸
187	萬家香零添加純釀醬油	屏東內埔		●	●							
180	新味海洋深層醬油	花蓮	非基改	●	●	●						

本表依產地，由北至南，由西向東排列。同縣市則一筆劃順序排列。

附錄三：本書收錄特色醬油原料添加物一覽表

本書刊載頁數	品項	廠址	原料					添加物
			黑豆	黃豆	小麥	鹽	糖	
238	美東 陳年黃豆醬油	台中東勢		加拿大非基改		●	●	
239	喜樂之泉 純麥有機白醬油	台中市			加拿大有機	澳洲海鹽	巴西有機	
240	源興 甲等陳年壺底油	彰化社頭	●	非基改		●	●	米
241	丸莊 丸膳	雲林西螺	●	●		●	●	
242	御鼎興 手工柴燒黑豆醬油 古早味	雲林西螺	●	非基改	●	海鹽	●	味醂(糯米、米麴、糖)、甘草、5'-次黃嘌呤核苷磷酸二鈉、5'-鳥嘌呤核苷磷酸二鈉、胺基丙酸
243	陳源和 醬心獨蔭清油	雲林西螺	●	非基改		●	●	
244	新芳園 麴釀壺底油(園級)	雲林斗南	●	非基改		●		
249	新高 雙龍牌 白蔭油	台南	●		●	●	●	醬色
247	青井 黃豆露	台南		非基改		●		純釀味淋(米、砂糖)、甘草
248	新高 滋養醬油	台南	●	●	●	●	●	紅麴精、調味料、甘草萃(甜味劑)、對羥苯甲酸丁酯(防腐劑)
245	成功醬園白曝蔭油	台南新化	●	非基改	●	●	冰糖	豐年果糖
246	成功醬園 純釀造白蔭油	台南新化	●	●	●	●	●	甜味劑(甘草萃、蔗糖素)、調味劑(5'-次黃嘌呤核苷磷酸二鈉、5'-鳥嘌呤核苷磷酸二鈉)
250	屏大 薄鹽醬油	屏東內埔	●	非基改	●	●	●	

本表依產地，由北至南，由西向東排列。同縣市則一筆劃順序排列。

	黏稠劑		添加物					
	玉米糖膠	乙醯化己二酸二澱粉	甜味劑	酵母粉、酵母抽出物	5'-次黃嘌呤核苷磷酸二鈉	5'-鳥嘌呤核苷磷酸二鈉	焦糖色素	其他
			甘草					紅麴
			甘草					
			甘草酸鈉		●	●		
	●		甘草酸鈉		●	●		
			甘草萃		●	●		
			甘草萃		●	●		
			甘草粉					
			甘草粉					
			甘草酸鈉		●	●		味醂
	●		甘草		●	●		DL-胺基丙酸
			甘草酸鈉		●	●		
					●	●		香菇抽出物、蠔油香料
								蜆抽出物、大蒜萃取物、薑萃取物
			甘草粉	●				
			甘草萃	●				
			甘草萃	●			●	
	●	●	甘草萃 蔗糖素	●			●	香菇抽出物
		●	甘草萃 甜菊糖苷	●				糯米醋
		●						
	●	●		●			●	純釀造醋

附錄四：本書收錄醬油膏原料添加物一覽表

本書刊載頁數	品項	廠址	原料			
			豆料	鹽	糖	米
252	味榮 紅麴蔭油(油膏)	台中豐原	黑豆	●	●	糯米
252	味榮 有機黑豆蔭油膏	台中豐原	中國有機黑豆	●	●	糯米
253	新合順 員寶壺底油膏	彰化員林	黑豆	●	●	糯米
253	新合順 陳年壺底油膏	彰化員林	黑豆	●	●	白米
254	三珍 螺珍壺底蔭油膏	雲林西螺	黑豆	●	●	糯米
254	三珍 黑豆蔭油 日級油膏	雲林西螺	黑豆	●	●	糯米
255	丸莊 螺光黑豆原汁蔭油膏	雲林西螺	台灣黑豆	●	●	●
256	陳源和 本土黑豆油膏	雲林西螺	台灣黑豆	●	●	●
256	陳源和 醬心獨蔭油膏	雲林西螺	黑豆	●	●	●
257	華泰 螺香原汁壺底蔭油膏	雲林西螺	黑豆	●	●	糯米
255	御鼎興 古早味手工柴燒醬油膏	雲林西螺	黑豆	海鹽	海鹽	糯米
258	瑞春 螺王正蔭油膏	雲林西螺	黑豆	●	●	糯米
257	瑞春 香菇風味素蠔油	雲林西螺	黑豆	●	●	糯米
259	大同 黃金蜆醬油	雲林斗六	黑豆	●	●	
258	大同 台灣老醬油壺底油膏	雲林斗六	黑豆	●	●	糯米
259	新芳園麴釀壺底油膏	雲林斗南	黑豆/非基改黃豆	●	●	米
260	黑龍特級黑豆蔭油膏	嘉義民雄	黑豆	天然海鹽	天然海鹽	糯米
260	黑龍老滷醬	嘉義民雄	黑豆	天然海鹽	天然海鹽	糯米
261	成功醬園 黑豆蔭油膏	台南新化	黑豆	●	●	糯米粉
261	民生 壺底油膏	高雄市	黑豆	●	●	糯米
262	屏大 薄鹽醬油膏	屏東內埔	非基改黃豆/小麥	●	●	
262	萬家香 純佳釀香菇素蠔油	屏東內埔	非基改黃豆/高蛋白黃豆片/小麥	●	●	

本表依產地，由北至南，由西向東排列。同縣市則一筆劃順序排列。

台灣醬油誌
風土與時間的美味指南

釀造文化×傳統工法×職人精神×原料剖析×達人品鑑×料理應用，
最完整的台灣醬油全紀錄

作　　者　常常生活文創 編輯部
文字協力　林芳琦、林國瑛、周玲霞
攝　　影　視也影像、定影影像工作室、劉森湧、焦正德、
　　　　　吳家瑋、張明耀、王勝原
責任編輯　曹仲堯
採訪編輯　張雅琳
封面設計　劉佳華
內頁排版　劉佳華、范綱燊
行銷企劃　呂佳蓁

發 行 人　許彩雪
出　　版　常常生活文創股份有限公司
E-mail　goodfood@taster.com.tw
地　　址　台北市 106 大安區建國南路 1 段 304 巷 29 號 1 樓

讀者服務專線　02-2325-2332
讀者服務傳真　02-2325-2252
讀者服務信箱　goodfood@taster.com.tw
讀者服務網頁　https://www.facebook.com/goodfood.taster

法律顧問　浩宇法律事務所
總經銷　大和書報圖書股份有限公司
電　話　02-8990-2588
傳　真　02-2290-1628

製版　凱林彩印股份有限公司
定價　新台幣 450 元
初版一刷　2016 年 10 月 Printed In Taiwan

ISBN　978-986-93655-3-6

國家圖書館出版品預行編目 (CIP) 資料

台灣醬油誌 風土與時間的美味指南：釀造文化×傳統工法×職人精神×原料剖析×達人品鑑×料理應用，最完整的台灣醬油全紀錄 / 常常生活文創編輯部作. -- 初版. -- 臺北市：常常生活文創, 2016.10
304面；17×23公分公分
ISBN 978-986-93655-3-6(平裝)
1.調味品 2.食譜

427.61　　105018115

瑞春醬油

西螺名產 RUEI CHUN SOY SAUCE

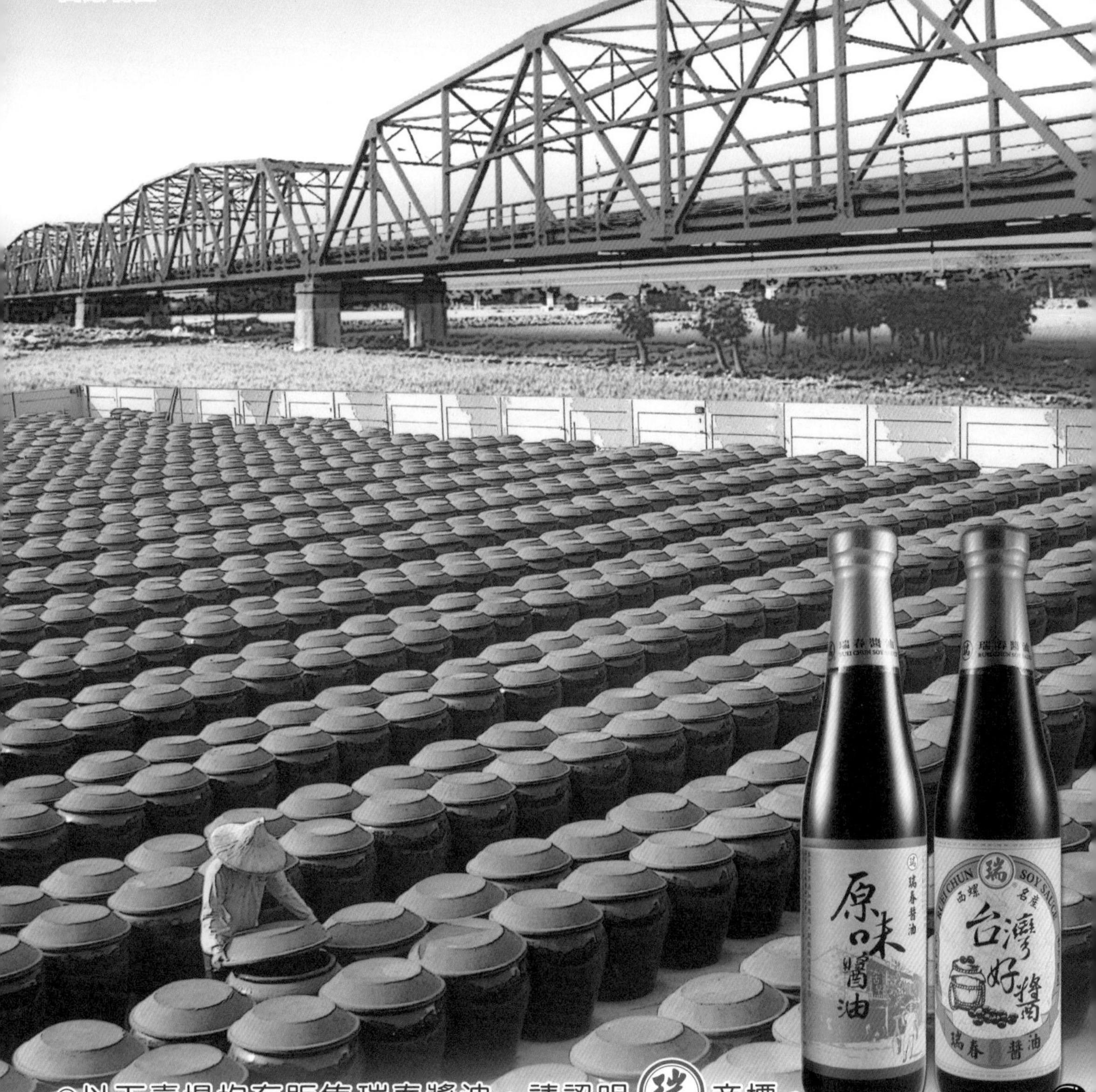

◎以下賣場均有販售瑞春醬油，請認明瑞商標。

DOLLARS Outlet Mall 大樂購物中心 頂好 Wellcome 全聯福利中心 愛買 a.mart Carrefour 家樂福

eslite 誠品 HOLA 和樂家居館 大買家 Save & Safe 省錢超市 台灣楓康超市 喜美超市

瑞春醬油有限公司 RUEI CHUN SOY SAUCE .,LTD http://www.rueichun.com.tw

總　　店：雲林縣西螺鎮延平路438號 TEL：05-586-1438 FAX：05-587-3848

觀光工廠：雲林縣西螺鎮福田里社口68-31號 TEL：05-588-2288 FAX：05-586-9438

嚐醬油，琥珀甘泉好口感，常常好食送給您！

工欲善其事，必先利其器，要想做出好料理，質好味美的調味料是不可或缺，本書品嚐、介紹、分析眾多醬油，但我們不要紙上談兵，現在就將醬油送給您！共有 20 組豐富大獎等您拿，每組價值超過 1000 元，寄就抽各家真傳好醬油。

獎項內容

豆子力好醬組 5 組	關西李記 - 古早味黑豆蔭油 ×1、喜樂之泉 - 有機黑豆醬油 ×1、陳源和 - 本土黑豆清油 ×1、青井黃豆露 ×1、萬家香純佳釀淡口醬油 ×2
特味新奇嚐鮮組 5 組	喜樂之泉 - 金甘段木香菇醬油 ×2、桃米泉 - 頂級有機蔭油 ×2，關西李記 - 黑豆仙草醬油 ×1、新芳園 - 第一道原生蔭油 ×1
質樸好原味組 5 組	陳源和 - 生抽壺底油 ×1、新芳園 - 麴釀壺底油 (園級) ×1、御鼎興 - 濁水琥珀柴燒醬油ー原鹽 ×1、瑞春 - 原味醬油搭配香菇素蠔油 二入精裝禮盒 ×1
極簡廚房必備組 5 組	御鼎興 - 濁水琥珀柴燒醬油ー原鹽 ×1、瑞春 - 原味醬油搭配香菇素蠔油 二入精裝禮盒 ×1、桃米泉 - 頂級有機蔭油、萬家香純佳釀淡口醬油 ×1

參加辦法

只要購買《台灣醬油誌 風土與時間的美味指南：釀造文化 × 傳統工法 × 職人精神 × 原料剖析 × 達人品鑑 × 料理應用，最完整的台灣醬油全紀錄》並填妥書中「讀者回函」並於 2017 年 12 月 25 日前（郵戳為憑）寄回【常常好食 Good Food】，本社將抽出共 20 位幸運讀者。得獎名單將於 2016 年 1 月 15 日公布在：臉書搜尋常常好食 Good Food：https://www.facebook.com/goodfood.taster/?fref=ts

以上獎項，按造廠商名稱隨機排列。

讀者回函卡

感謝您購買本公司出版的書籍，您的建議就是本公司前進的原動力，
煩請撥冗填寫此卡，我們將會提供您最新的出版資訊與優惠。

姓名：________________ 性別：□男 □女 出生年月日：民國___年___月___日

E-mail：________________

地址：________________

電話：________________ 手機：________________ 傳真：________________

職業：□學生 □生產、製造 □金融、商業 □醫療、保健
□軍人、公務 □教育、文化 □旅遊、運輸 □其他
□仲介、服務 □自由、家管 □傳播、廣告

購買本書放式：□實體書店（　　　　書店）□網路書店（　　　　書店）
□大賣場、量販店（　　　　）□郵購 □其他

您從何處得知此書？□實體書店（　　　　書店）□網路書店（　　　　書店）
□大賣場、量販店（　　　　）□報章雜誌 □廣播電視
□臉書、部落格 □親友推薦 □其他

您通常以何種方式購書？(可複選)□逛書店 □逛大賣場、量販店 □網路 □郵購 □其他

您購買本書的原因？□喜歡作者 □對內容感興趣 □工作需要 □其他

您對本書內容感到？□非常滿意 □滿意 □尚可 □待加強__________

您對本書的版面編排感到？□非常滿意 □滿意 □尚可 □待加強__________

您對本書的訂價？□非常滿意 □滿意 □尚可 □太貴__________

您是否願意關注常常好食 Good Food 的臉書 (Facebook)？□願意 不願意 沒有臉書

您對本書或本公司的建議：

____

____

____

____

請沿虛線剪下，貼上郵票，寄回本公司

請貼郵票

10656
台北市大安區建國南路 1 段 304 巷 29 號 1 樓

常常生活文創股份有限公司 收

書名：台灣醬油誌 風土與時間的美味指南：
釀造文化 × 傳統工法 × 職人精神 × 原料剖析 ×
達人品鑑 × 料理應用，最完整的台灣醬油全紀錄